仕組みと使い方がわかる

Docker & Kubernetesのきほんのきほん

小笠原 種高 著

本書のサポートサイト

本書で使用されているサンプルファイルを掲載しております。訂正・補足情報についてもここに掲載していきます。

https://book.mynavi.jp/supportsite/detail/9784839972745.html

- サンプルファイルのダウンロードにはインターネット環境が必要です。
- サンプルファイルはすべてお客様自身の責任においてご利用ください。
  サンプルファイルおよび動画を使用した結果で発生したいかなる損害や損失、その他いかなる事態についても、弊社および著作権者は一切その責任を負いません。
- サンプルファイルに含まれるデータやプログラム、ファイルはすべて著作物であり、著作権はそれぞれの著作者にあります。本書籍購入者が学習用として個人で閲覧する以外の使用は認められませんので、ご注意ください。営利目的・個人使用にかかわらず、データの複製や再配布を禁じます。
- 本書に掲載されているサンプルはあくまで本書学習用として作成されたもので、実際に使用することは想定しておりません。ご了承ください。

本書のハンズオンについて

本書では、読者に実際に手を動かして入力してもらいたいところは、以下のように鉛筆アイコン（✎）がついています。このアイコンが付いているコマンドやファイルが出てきたら、入力をして試してみてください。

✎ターミナルソフトに入力

```
docker version
```

ご注意

- 本書での説明は、Windows 10 Pro ／ Home、macOS（10.14）、Ubuntu server 20.04.1 で行っています。環境が異なると表示が異なったり、動作しない場合がありますのでご注意ください。
- 本書の内容を実行するための使用条件は本書P.047に掲載しています。ご参照ください。
- 本書での学習にはインターネット環境が必要です。
- 本書に登場するソフトウェアやURLの情報は、2020年12月段階での情報に基づいて執筆されています。執筆以降に変更されている可能性があります。
- 本書の制作にあたっては正確な記述につとめましたが、著者や出版社のいずれも、本書の内容に関して何らかの保証をするものではなく、内容に関するいかなる運用結果についても一切の責任を負いません。あらかじめご了承ください。
- 本書中の会社名や商品名は、該当する各社の商標または登録商標です。本書中では™および®は省略させていただいております。

はじめに

この本は、若手エンジニアや、バックエンドの技術にあまり詳しくない人に向けて書かれたDockerの入門書です。図解やハンズオンを多めに入れて、Linuxの知識や、サーバの構築経験がなくても、理解しやすいように努めています。また新しい技術を学ぶときに、前提となる知識が多すぎると、徐々に嫌になってしまうでしょうから、必要な分だけを随時補足しながら進めています。ですから、「なんだかよくわからないけれど、Dockerをやってみたい」という方にも、挑戦しやすくなっているのではないでしょうか。

「サーバの構築経験がなくても」という表現に、ひっかかりを覚える方もいらっしゃるでしょう。そもそも、Dockerはサーバで使われることが多く、サーバの知識無しでDockerを学ぶことは、ABCの読み方がわからないのに英語の本を読みとこうとしていることに等しいかもしれません。しかし、これには理由があるのです。

実は、この本は、プライベートで執筆した同人誌「明後日から使えるDocker入門」を底本にしています。商業誌を何冊も書いているのに、なぜそのような同人誌を執筆しようと思ったかというと、ある書店で若いSEに話しかけられたのがきっかけです。その日、Dockerの棚の前で、いくつかの本をパラパラ見ていたところ、突然「Dockerには詳しいですか」と尋ねられました。その方がおっしゃるには、Dockerの参考資料を探しに来たが、どれを選んでいいか分からないというものでした。

彼女はSEであり、サーバエンジニアではないそうなので、そもそもDockerが何であるか掴めていないようです。そこでDockerとはどういう技術であるかを軽くレクチャーしつつ、彼女のレベルにあった書籍をいくつか紹介しました。アドバイスが助けになったかどうかはわかりません。ただ、自分も初心者のときはどんなものを買っていいか分からずに、何冊も何冊も何冊も同じジャンルの本を買ったなということを思い出しました。

こうした人たちにDockerという技術の概要をつかんでほしいと考えたときに意外と難しい側面があります。まず、Dockerはサーバの知識やLinuxの知識がなければ、わかりにくいですし、そもそもコンテナ技術の概念が飲み込みにくいです。しかし、コンテナ技術の普及とともに、必須の知識になっていくでしょうし、せっかくDockerを学びたいと思ったなら楽しく学んで欲しい。

そう考えたので、あまり知識がなくても、気楽にDockerを学べる本にしました。

サーバやLinuxについて詳しい方は、本書をモタモタとまどろっこしい本だと感じるかもしれません。しかし、そうした方は「入門者」ではなく、「編入者」です。高専の学生が、大学に編入するようなもので、入門者ではないのです。この本は「きほんのきほん」というタイトルどおり、入門者向けに書かれた本です。読者のレベルによっては、過不足あるでしょうが、これからDockerの世界に飛び込もうとしている入門者の皆さんのための本なので、そのあたりは上手く調整しながら読んで下されば幸いです。

2021年1月　小笠原種高

Contents

Contents

Contents

Contents

Dockerとは何だろう

CHAPTER

1

Chapter 1では、「そもそもDockerとはどのようなもので、どんな風に使われているのか」についてざっくりと説明します。まだ、手は動かしません。まずは、Dockerとは何かをつかみ、自分にとってどのような意味のある技術なのか意識しながら学習していけるように概要を学びましょう。

Dockerって何だろう

SECTION 01

本書を手に取ってくださった皆さんは、Dockerについて「便利そうだけどよく分からないもの」という印象を抱いているかもしれません。確かに一言で言い現しにくいDockerですが、どのようなものかを、要点をかいつまんで説明します。

モヤの向こうに隠されたDockerの正体とは!?

「Docker（ドッカー）」とは何でしょうか。

当初、サーバエンジニアを中心に開発環境で使われ始めたDockerですが、現在では本番環境やフロントエンジニアの開発環境にも多く取り入れられるようになっています。

そのため、「Dockerを知らなければならない！」と焦りつつも、何者なのかよく分からないと思われている方が多いのではないでしょうか。

そもそも、Dockerについて、少し詳しそうな人に聞いてみると「コンテナ技術がどう」だとか「薄い皮がナントカ」だとかいう話が出てきて、細かい点が不明瞭です。なんだかモヤの向こうに隠されたような感じがしますし、知りたいのは、そんな話ではないですよね。

この本では、「Dockerとは何か」をお話しながら、そのメリットや使い方について説明をしていきます。

もちろん、「薄い皮がナントカ」で煙に巻いたりしないので、安心してください。

図1-1-1　モヤの向こうに隠されたDocker!?

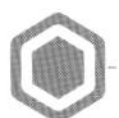

Dockerとは「データやプログラムを隔離できる」仕組み

Dockerを一言で表せば、「データやプログラムを隔離できる」仕組みです。

主にサーバで使われます。クライアントパソコンでも使いますが、現時点では、サーバで使うのが主な用途です。

パソコンやサーバでは、複数のプログラムが動いています。皆さんの使っているパソコンでも、WordとExcel、メールソフトを同時に立ち上げて使いますね。同じように、サーバでもApache※1やMySQL※2など、複数のプログラム（ソフトウェア）が同時に動いています。

こうした複数のプログラムやデータを、それぞれ独立した環境に隔離できるのがDockerです。しかも隔離するのは、プログラムやデータだけでなく、OS（っぽいもの）ごとできるのです。

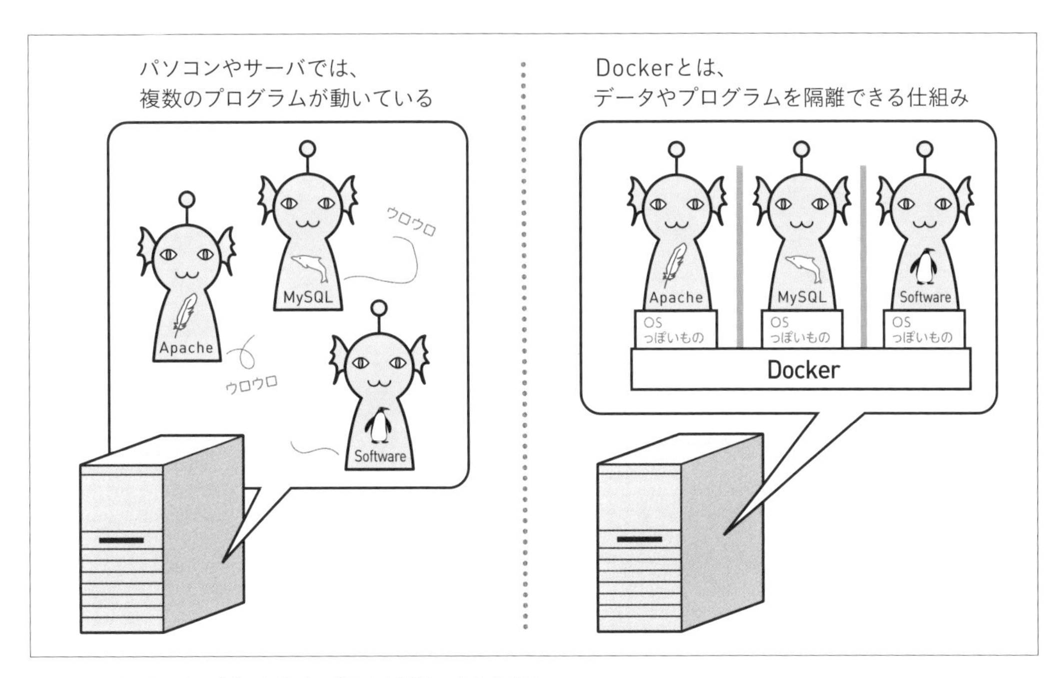

図1-1-2　Dockerとは「データやプログラムを隔離できる」仕組み

コンテナ（container）とDocker Engine

イメージとしては、パソコンやサーバ上の環境を、イナバやヨドコウの物置のような細かい部屋に分けると考えるとわかりやすいでしょう。この独立した物置に、データやプログラムが入っています。

この物置のことをコンテナ（container）と言います。コンテナを使える仕組みがDockerです。

Dockerを使うには、Dockerのソフトウェア（Docker Engine）をインストールします。すると、コンテナを作成したり、動かしたりできるようになります。

※1　Webサーバ機能を提供するソフトウェア。サーバで使われる代表的なソフトウェア

※2　データベース機能を提供するソフトウェア。DBMS。他に有名なのはPostgreSQL

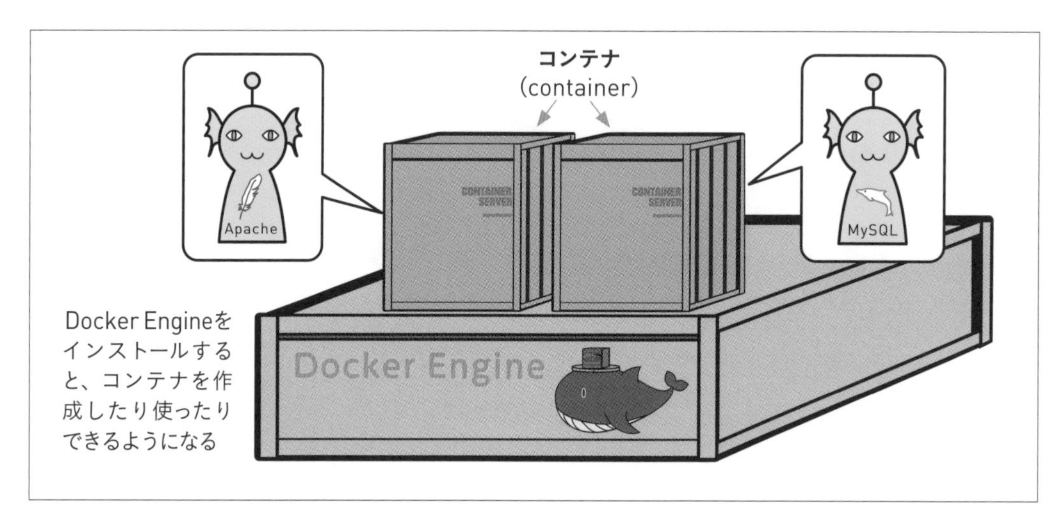

図1-1-3　コンテナとは独立した物置のようなもの

コンテナはイメージ（image）から作る

コンテナを作成するには、Docker Engineで操作するのですが、そのとき、イメージ（image）と呼ばれるコンテナの素[※3]になるものから生成します。

イメージにはたくさんの種類があります。中に入れるソフトウェアによって、それぞれ用意されたイメージを使います。Apacheのコンテナを作りたいなら、Apacheのイメージを使いますし、MySQLのコンテナなら、MySQLのイメージを使うのです。

コンテナは、複数作ることができます。容量が許す限り、Dockerの上にいくつも載せることができます。

図1-1-4　コンテナはイメージから作られる

※3　イメージとはISOファイルみたいなものだと考えるとわかりやすい。ISOファイルとは、CDやDVDをファイルとして書き出したもの。ISOファイルを使えば、元のCDやDVDを復元できる。サーバのOSやソフトウェアのインストールによく使われる。インターネット上でISOファイルとして配布され、それを自分のパソコンでCDやDVDに書き込んで、そのCDやDVDをサーバで読み込む形でインストールを行うことが多い。現在でもLinux OSの配布などで多く使われている

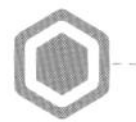

Docker は Linux マシンで使う

ただ、Dockerを使うにはいくつか制限があります。

まずは、何らかの形でLinux OS[※4]が必要です。WindowsやMacでもDockerは動かせますが、どこかにはLinuxが要ります。

また、コンテナに入れるプログラムもLinux用のプログラムです。

これは、DockerがLinux OSを使うことを前提としているためで、WindowsやMacで使っていると、うっかり忘れがちですが、基本的にはどこかにLinuxが必要だと覚えておいてください。

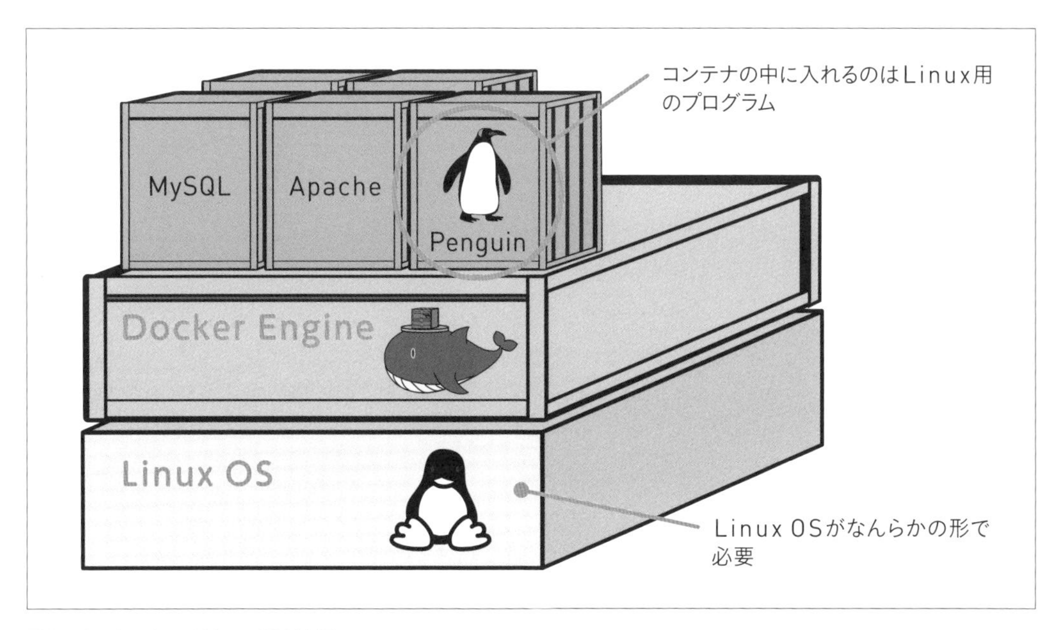

図1-1-5　どこかにはLinux OSが必要

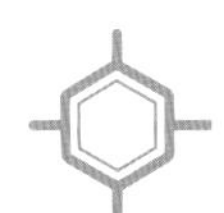

なぜデータやプログラムを隔離したいのか

さて、Dockerは、主にサーバの環境を隔離するものである、ということがわかったところで、なぜデータやプログラムを隔離するのかについて考えてみましょう。

データはともかくとしても、プログラムを隔離する意味が見えづらいかもしれませんね。

多くのプログラムは、それ単独で動いているのではなく、何らかの実行環境やライブラリ、他のプログラムを利用しています。

例えば、PHPで書かれたプログラムを実行するには、PHPの実行環境が必要ですし、Pythonで書かれたプログラムはライブラリを利用することが多いです（**図1-1-6**）。

※4　サーバでよく使われるOS

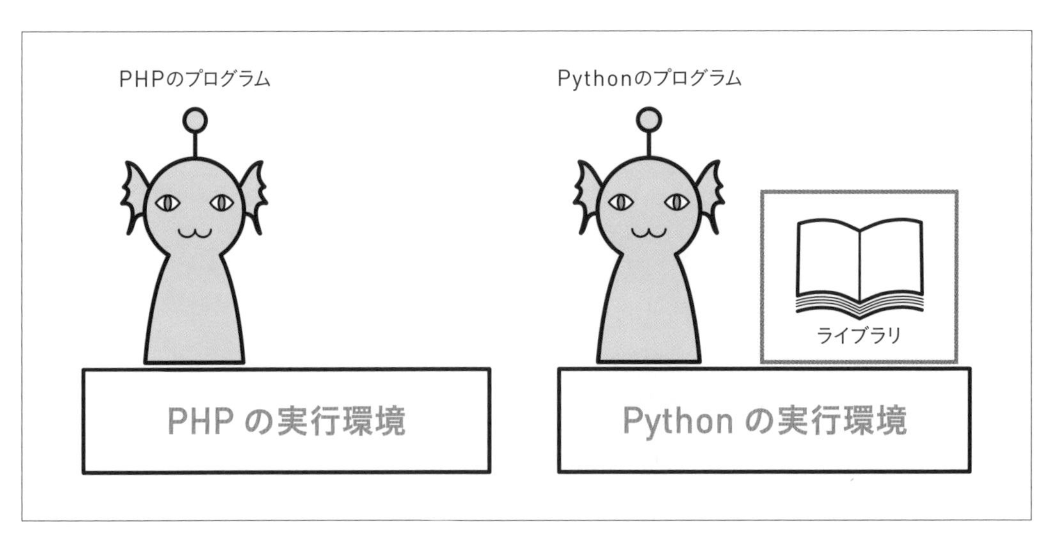

図1-1-6　プログラムを動かすには、そのプログラムの実行環境や、ライブラリが必要

ソフトウェアも、1つのプログラムではなく、複数のプログラムで構成されていることが多く、WordPressなら、MySQLなどのデータベースソフトを別途用意しなければ使えません。

また、他のプログラムと特定のフォルダやディレクトリ※5を共有していたり、同じ場所に設定情報を書き込んでいることもあります。

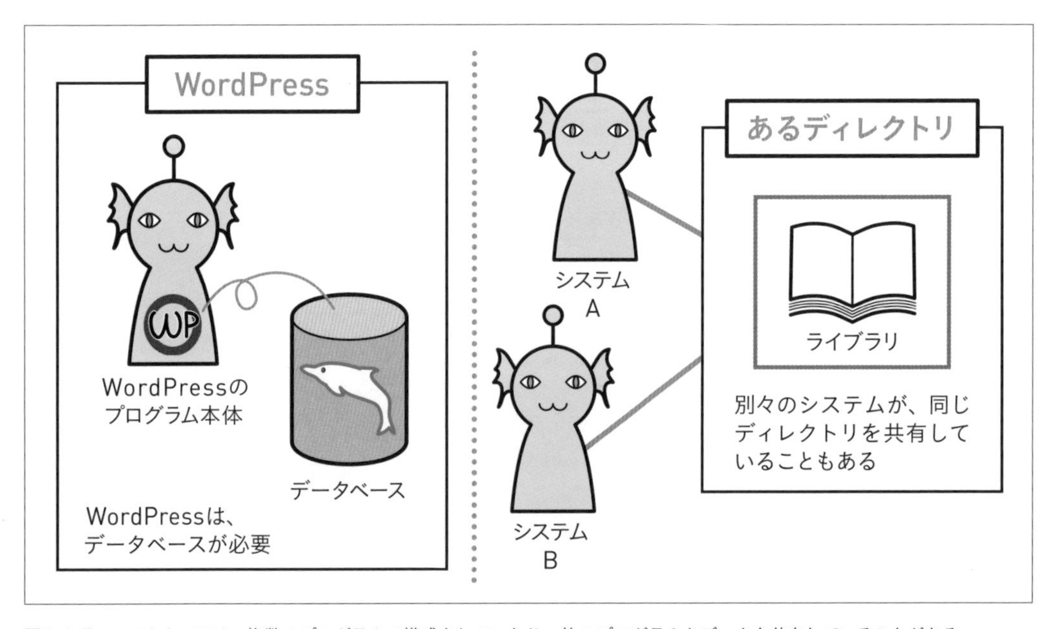

図1-1-7　ソフトウェアは、複数のプログラムで構成されていたり、他のプログラムとデータを共有していることがある

※5　Windowsではフォルダ、MacやLinuxではディレクトリと言う

そのため、1つのプログラムがアップデートしたときに、他のプログラムに影響を及ぼしてしまうことがあるのです。

わかりやすい例としては、システムAとシステムBが、どちらも「にゃんころプログラム[※6]」と連携していたとしましょう。システムAが、にゃんころプログラムver.5でなければ動かない仕様なのに、システムBの都合だけで、にゃんころプログラムをver.8にアップデートしてしまったらどうでしょうか。システムAが動かなくなって困ってしまいますね。

これは、共通のソフトウェアを使っている話ですが、実行環境やライブラリ、ディレクトリや設定ファイルでも同じ話です。共有しているものを一方の都合で変更してしまうと、他のプログラムに不具合が出ることがあるのです。

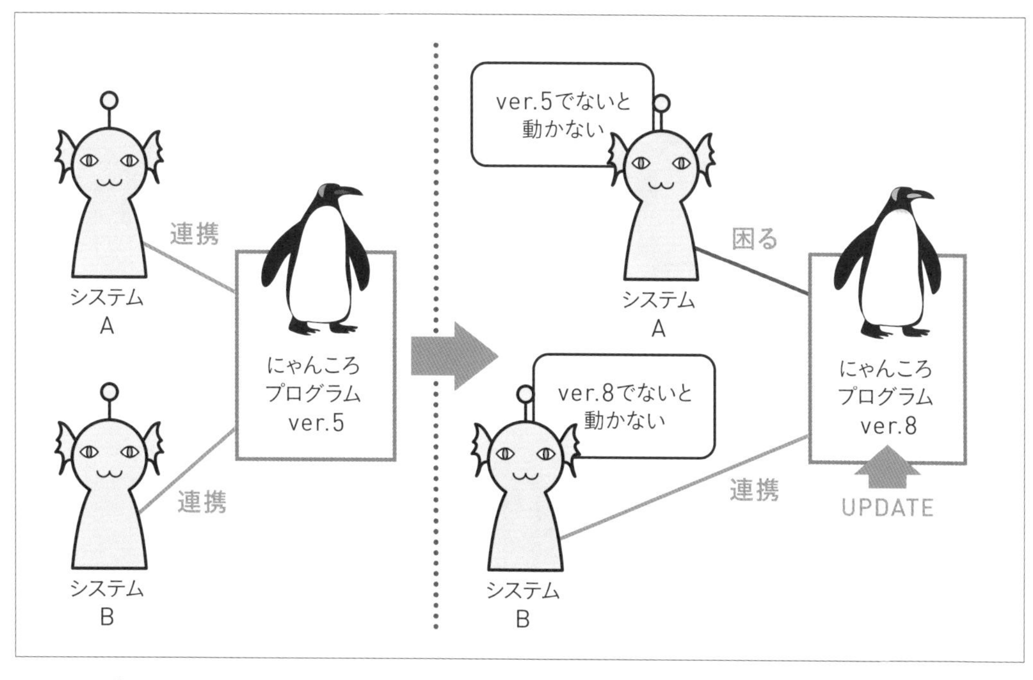

図1-1-8　プログラムは単独で動いていない

こうした問題は、アップデートのときだけではありません。

そもそも、サーバに何かのプログラムを同居させる場合、構築時にも慎重な検討が必要です。

設計時には問題ないと思われた同居も、実際にやってみると、上手くいかないこともままあります。原因のほとんどは、共有部分に関わるトラブルです。

プログラムによっては、1つのサーバに入れられるバージョンは1つだけなので、最低でもバージョンを揃えないことにはお話になりません。しかし、新規に開発しているものならともかく、既製品のソフトウェア同士を同居させたい場合には、連携するプログラムのバージョンを揃えられないこともあるでしょう。

ディレクトリにしても、システムAとシステムBが、同じディレクトリを使う設定になっていて、ファイルが混在したり、書き換え合戦になることもあります。

このようにプログラムであっても、同居とはなかなか気を遣うものなのです。

※6　よくある例としては、システムAとBがどちらもMySQLやPostgreSQLを使っていて、バージョンを上げたいパターンなど。他にApacheやOSのバージョンでも問題が起きやすい

プログラムを隔離するということ

さて、Dockerのコンテナは、他のコンテナから完全に分離されているのでしたね。つまり、中に入れるプログラムも他のものとは隔離されるわけです。

Dockerコンテナによってプログラムを隔離できると、このような同居問題の多くを解決できます。

例えばシステムAが、にゃんころプログラムver.5を、システムBが、にゃんころプログラムver.8を使いたいのであれば、セットで隔離してしまえば良いのです。

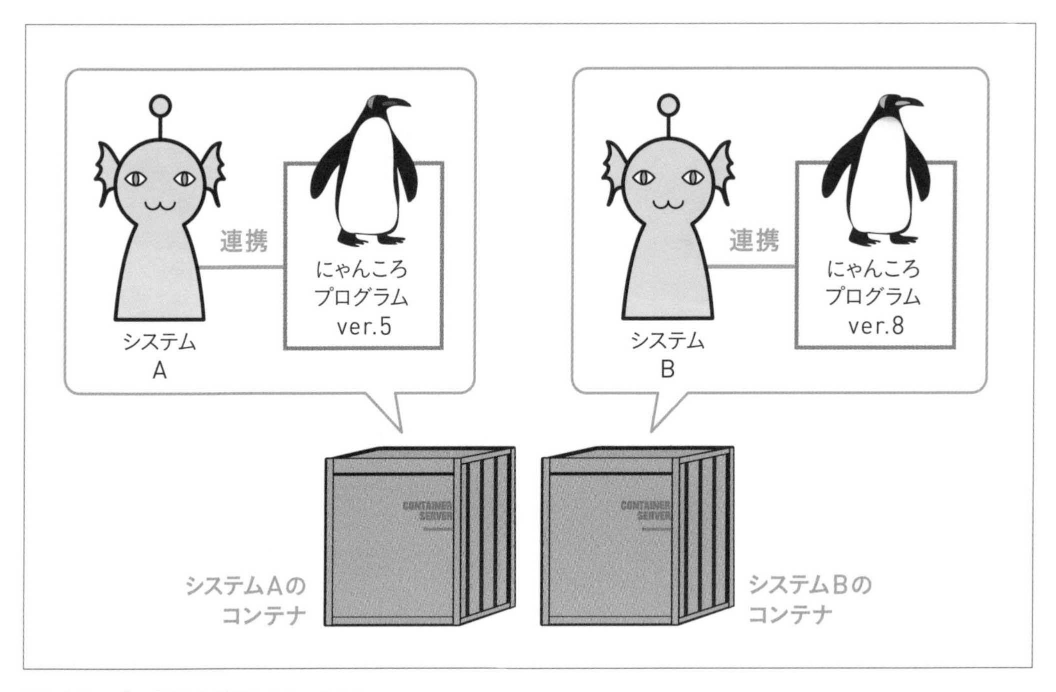

図1-1-9　プログラムを隔離するということ

通常の環境であれば、1台のサーバやパソコンには、1つしか入れられないソフトウェアが多いです。いつも使っているパソコンの場合、WordやExcelなど、ソフトウェアによっては、バージョンを変えれば複数入るケースもあるため、なんとなく可能な気がしてしまいますが、基本的には入らないと思っておくと良いでしょう。

しかしDockerのコンテナであれば、完全に独立しているので、複数のコンテナに同じプログラムを入れることができます。違うバージョンどころか同一バージョンでも可能なのです。

SECTION 02

サーバとDocker

Dockerの話をするときに、サーバの話は切っても切り離せません。ここでは、Dockerとの関連上知っておいた方がよいことを中心に、サーバとはどのようなものかについて説明します。

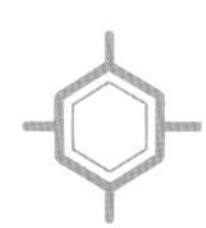

サーバには2種類の意味がある

Dockerはサーバ上で使用されます。

クライアントパソコンでも使いますが、現時点では、サーバで使うことが主目的だと考えて良いでしょう。ということで、Dockerの中身の話をする前に、サーバについての基本を押さえておきましょう。サーバについて詳しいよ！という方はP.014の「コンテナで複数のサーバ機能を安全に同居させる」にスキップして構いません。

サーバとは、何でしょうか。サーバとは、「Server」の名のとおり、「何かサービス（Service）を提供（Serve）するもの」を指します。

IT企業に勤めているのであれば、開発したシステムを載せたり、Webサーバとして馴染みがあるでしょう。そうでない人でも、会社でファイルサーバを使っていたり、ゲームでサーバを選んだりするため、言葉は知っているのではないでしょうか。

しかし、具体的にどのようなものなのかは、意外と知られていないかもしれません。

図1-2-1　サーバとは何か

機能としてのサーバと物理的なマシンとしてのサーバ

開発現場で「サーバ」と言った場合、二通りの意味があります。1つは、「機能としてのサーバ」であり、もう1つは、「物理的なマシンとしてのサーバ」です。

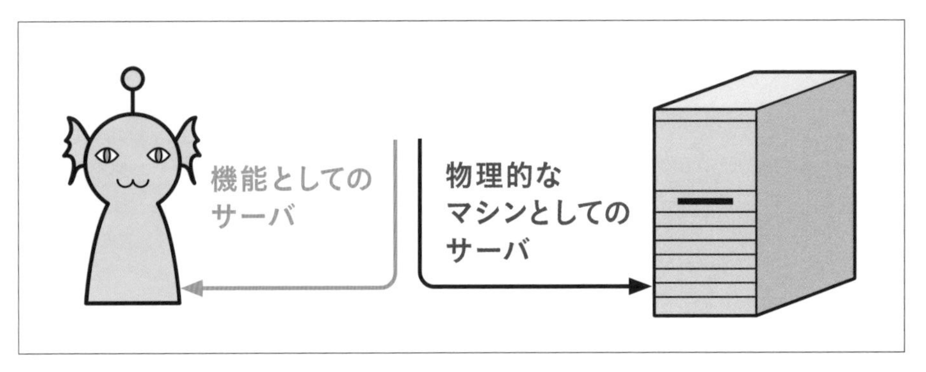

図1-2-2 サーバの役割

いわゆる「Webサーバにアップしておいて」や「メルサバ（メールサーバ）が死んだ！」と言ったときは、機能（役割）としてのサーバです。

「にゃんころサーバ」とは、「にゃんころ機能を提供する」という意味なので、「Web機能を提供するサーバ」がWebサーバであり、「メール機能を提供するサーバ」が、メールサーバです。

他に、データベースサーバや、ファイルサーバなどもよく耳にしますね。

図1-2-3 機能としてのサーバの例

一方、物理的なマシンとしてのサーバは、「ちょっと新しい人が来るからその机の上のサーバ片付けといて」だとか、「この間、社長がサーバにささっていたLANケーブルを引っこ抜いちゃってさ」と言ったときのサーバです。つまり、現物です。

最近は、会社にサーバを置くことが減ってきているので、会社によっては見たことがないかもしれませんが、デスクトップのパソコンのように、どこかには存在しています。

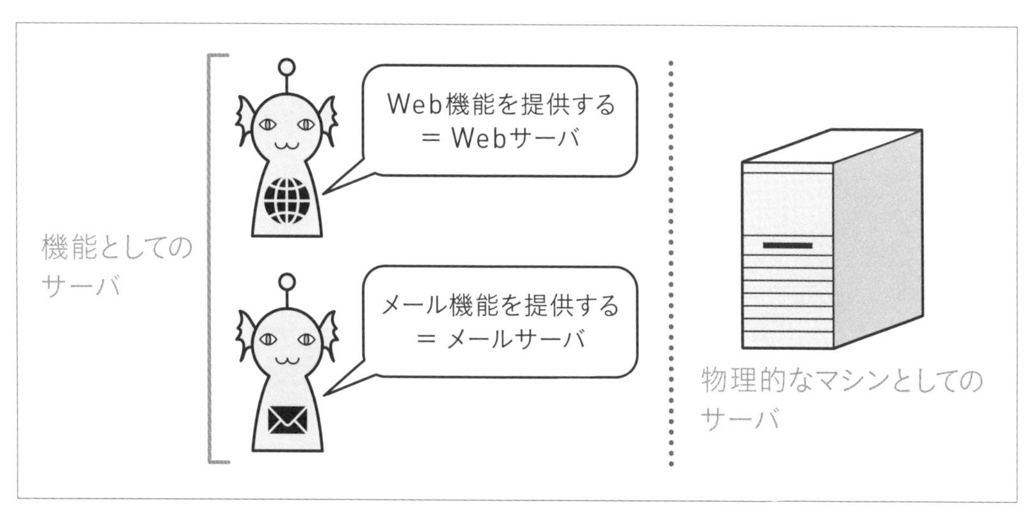

図1-2-4　機能としてのサーバと物理的なマシンとしてのサーバ

「サーバはサーバでしょ」と思われるかもしれませんね。なぜこのような話をするかといえば、「物理的なマシン」としてのサーバに、複数の「機能としてのサーバ」を同居させることができるからです。

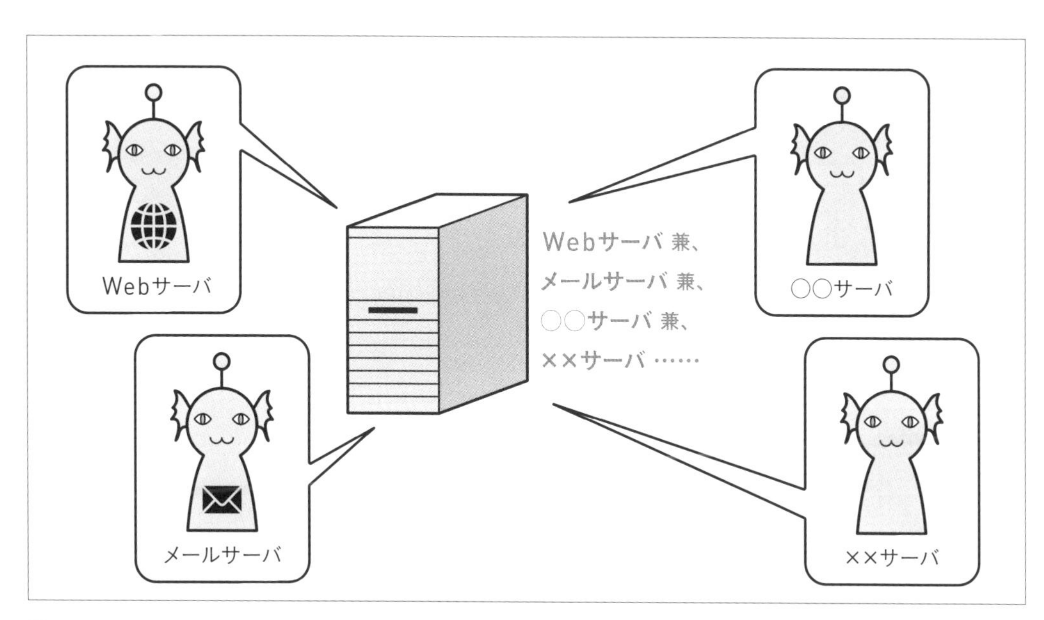

図1-2-5　物理的なマシンに、機能としてのサーバは同居できる

サーバというと、なんだか特別で複雑で難しいもののような感じがしますが、その正体は普通のパソコンと変わりません。普通のパソコンは、個人が使うのに対し、サーバは、複数の人がアクセスして使うという違いがあるだけです。

もちろん、その違いがあるので、個人のパソコンと、スペックや求められるものは違いますが、基本的な仕組みは同じです。普段使っているパソコンと同じようにOSが動いており、その上でソフトウェアが動きます（**図1-2-6**）。

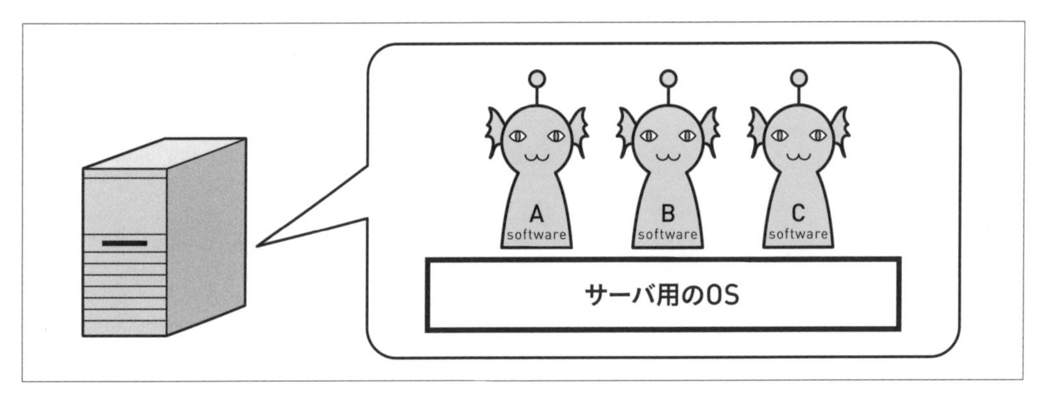

図1-2-6　サーバでもOSが動いており、その上でソフトウェアが動く

サーバの機能はソフトウェアで提供される

ですから、「サーバ」の機能を持たせる場合も、特別なことは必要ありません。

「サーバ」の機能は、ソフトウェアで提供されます。ソフトウェアをインストールすれば、「サーバ」の機能を持つのです。

例えば、ApacheのようなWebサーバ用ソフトを入れれば、Web機能を持ちますし、Sendmailのようなメールサーバ用ソフトを入れれば、メールサーバとして使えるようになります。「にゃんころ用」ソフトを入れれば、にゃんころサーバになるのです。

Webサーバ用ソフトを入れる　➡　Webサーバになる
メールサーバ用ソフトを入れる　➡　メールサーバになる

つまり、「にゃんころサーバを作ること」は、「にゃんころ用ソフトを入れて、その機能を持たせること」と同義だと考えて良いでしょう。

そして機能がソフトウェアによって実現されるということは、複数のソフトウェアを、1つのサーバマシンに入れてしまってもいいということです。具体的な例で言えば、WebサーバとメールサーバやFTPサーバが同居していることはよくありますし、システムのサーバとDBサーバが同居していることもあります。

だから、機能としてのサーバは、物理的なマシンに同居できるのです。

代表的なサーバ

サーバの同居の話は、Dockerのメリットに大きくつながっているのは、見えてきたでしょうか。

「機能としてのサーバ」にどのような種類があるのか、以下にまとめておくので、今すぐに覚える必要はありませんが、軽く目を通しておいてください。

代表的なサーバの種類

サーバ	特徴
Webサーバ	Webサイトの機能を提供するサーバ。HTMLファイルや画像ファイル、プログラムなどを置いておく。クライアントのブラウザがアクセスしてくると、それらのファイルを提供する。 代表的なソフトは、Apache、Nginx、IIS
メールサーバ	メールの送受信を担当するSMTPサーバと、クライアントにメールを受信させるPOPサーバがある。これら2つを合わせてメールサーバと呼ぶことが多い。メールをダウンロードしてから読むのではなく、サーバに置いたまま読めるIMAP4サーバもある。 代表的なソフトは、Sendmail、Postfix、Dovecot
データベースサーバ	データを保存したり、検索したりするためのデータベースを置くサーバ。 代表的なソフトは、MySQL、PostgreSQL、MariaDB、SQL Server、Oracle Database
ファイルサーバ	ファイルを保存して、皆で共有するためのサーバ。 代表的なソフトは、Samba
DNSサーバ	IPアドレスと、ドメインを結びつけるDNS機能を持つサーバ。
DHCPサーバ	IPアドレスを自動的に振る機能を持つサーバ。
FTPサーバ	FTPプロトコルを使って、ファイルの送受信を行うサーバ。Webサーバと同居させることが多く、ファイルの設置に使う。
プロキシサーバ	通信を中継する役割をもつサーバの総称。社内LANなどインターネットから隔離された場所からインターネット上のサーバに接続するときに使う。また、プロキシサーバを経由すると、接続先から自分のアクセス元を隠すことができるため、自分の身元を隠したいときにも使われることもある。
認証サーバ	ユーザー認証するためのサーバ。Windowsネットワークにログインするための「Active Directory」と呼ばれるサーバや、無線LANやリモート接続する際にユーザー認証する「Radiusサーバ」などがある。 代表的なソフトは、OpenLDAP、Active Directory

サーバのOSはLinuxが多数

普段使っているパソコンとサーバマシンとは、さほど大きな違いはありません。

サーバは、その役割から、熱に強い構成であったり、グラフィカルな機能を使うことが少ないなど、サーバ専用に特化する傾向はありますが、物理的なマシンがあって、そこにOSがあり、ソフトウェアを入れるという点では同じです。個人が使うパソコンとサーバとは、役割の違いに過ぎません。

ですから、今使っているパソコンをサーバにすることだってできます。上に書いたとおり、サーバ機能はソフトウェアによって提供されるので、そのソフトウェアを入れれば良いだけなのです。

ただ、サーバの役割の性質から、OSは、サーバ用のOSを使うことが多いです。

また、サーバ用OSは、LinuxかUNIX系が採用されることが多く、サーバ用ソフトウェアもLinux用ソフトウェアが多数です。Windowsにも、サーバ用のバージョンがありますが、シェアとして大きいのはLinuxとUNIXでしょう。

LinuxやUNIXには種類があり、Linux系で有名なものにRed HatやCentOS、Ubuntuなどがあります。

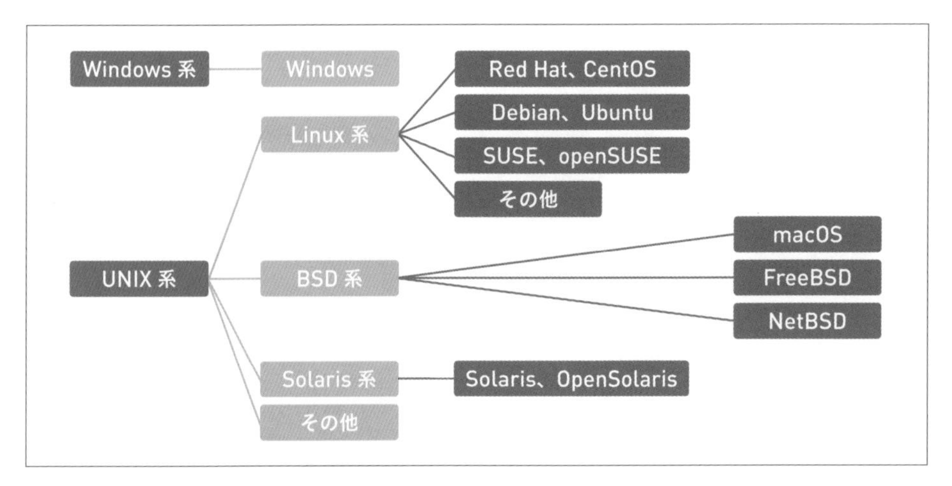

図1-2-7　サーバOSの種類

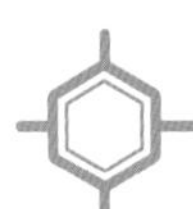

コンテナで複数のサーバ機能を安全に同居させる

さて、ここでDockerの話に戻りましょう。

Dockerの環境でコンテナを使用すれば、完全に隔離できることはお話ししました。

それであれば、予算の関係で同居させているWebサーバとメールサーバや、システムとDBサーバを、別々の部屋に分けて安全に運用することができるようになります。アップデートしても、お互いに影響しあうことがありません。

また、通常1台のサーバマシンには、1つのWebサーバ（1つのApache）しか載せられません。しかし、コンテナ技術を使えば、複数のWebサーバを作って載せることができるのです。これは大変便利です。

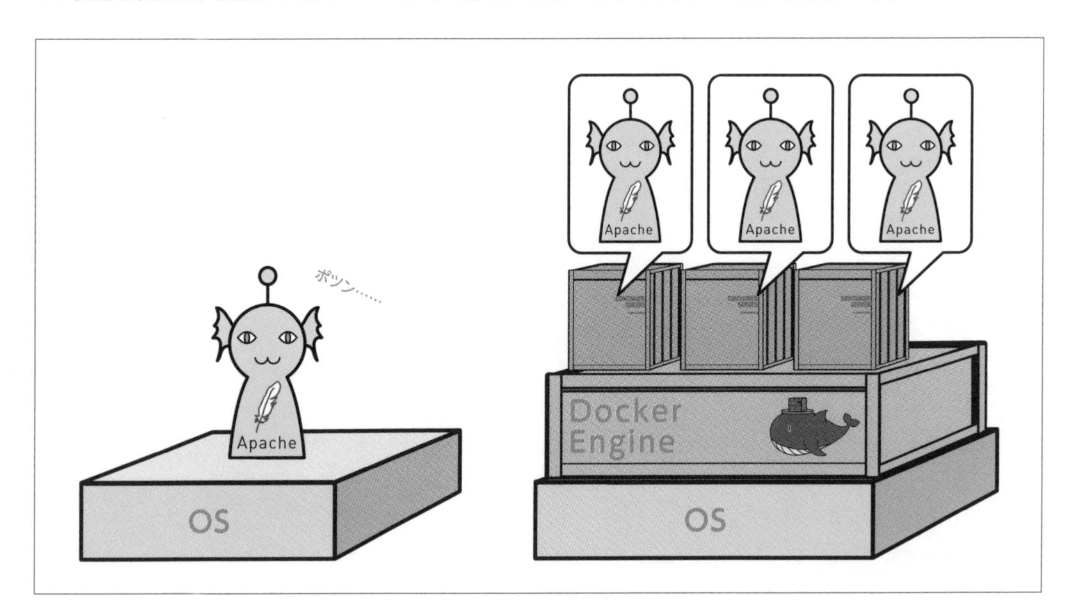

図1-2-8　複数のサーバを載せられる

また、「複数の同じサーバ機能を1つのマシンに入れられる」ということはサーバマシンの節約にもなります。例えば、ある開発会社が管理しているプロジェクトAとBのWebサーバがあったとします。これらのWebサーバはどちらも使う容量が少ないのに、1台ずつサーバマシンを用意していては無駄です。そこで1台のマシンに2つのWebサーバを同居させてしまえば、1つのプロジェクトで負担しなければならないサーバマシンの代金は折半で済みます。

もし、コンテナ技術を使わずに同居させるとなると、プロジェクトAのメンバーが、Bの環境を触ってしまうこともありうるかもしれませんし、Apacheは1つしか入れられないので、Webサーバ機能は、共有することになります。コンテナがあればこうしたリスクなしにサーバを同居※7させることができます。

開発現場で使われる方法としては、開発環境を揃えたり、本番環境への移行を容易にすることも大きいでしょう。コンテナは隔離されているだけでなく、持ち運べるのも大きな特性です。

コンテナは持ち運べる

コンテナは、持ち運ぶことができます。

実際には、コンテナそのものを持ち運ぶというより、一度書き出して別のDocker上に再構築するのですが、まあ、DockerからDockerへとコンテナを移せると考えて良いでしょう。

そのため、同じ状態にチューニングしたコンテナを全員に配布し、開発環境を一斉に整えることができますし、開発サーバで作ったものをそのまま本番サーバへと持って行くこともできます。

Dockerさえ入っていれば良いので、例えばOSが違う場合でも、それを意識することなくコンテナを移動できます。

本番サーバと開発サーバの環境が少し違っていてうまくいかなかったということはままあることですが、Dockerがあれば、物理的な環境の違いや、サーバ構成の違いを無視できるので、こうした面倒が一気に解決するのです。

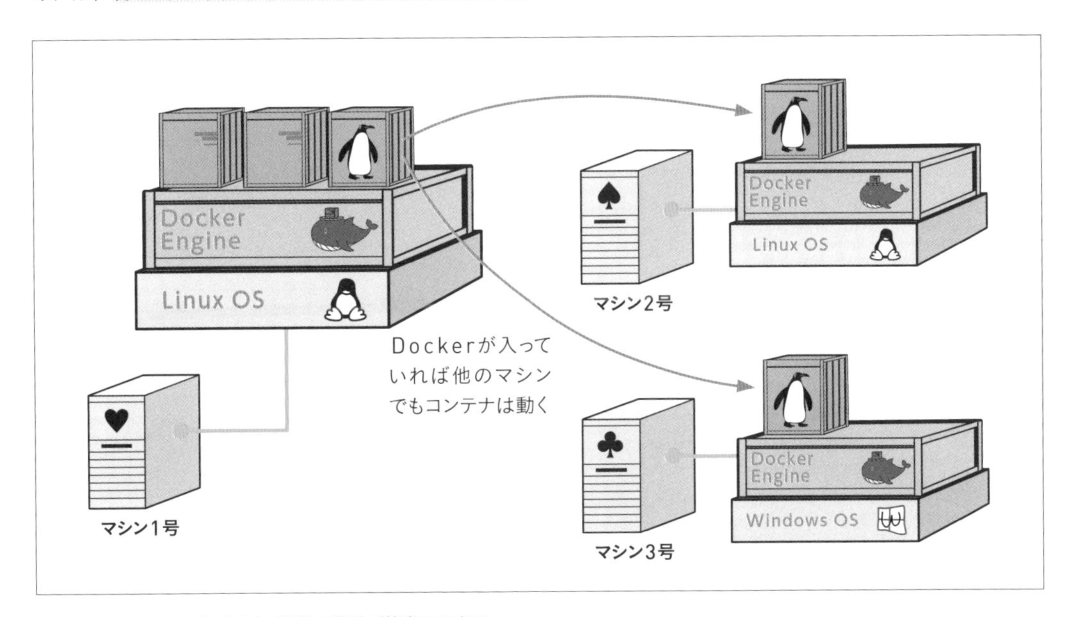

図1-2-9　Dockerがあれば、環境の移動が簡単にできる

※7　コンテナ技術以外にも上手く同居させる技術はありますが、それはコラム「Dockerと仮想化技術との違い」(P.016) で説明

COLUMN：Level ★★★

Dockerと仮想化技術との違い

Dockerは、その性質から、仮想化技術と比較されることが多いです。しかし、サーバを仮想化するものではありません。「実行環境を隔離したコンテナ」が正確なところです。

Dockerと仮想化技術との違い

VirtualBoxやVMwareなどの仮想化環境は、仮想的に物理的なマシンを用意するようなものです。仮想的とはレイア姫のホログラムのようなものではなく、物理的なものをソフトウェアで置き換えることを言います。
つまり、マザーボードとCPUとメモリ※を買ってきて……という物理的な部品を、ソフトウェアで実現しているのです。
実質、物理的なマシンのようなものですから、当然OSとして何を入れてもいいですし、その上にどんなソフトウェアを入れても構いません。
一方、Dockerの場合、コンテナ上にOS（Linux）はありますが、あくまで「OSっぽいもの」です。フルではありません。OSの機能のいくつかを、ホストである物理的なマシンに託すことによって軽くしています。
つまり、コンテナは一部のOS機能をホストに依存しているため、物理的なマシンにはLinux機能が必要ですし、コンテナの中もLinuxでなければならないというわけです。

MEMO

マザーボードとCPUとメモリ：パソコンを構成する主要な部品

DockerとAWSのEC2との違い

AWSのEC2にも、Dockerのコンテナと似たような「インスタンス」という機能があります。
EC2も、仮想化環境です。つまり、完全にそれぞれが独立したマシンとして動作します。ですからEC2とDockerとの違いはVirtualBoxやVMwareとDockerの違いと同じです。
ただ、インスタンスは、コンテナと同じように、AMIというイメージから作成するので、インスタンスの配布方法が似ているのです。

Dockerとホスティングサービス

例えば、AWSのECSなどがあります。こうしたサービスを使うと作成したコンテナイメージをサーバを作ることなく運用することができます。

Dockerが動く仕組み

CHAPTER

2

Chapter 2でも、まだ手は動かしません。Chapter 2では、Dockerやコンテナについて、もう少し詳しく学びます。
Dockerやコンテナが、物理的なマシンの中でどのような位置づけで動いているのか、コンテナはどのように作られるのか、コンテナを使っていく上での考え方やコツなどを覚えていきましょう。

Dockerが動く仕組み

SECTION 01

Chapter 1では、Dockerの概要について説明しました。でもまだ、Dockerというものについて、なんとなくモヤモヤしているのではないかと思います。
本節ではDockerをより詳しく知るために、「どんな風に動いているか」について解説します。正体が徐々に見えてきますよ！

Dockerの仕組み

Dockerの仕組みについてもう少し詳しく話しておきましょう。

通常、サーバで使われるDockerとコンテナは、以下の図のような構成になっています。本当はもう少し複雑ですが、とりあえずこんなものだと思ってください。

まず、物理マシンがあるとすると、その物理マシンの上にLinux OSがあります。ここまでは普通のサーバと同じです。

普通のサーバであれば、OSの上にプログラムやデータを直接載せるのですが、Dockerを使いたい場合は、OSの上にDocker Engineを載せ、その上でコンテナを動かします。

プログラムやデータ※1は、コンテナの中に入れます。

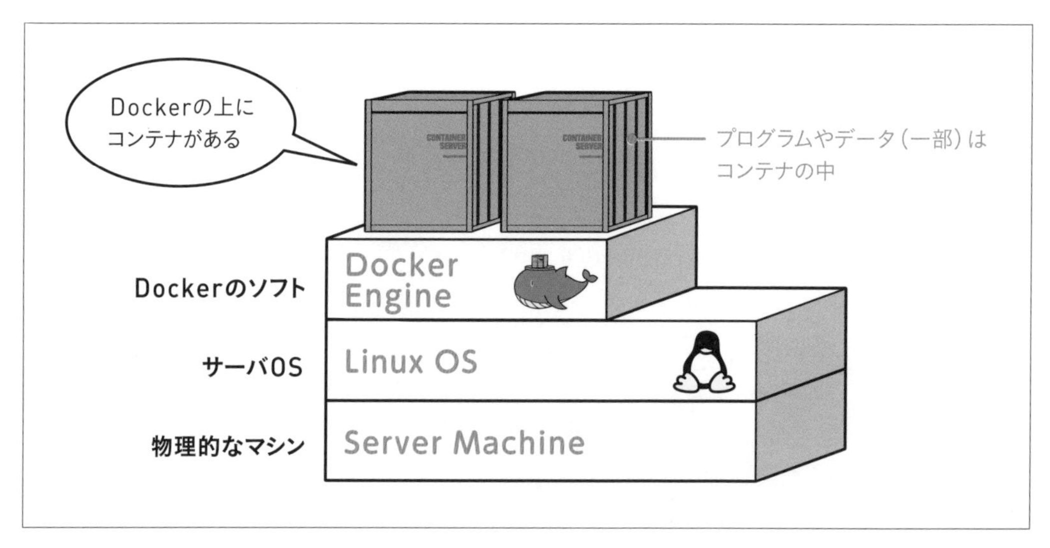

図2-1-1 Dockerの上にコンテナがある

※1 後述しますが、データはコンテナに入れるものと、外部に置くものがあります

コンテナの中には、OSっぽいものも入っている！

では、コンテナの中はどうなっているのでしょうか。

「コンテナに何かを入れる」と表現すると、空っぽのコンテナに何かを入れるようなイメージがあるかもしれませんが、何も入っていない「本当に空のコンテナ」というものは「使わないに近い[※2]」と考えて良いです。空のコンテナもあると言えばあるのですが、皆さんの目に触れることは、ほぼないでしょう。

では、どうなっているかというと、コンテナには必ず「Linux OSっぽいもの」が入っています。居酒屋で何も頼まなくてもお通しが出るように、大概は「Linux OSっぽいもの」入りコンテナが最小のコンテナです。「空だ」と思っていても、実は入っています。

それにしても、「OSっぽいもの」とは、思わせぶりな言い方だと不信に思う方もいらっしゃるでしょう。これは後で解説しますが、OSっぽいものであって、完全なOSではないので、このような言い方をしています。

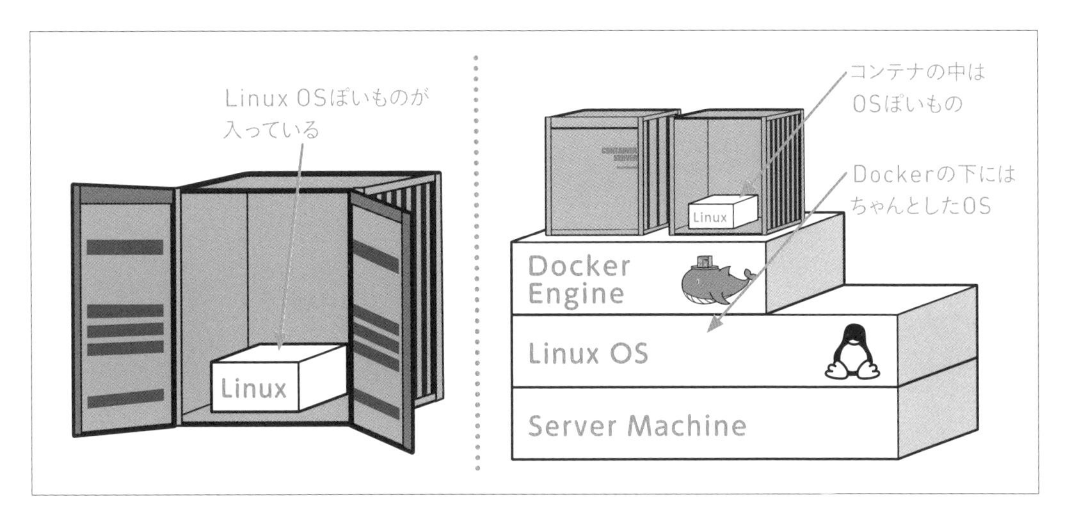

図2-1-2　コンテナには、Linux OSっぽいものが入っている

そもそもOSとは何をしているのか

ここで少しOSとは何かについて話しておくと、OSとは、ソフトウェアなどプログラムの命令をハードウェアに伝える役割を担うものです。

人間からすると、一見複雑に書かれているように見えるプログラムですが、ハードウェア（機械）からすると、大雑把な命令しか書かれていません。それは、人間が1つの言葉から複数の動作を判断できるからです。ハードウェアは自分で判断したり、良い塩梅で仕事をする能力はなく、言われたことを言われたままにしかできないので、一挙手一投足を指示する必要があります。

例えば、テーブルの上にミカンが置かれていて「ミカンを食べて」と言えば、人間なら食べることができますが、ハードウェアの場合は、「テーブルの右上に置いてあるミカンを手に取ってミカンの皮をむいてミカンの実を食べる」と具体的に指示をしないとわからないのです。

プログラムに書かれているのは、この「ミカンを食べて」のところまでで、この先はOSが噛み砕いてハードウェアに指示します。

※2　scratchというイメージを使うと作成できるが、初心者が使うことはまずない

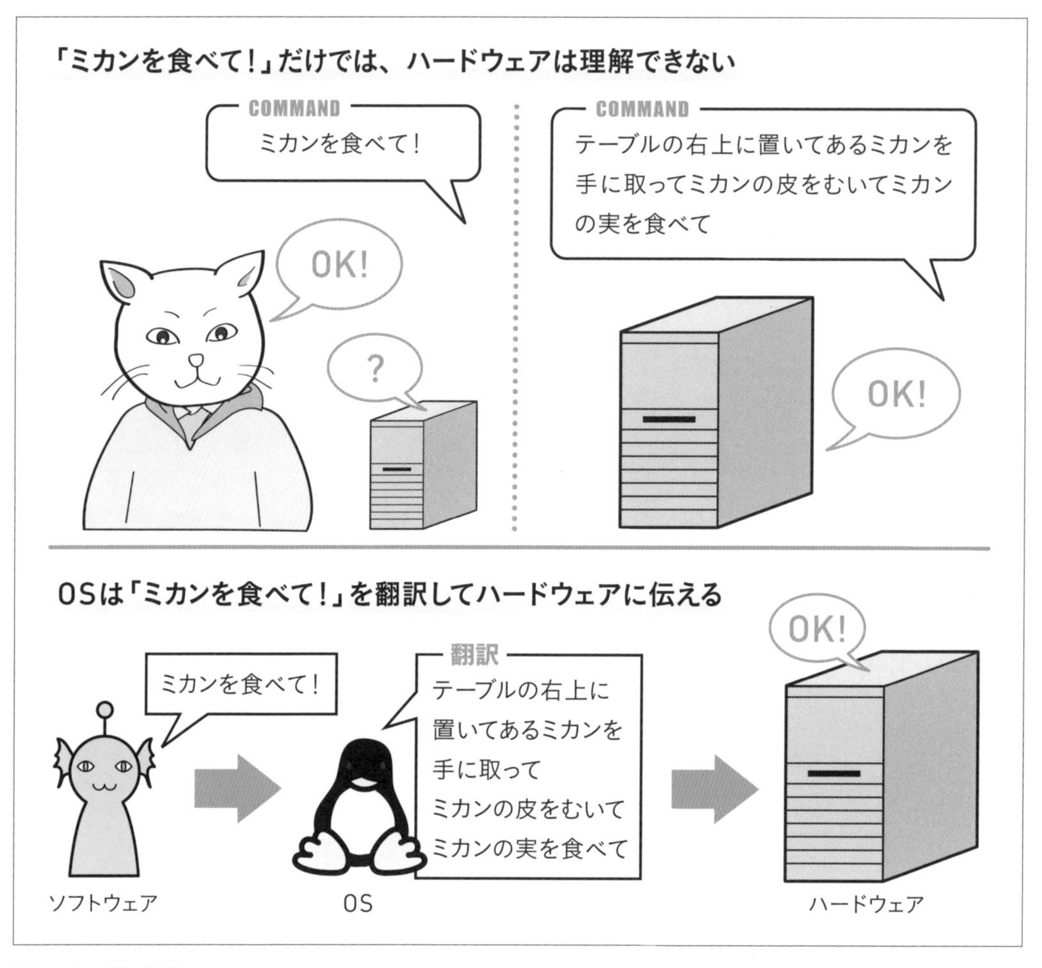

図2-1-3　OSの役割

OSの役割がわかったところで、コンテナの話に戻りましょう。

図2-1-2を見ると、Docker Engineの下にも土台となるLinux OSがあるのに、コンテナの中にもLinux OS（っぽいもの）が存在します。なんだか奇妙な図なっていますね。

しかし、これこそがDockerの大きな特徴の1つなのです。

そもそもOSは、「カーネル」と呼ばれる核になる部分と、その「周辺の部分」※3で構成されています。

周辺の部分が、プログラムからの連絡を受け取ってカーネルに伝え、カーネルがハードウェアを操作します。

Dockerの場合、コンテナは完全に分離されているので、土台となるLinux OSの周辺部分がコンテナの中にあるプログラムの命令を受け取ることができません。そのためコンテナの中にOSの周辺部分を入れてプログラムの命令を受け取り、受け取った命令を土台のカーネルに伝える仕組みになっています。

※3　周辺の部分は、プログラムから命令を受け取ったり、カーネルの実行した結果をプログラムに伝えたりする。キーボード入力内容を受け取ったり、モニタにデータを表示するのも担う仕事の1つ。この「周辺の部分」のパッケージがディストリビューション。有名なディストリビューションには、Red HatやCentOS、Ubuntuなどがある。通常、カーネルだけでLinuxを使うことはほぼなく、ディストリビューションとセットで使うため、「LinuxはRed Hatを使っている」など、ディストリビューションの名前で呼ばれることが多い

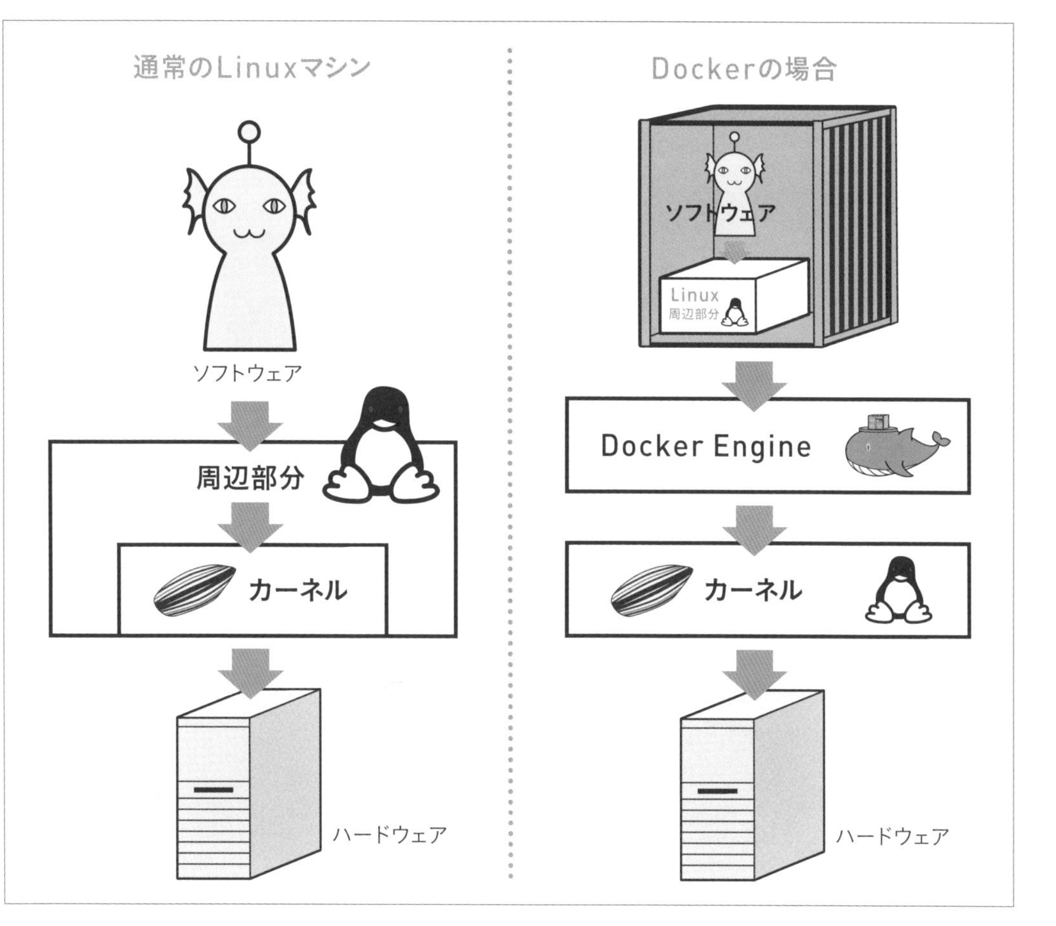

図2-1-4 コンテナは完全に分離されているので、中に周辺部分が必要

このような理由で、コンテナの中には、最小限「Linux OSっぽいもの」が入っており、Linux OS丸ごとではなく、周辺部分しか入っていないので「ぽいもの」という曖昧な言い回しになるのです。

面倒なことをしないで、Linux OSを丸ごと入れてしまえば良いのにと思うかもしれませんが、周辺部分だけを入れて、カーネルは土台に任せることで、Dockerの大きな特徴である「軽い」ことの理由にもなっています。

Dockerは基本的にLinux用のもの

Dockerは、基本的にLinux OSの上でしか動きません。

理由はなんとなく見えてきたのではないでしょうか。そうです。Dockerとは、土台となるLinux OSを利用する前提の仕組みなので、どうしてもLinux OSでないと動かないのです。

また、それにも伴ってコンテナの中に入れるOSの周辺部分もLinux OSのものである必要があります。

そして、コンテナの中に入れるソフトウェア（プログラム）も、Linux用ソフトウェアです。WindowsやMac用のソフトウェアは入りません。入れてみても、動きません。

つまり、Dockerとは、Linuxマシンに隔離環境を作るものであり、Linux上でしか動きませんし、コンテナで動かすプログラムもLinux用プログラムなのです。

Dockerの話は、大概サーバを前提にして話すことが多いですが、その理由は、Linux OSが使われるのは、サーバが多く、Linux用ソフトウェアもサーバ用のものが多いからです。

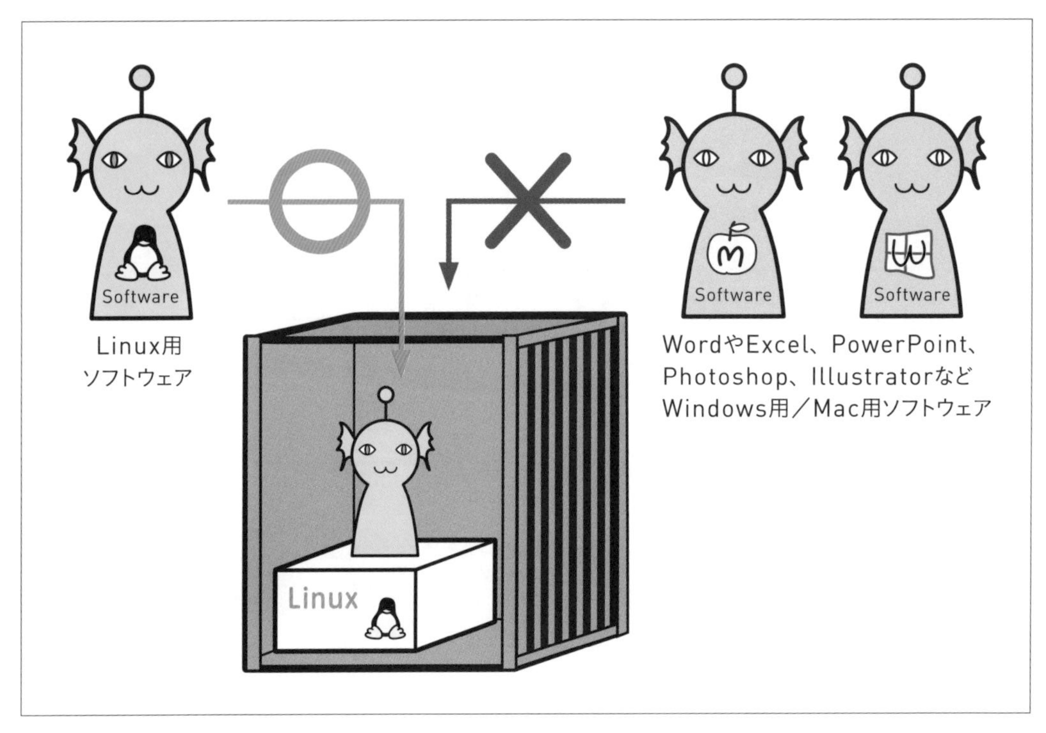

図2-1-5　コンテナに入れるプログラムはLinux用

WindowsやMacでDockerを動かす

このようにDockerは、Linuxを前提としたものなので、いつも使っているWindowsやMacパソコンでは、動かない※4はずです。しかし、実際には、WindowsパソコンやMac上でDockerを使っている人たちがいます。

これはどのように使っているかと言うと、VirtualBoxやVMwareのような仮想環境の上にLinux OSをインストールして、その上でDockerを動かしているケースと、「Docker Desktop for Windows」または「Docker Desktop for Mac」のようなDockerの実行に必要なLinuxを含むパッケージをインストールしているケースがあります。

つまり、簡単に言うと、WindowsやMacのOSの上に、さらにLinux OSも強引に入れてしまって動かしているということです。

どちらにせよDockerを使いたかったら、何らかの形でLinuxを用意しなければならないということだけ覚えておいてください。

※4　もちろんその他の有名なOSであるUNIXや、BSDでも動きません

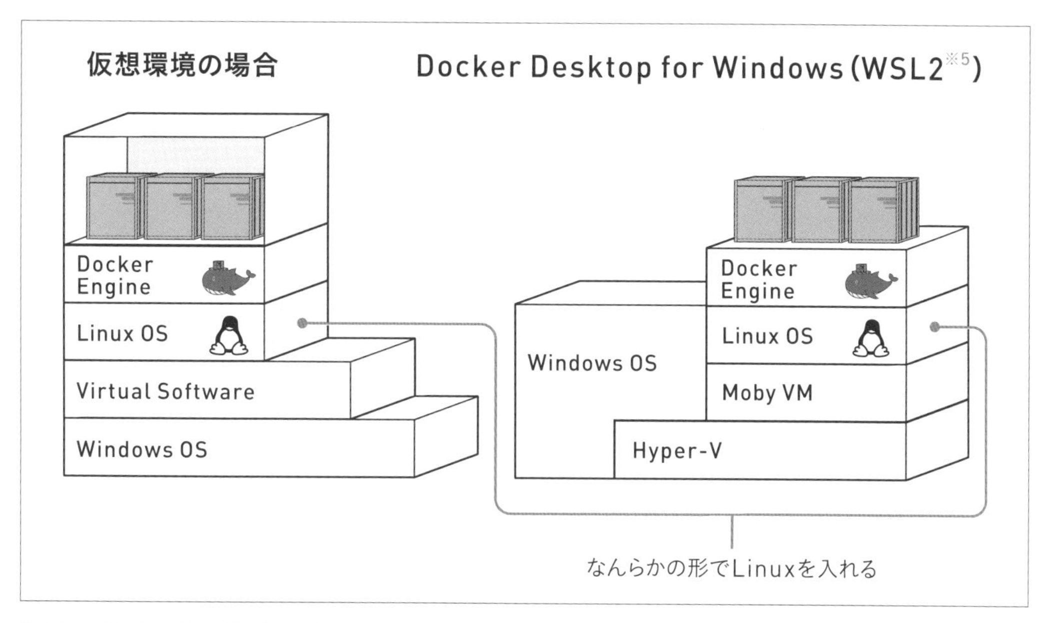

図2-1-6　Dockerは基本的にLinux用のもの

※5 「WSL2」は、Windows Subsystem for Linux 2 の略で、Windows で Linux を利用するための仕組みです。P.046 でも説明します。

SECTION 02

Docker Hub とイメージとコンテナ

続いて、DockerのイメージとDocker Hubについてお話していきましょう。簡単に言えば、イメージは、コンテナの「素」となるもので、Docker Hubは、イメージがたくさん集まっている、インターネット上の場所のことです。これらの仕組みがあることが、Dockerの大きなメリットにつながります。

イメージとコンテナ

コンテナを作成するときはイメージから作成します。イメージは、コンテナ作成の素となるもので、コンテナを作るための設計図※6のようなものです。たとえて言うなら、超合金ロボを作るときの金型です。

イメージとは金型のようなもの

超合金ロボで遊びたい人が、金型をもらっても困るように、イメージもそのままでは役に立ちません。イメージからコンテナを作成して利用します。

我々が使うのは、コンテナであって、イメージをそのまま何かに利用することはありません。

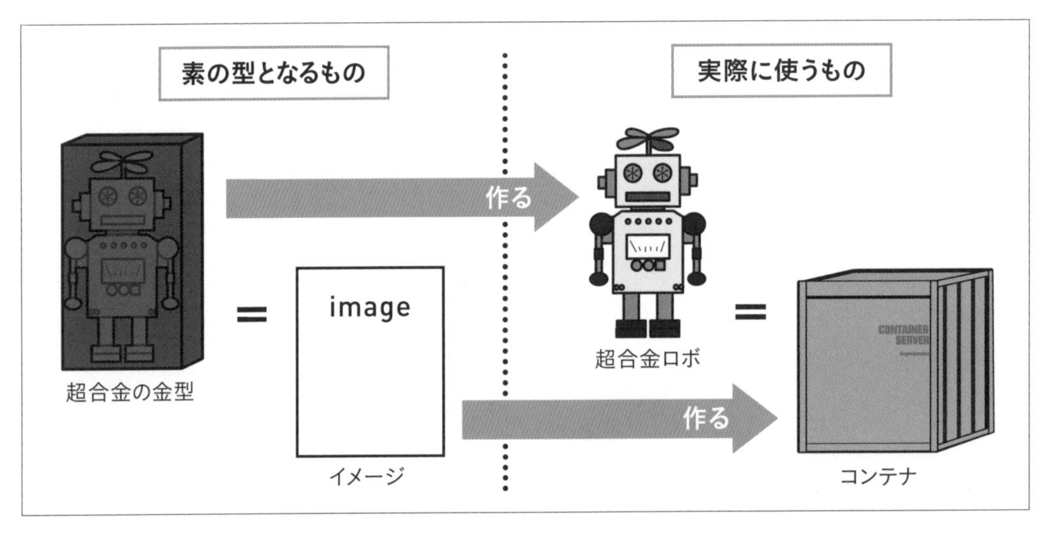

図2-2-1　イメージからコンテナを作成して利用する

※6　OSやソフトウェアをインストールする時のISOファイルにも似ている

イメージは、金型のようなものなので、1つあれば、同じものを量産できます。

ですから、同じコンテナを複数配置したいときには大変便利です。

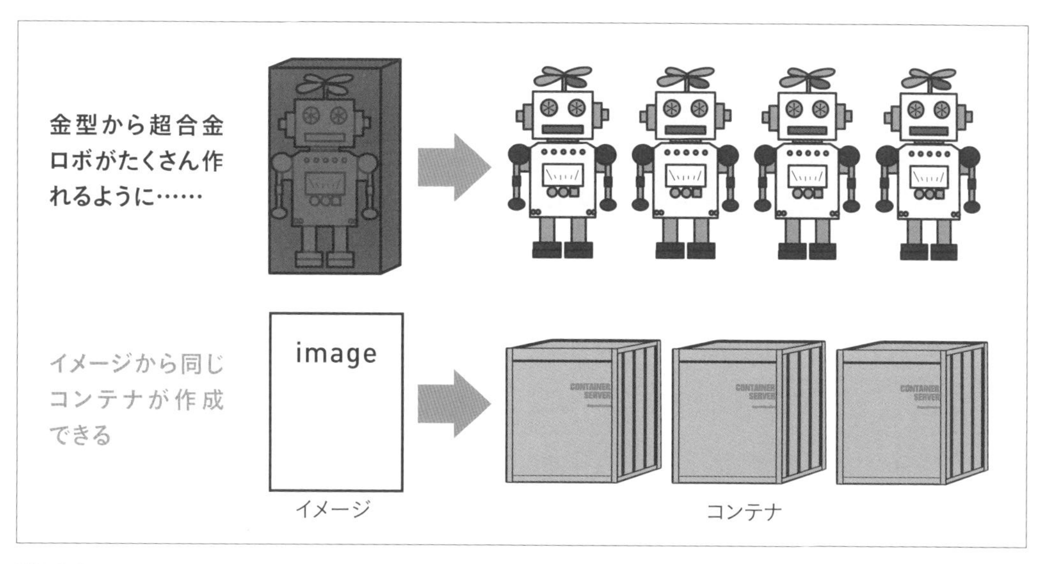

図2-2-2 1つのイメージから同じコンテナを複数作成することができる

コンテナからもイメージが作れる

そして、イメージからコンテナが作れるだけでなく、コンテナからイメージを作ることもできます。

イメージからコンテナはともかく、逆はメリットが見えにくいかもしれませんね。コンテナからイメージが作れるということは、作成したコンテナに手を加えて、その金型を新たに作れるということです。

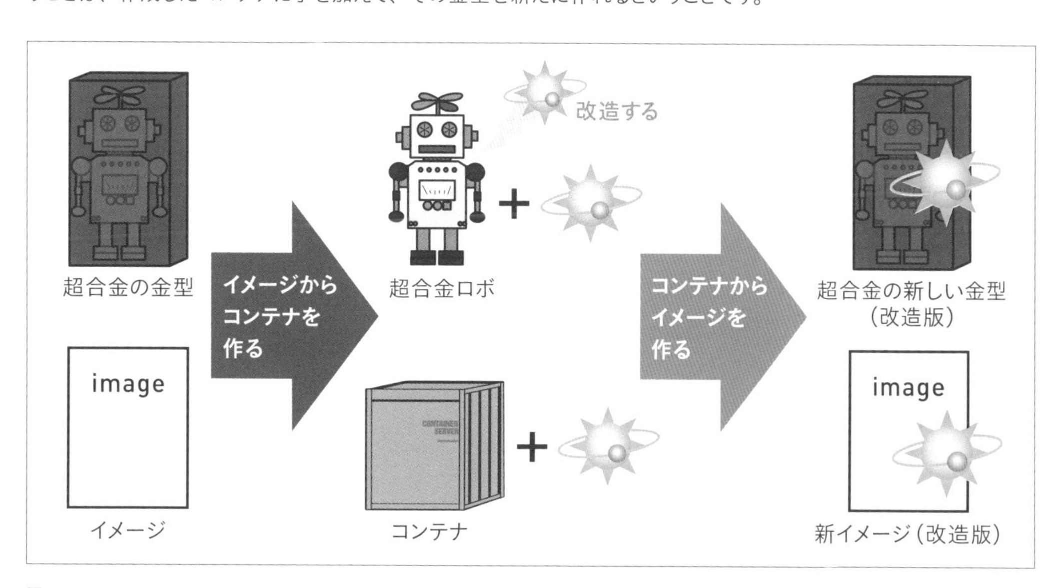

図2-2-3 コンテナからもイメージを作れる

もし、コンテナからイメージが作れなかったら、複数のコンテナを作った場合に、そのコンテナ数の分だけいちいち改造を加えなければなりません。これは面倒です。

改造を加えたコンテナからイメージが作れるならば、その新イメージから改造コンテナを量産できます。「改造」というと、「ちょっと手を加える程度」を連想するかもしれませんが、例えば、ソフトウェアやシステム入れて新イメージを作れば、大量のサーバを作る作業が格段に楽になります。

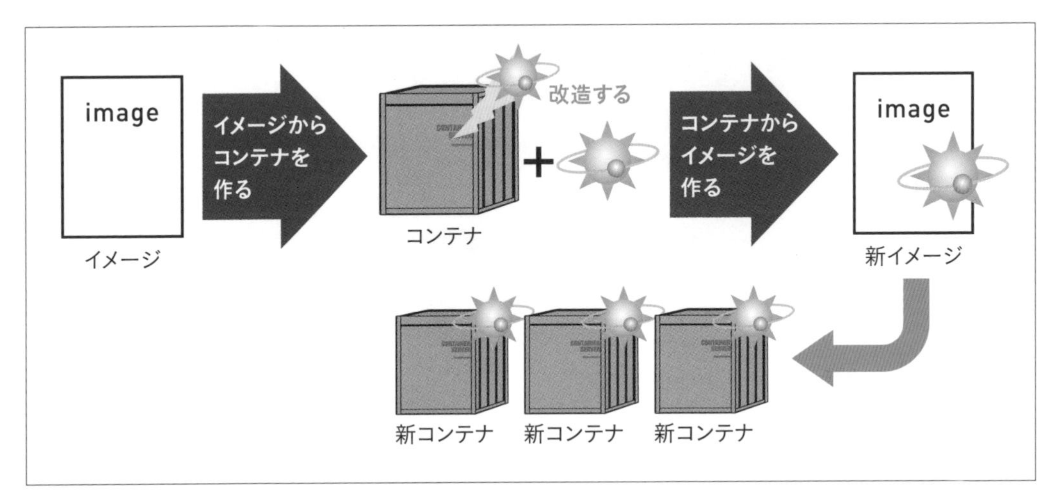

図2-2-4　新イメージから改造版の大量生産が可能

DockerからDockerへ移動できる

また、増産しない場合でも、この特性を使えば、今使っているDockerから別のDockerへとコンテナを移動させることができます。コンテナは、Docker Engineの上であれば動きますから、別のサーバやパソコンに移動したい場合は、移動先のマシンにもDocker Engineをインストールして、そこへ元のコンテナから書き出したイメージを使って同じコンテナを再構築すれば良いのです。実際には、コンテナ自体を持ち歩くわけではないですが、イメージに書き出すことによって、移動できることになるわけです。

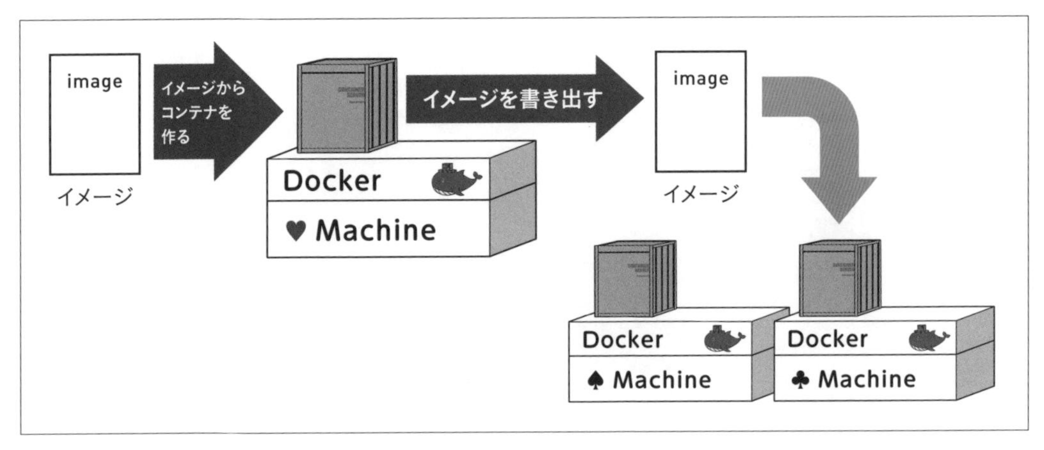

図2-2-5　コンテナからイメージを作ると、別の環境で再構築させることができる

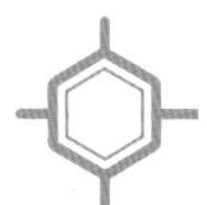

Docker Hubとイメージ

コンテナのイメージは、初心者が1から作ることは滅多にありません。あるとすれば、相当特殊な事態でしょう。もし作るならば、空のコンテナにOS（っぽいもの）を入れて作るのですが、よく使われるようなイメージは既に用意されています。

では、どこから手に入れるのかというと、「Docker Hub」です。Docker Hubは、公式が運用しているDockerレジストリ（Dockerイメージの配布場所）の名前です。

誰でも簡単に利用できます。

- Docker Hub
  https://hub.docker.com

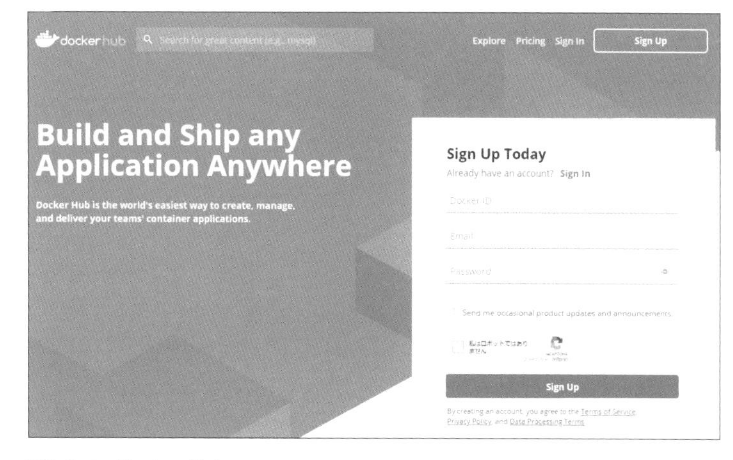

図2-2-6　Docker Hub

Docker Hubは、スマホにおけるGoogle Playのような感じで、配布されるコンテナイメージがたくさん集まっている場所※7です。そこから使用したいコンテナのイメージを取得※8します。

配布されるコンテナのイメージは、数多くの種類が用意されています。どのくらい数多いかと言うと、とりあえず誰でも登録・公開ができるので、登録したい人が作りたい数だけあります。多いですよ！

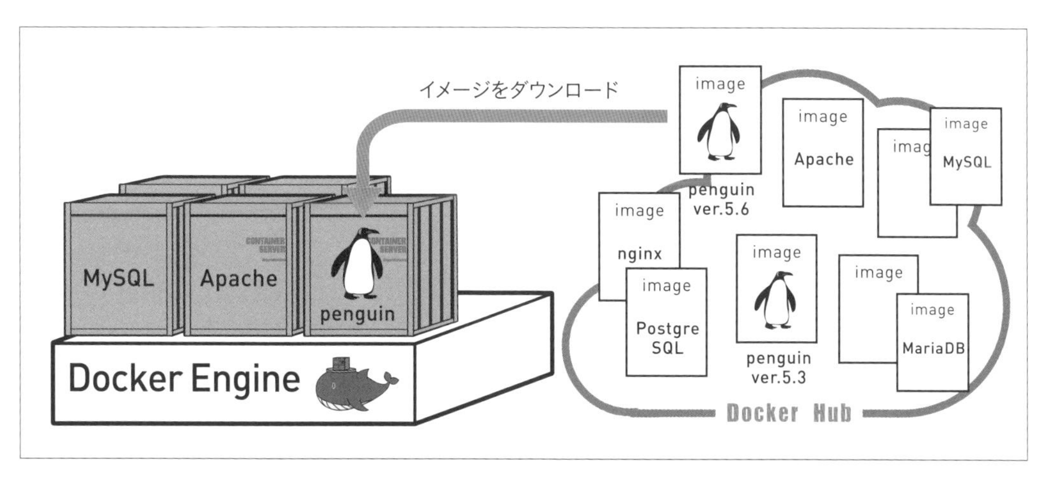

図2-2-7　Docker Hubからイメージをダウンロードする

※7　なお、社内のサーバにプライベートなDockerレジストリを作ることもできる
※8　実際の操作方法はChapter 4-03「コンテナの作成・削除と、起動・停止」

Docker Hubではどんなイメージが公開されているか

Docker Hubで公開されているものとしては、OS（っぽいもの）だけが入っているものから、ソフトウェアが複数入ったものまであります。自分で改造したければシンプルなものを、手軽に始めたければセット済みのものを選ぶなど、用途に合わせて選択できます。

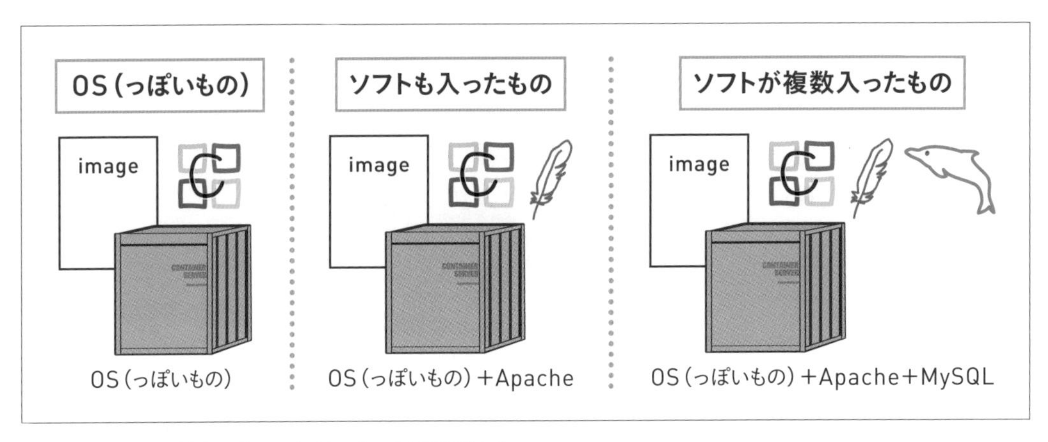

図2-2-8　Docker Hubのイメージにはいろいろな種類がある

しかも、同じソフトウェアであっても、多くのバリエーションが用意されています。

例えば、Linuxには、いくつかのディストリビューション（種類）がありますが※9、大概のものは登録されてます。さらに、それぞれにバージョンがあるため、OS（っぽいもの）が入っているだけのコンテナでも、たくさん存在します。

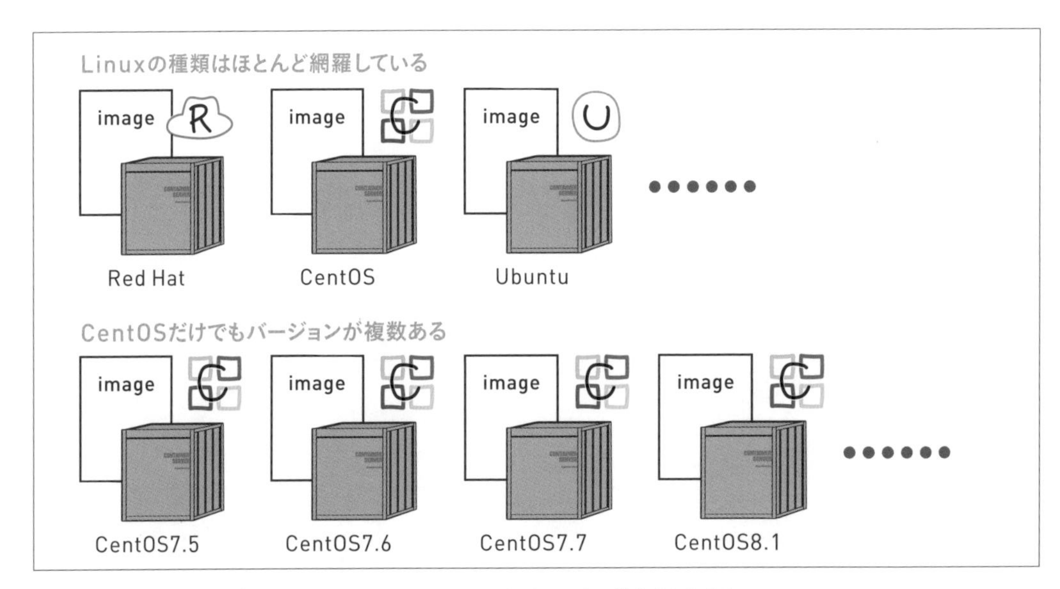

図2-2-9　OS（っぽいもの）が入っただけのコンテナイメージであっても、数多く存在する

※9　P.020の脚注※3、P.050を参照

これに、さらにソフトウェア（プログラム）が入るわけなので、組み合わせは数えきれません。

例えば、どちらも公式がコンテナイメージを提供しているApache（Webサーバ用ソフト）やMySQL（データベース管理ソフト）であれば、**図2-2-10**のように、複数のOSっぽいもの[※10]やバージョンの組み合わせがあります。

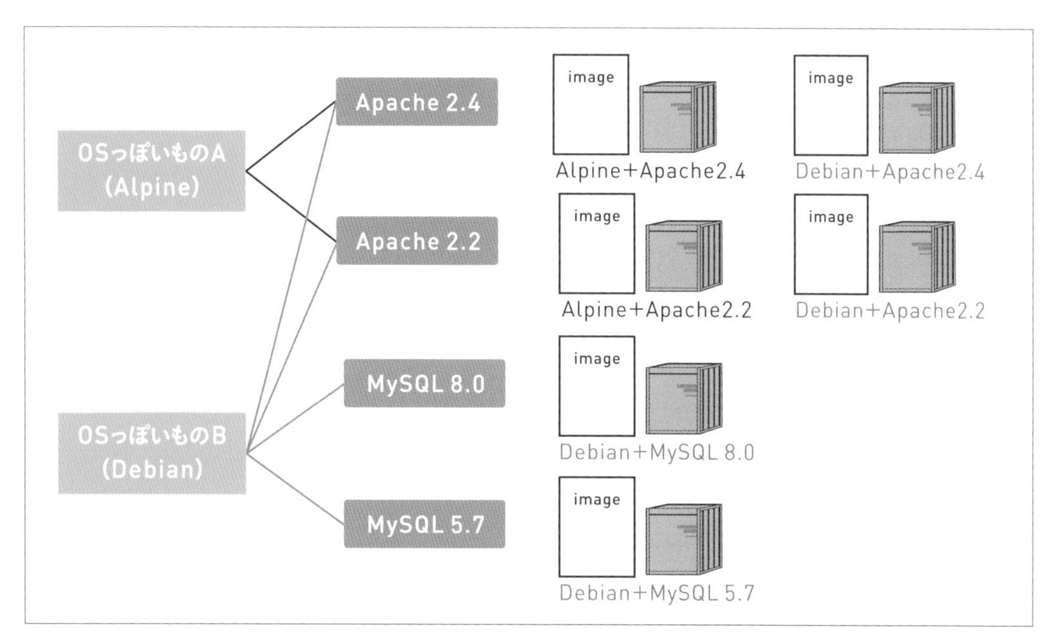

図2-2-10　OSっぽいものとソフトウェアの組み合わせは、バージョンによっても様々

ApacheとMySQL以外にも、nginx（Webサーバ用ソフト）や、Sendmail（メール用ソフト）、PostgreSQL（データベース管理ソフト）など、オープンソースのソフトは、大概イメージが用意されています。

安全なコンテナイメージの選び方

こんなにたくさんの種類があると、どのコンテナイメージを使って良いか迷ってしまいそうですね。Docker Hubは上にも書いたとおり、誰でも公開できるので、安全でないイメージも存在するかもしれません。

選ぶポイントについて考えてみましょう。

公式の提供しているイメージを使う

まず、コンテナイメージは公式が出しているものが多くあります。Docker公式や、ソフトウェアを作成・管理している企業や団体が提供しているイメージがあるのです。

自分の使いたいものがあれば、それを使用するのが安全かつ手軽でしょう。

ただし、ソフトウェアの場合、コンテナの中のOS（っぽいもの）が特定のOS・バージョンに限っており、自由に選べるとは言いがたいため、どうしても特定のOSやバージョンにしたいというこだわりがある場合は、注意が必要です。

※10　Alpine も Debian も Linux の代表的ディストリビューション。どちらも軽いため、Apache や MySQL の公式は、これらを採用している

自分でカスタムする

コンテナは自分でカスタムすることもできるのですから、必要最低限のものが入ったコンテナを選択し、そこへ自分でソフトウェアをインストールするという手もあります。

OS（っぽいもの）入りコンテナそのものを自作するのは、あまりお勧めしませんが、ソフトウェアを入れるくらいであれば、簡単に作成できます。

公式でないことが、すぐさま危険なコンテナイメージというわけではありません。

善良な有志が、公式では提供されていないイメージをたくさん公開してくれています。

ただ、慣れるまでは、安易に判断せず、様子を見ながら使っていきましょう。

色々な組み合わせが考えられるコンテナ

コンテナは、選び方だけでなく、組み合わせ方も考える必要があります。

Dockerの特徴的な使い方の1つに、「1コンテナ＝1アプリ」という考え方があります。これは、1つのコンテナには、1つのアプリしか入れないという意味で、セキュリティ面や、メンテナンスのしやすさ[※11]からこのような運用方法を選ぶことも多いです。

ですから、例えばWordPressを構築したいと思ったときにも、複数の選択肢があります。

WordPressを使う場合には、Apache（Webサーバ用ソフト）とMySQLなどのデータベース管理ソフトと、WordPress本体の3つのソフトウェアが必要です。

Dockerで構築する場合、これらをバラバラのコンテナに入れても良いですし、1つのコンテナに入れることもできます[※12]。

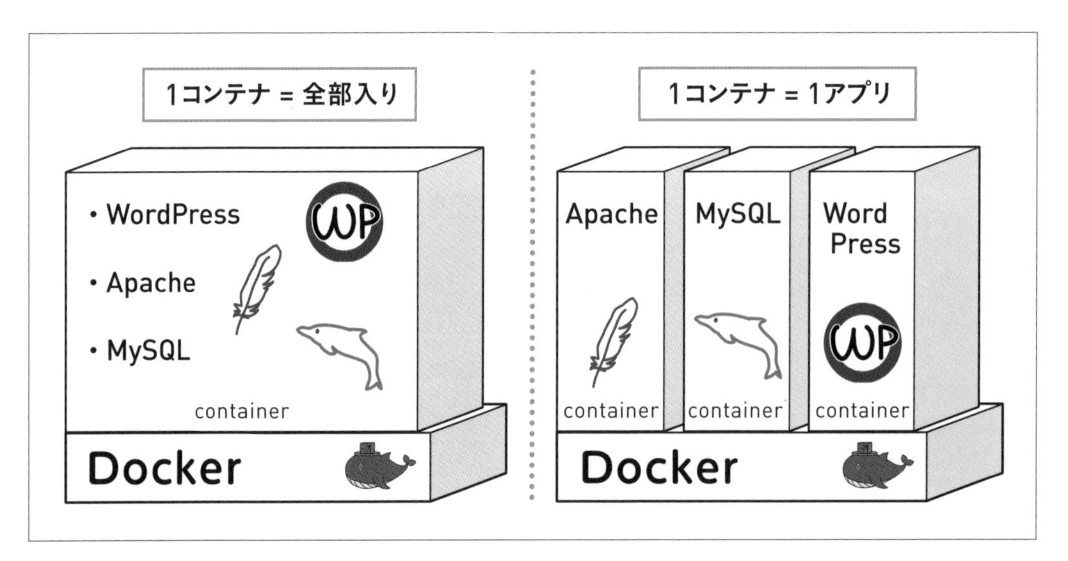

図2-2-11　アプリを1つ入れることも、複数入れることもできる

※11　Chapter 1 に書いたように、他のソフトウェアと独立しているため、セキュリティ面や、他のソフトウェアからの影響を受けにくい特徴がある。また、その副次的作用として、アップデートがしやすいため、メンテナンスもしやすい。これは、OS（っぽいもの）を含め完全にコンテナが隔離されていることと、軽い特長ゆえに実現できている

※12　ただし、メンテナンスやDocker のメリットを考えると、お勧めしない

COLUMN : Level ★★★ 簡単に構築できる全部入りコンテナ

コンテナの構築方法は様々です。そのため、様々な組み合わせが考えられますが、中でも全部が入ったコンテナは、すぐに稼働させられるため、大変重宝します。
顧客への納品物や、特殊な環境が欲しい場合は、そういうわけにもいかないでしょうが、IT技術に関わっていると、「ちょっとだけ使って試したい」場面が、往々にして現れます。
そのようなときに、パッと探してきてすぐ稼働できる全部入りコンテナは便利なのです。

COLUMN : Level ★★★ 「OSっぽいもの」は統一する必要があるか

Dockerを使う場合、土台となる物理マシンにも、コンテナの中にもLinux OSが登場します。つまり、1つの物理マシンの中に複数のOSがある状態となるのですが、Linuxと一口に言っても、種類（ディストリビューション）があることは、P.028でも説明しました。
では、この種類は、土台やコンテナ同士でバラバラになってしまっても良いのでしょうか。
結論から言うと、土台やコンテナ同士で、ディストリビューションやバージョンが異なっても問題ありません。コンテナ同士で、ディストリビューションを変えられるのも、Dockerの魅力の1つです。
そもそも、Dockerで構築する場合は、コンテナに対して細かい操作をするケースが少なく、イメージを選択するときに、どんなOS（っぽいもの）が入っているか意識することはあまりないため、とりあえず「Latest(最新版)」を選ぶことが多いでしょう。
ただし、コンテナの中にログインして操作したい場合や、一部のデータベース管理ソフト(RDBMS)のように、OSの種類によって問題がある場合には、きちんとディストリビューションを選択するようしましょう。

SECTION 03

Dockerコンテナのライフサイクルとデータの保存

続いて、Dockerのコンテナはどのような流れで使うものなのかについてお話しましょう。実はコンテナは、「長く大事に使う」のではなく、「作っては捨てる」という使い方をするものなのです。ここを理解できるかどうかが、コンテナ技術を使いこなせるかどうかにつながってきます。

Dockerコンテナは作っては捨てる

コンテナの話をしていくと、必ず「コンテナの寿命とライフサイクル」という話が出てきます。これはコンテナには「作っては捨てる」という性質があるからです。

「作っては」はともかくとしても「捨てる」は少し違和感があるかもしれませんね。

先にも話したとおり、ソフトウェア入りのコンテナは簡単に作れます。そのため、1つのコンテナをアップデートしながら大事に使うのではなく、アップデートされたソフトウェア入りの新しいコンテナを使います。

つまり、次から次へと新しいバージョンに乗り換えるのです。

これは、コンテナを使う状況として、一般的には複数のコンテナを同時稼働することを想定しているためです。たくさんのコンテナを1つずつアップデートさせるのは大変です。せっかく構築が簡単だったのに、保守の度にそれをやっていては、メリットが半減してしまいます。構築よりも、保守のアップデートの方が回数も多いですしね。

それで、古いコンテナは捨てて、新たにイメージから新しいコンテナを作成して乗り換えてしまうのです。この方法であれば、手間がかかりません。

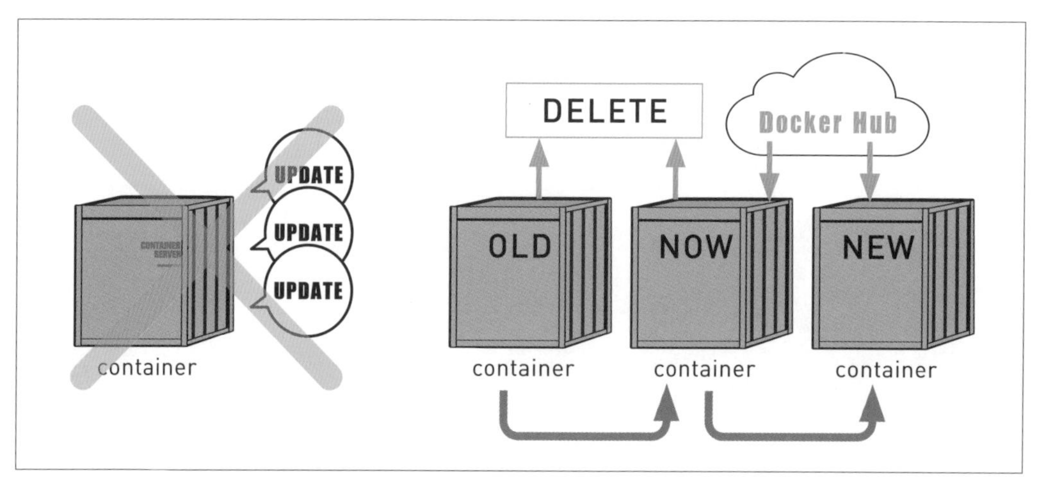

図2-3-1　コンテナは作っては捨てていくもの

このように、コンテナの「作る」➡「起動する」➡「停止する」➡「破棄する」➡「作る」……という一連の流れを「コンテナのライフサイクル」と言います。

図2-3-2　コンテナのライフサイクル

データの保存

このようにコンテナを破棄した場合、中に入っているデータはどうなるのでしょうか。

もし、コンテナを破棄すると、そのコンテナの中で編集したファイルなどは当然消えてしまいます。ファイルはコンテナの中にあるからです。これでは困ってしまいますね。

ですから、大概はDockerをインストールしている物理的なマシン（ホスト）のディスクにマウントし、そこに保存します。

マウントとは、「つなげて書き込めるようにした状態」のことで、例えばいつも使っているクライアントのパソコンに、外付けのUSBメモリやHDDをつなげるように、Dockerのコンテナも物理的なマシンのディスク（HDDやSSD）と接続して、データを書き込むことができます。

こうすることで、コンテナを捨ててしまっても、データは安全な外部にあり、消えてしまうことはありません。最悪、Docker自体がどうなろうとも、データは保全できます。PCが壊れたときのために、データを外部に保存するようなものと考えるとわかりやすいでしょう。

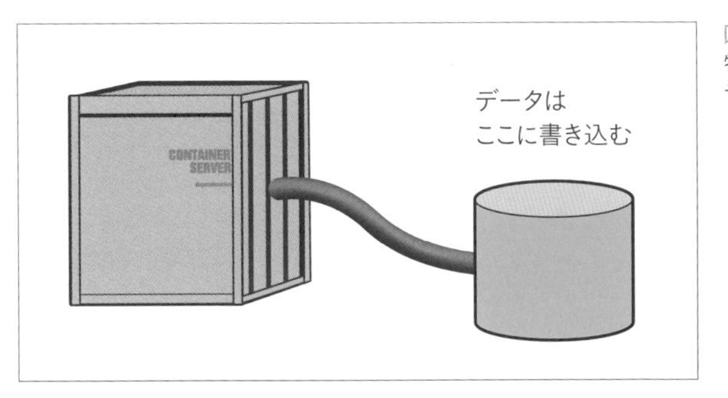

図2-3-3
物理マシンの一部をマウントして、
データはそこに保存する

なお、このように、外部にデータを保存すると、コンテナの廃棄にデータが振り回されることがないばかりでなく、他のコンテナとも共有できて、大変便利です。

Dockerを「作っては捨てる」ことはイメージできてきたでしょうか。

簡単に言えば、OSやソフトの部分だけをコンテナとして、繰り返し作っては捨てる一方で、データは別の場所に保存して、同じものを使い続けるということです。設定ファイルも同じです。カスタムしているのであれば、消えない場所に保存します。

ただし、プログラムを開発しているときは、他のストレージには保存しない例もあるでしょうから、捨てる前に大切なデータがコンテナに含まれていないかの注意が必要です。

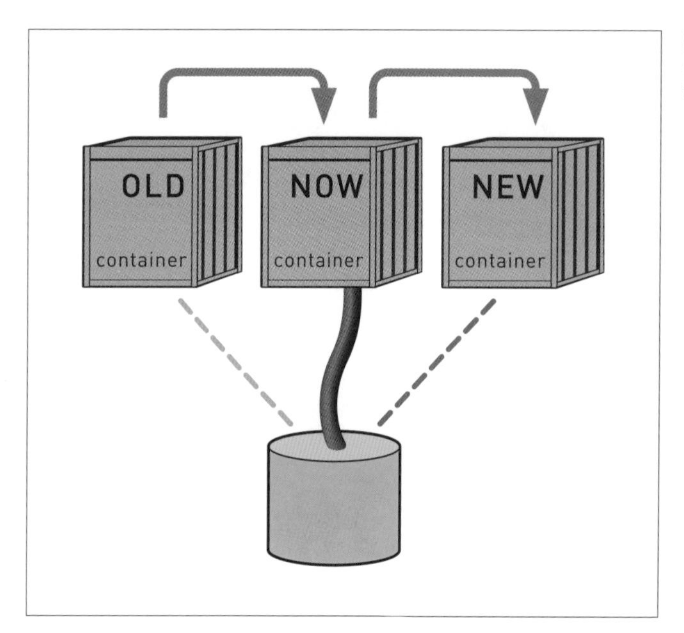

図2-3-4
コンテナを変えても、データは外部に保存したものをそのまま使える

SECTION 04

Dockerのメリットとデメリット

さて、Chapter 2ではDockerについていろいろな面からお話をしてきました。この節ではここまで登場したDockerの性質を一覧するとともに、メリットやデメリットについてもまとめておきましょう。

Dockerの構造と性質、メリットのまとめ

そろそろここで、いったんDockerの構造と性質についてまとめます。

ここまで実用例をいくつか出してきたので、おおよそのところは理解されているかと思いますが、改めて樹形図でまとめてみましょう。

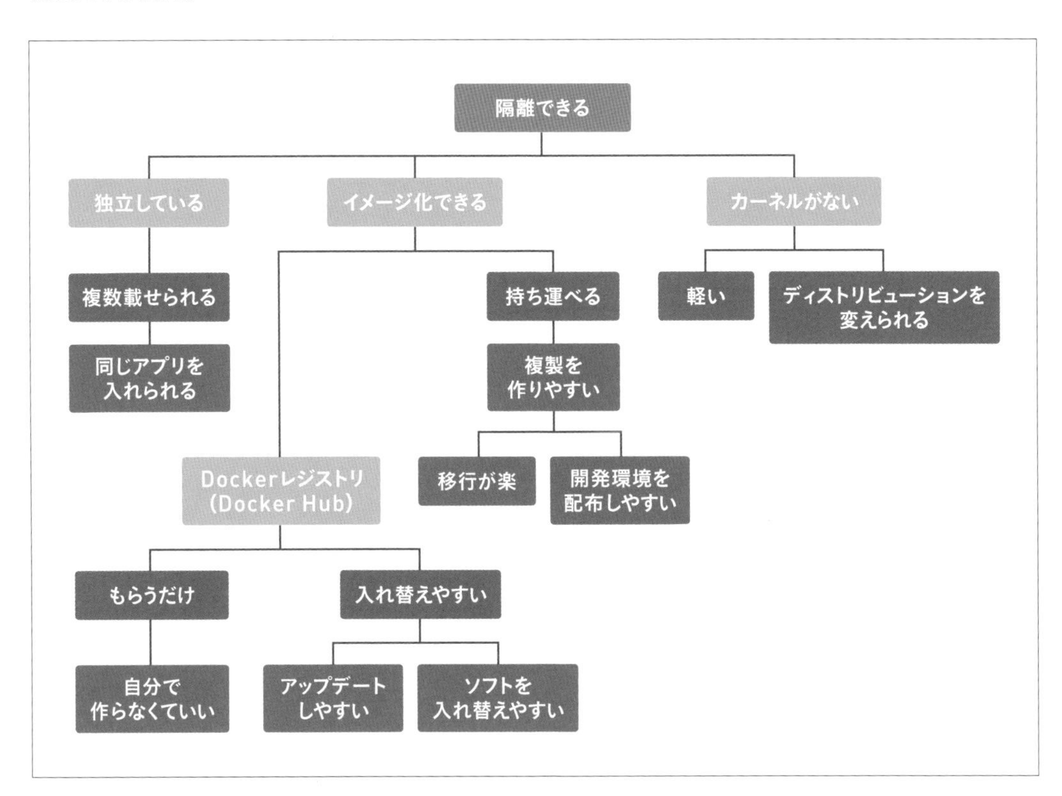

図2-4-1　Dockerの性質

根幹となる性質は、「隔離できること」

まず、もっとも根幹となる性質は、「隔離できること」です。隔離できるが故に、①「独立」しており、②「イメージ化」が可能で、③コンテナに「カーネルを含める必要がない」という仕組みになっています。

独立していること

独立していることは、「複数のコンテナを載せられること」につながり、故に「同じアプリを入れられる」メリットを生みます。

また、一部だけを差し替えたり、修正することも安全に行えます。

「イメージ化」が可能

イメージ化できるので、「Docker Hubから配布」が可能となり、自分で1から作らなくても、「もらってくるだけ」でコンテナが使用可能です。また、構築の手軽さは、「入れ替えやすさ」「アップデートしやすさ」にもつながっています。

イメージ化は、「持ち運べる」特徴にもつながります。「複製を作りやすい」ので、移行や開発環境の構築に役立ちます。

コンテナに「カーネルを含める必要がない」

コンテナには、カーネル（OSの核のようなもの）を含める必要がないので、軽いです。また、ディストリビューションを変えられます。

Dockerの理解を妨げる要因は、個々のメリットだけが語られて、「なぜそのメリットや性質が発生するのかの仕組み」を、語る機会が少ない点にあります。

このように樹形図にしてみると、すべては「隔離できる」から始まっており、独立しているなど各々の仕組みから、メリットにつながっていく様子がわかりやすいのではないかと思います。

Dockerのメリットとデメリット

サーバ管理の視点から見た具体的なメリットやデメリットも詳しくあげておきましょう。

メリットは、キーワードで表すなら、「複数」「移行」「作成」「セキュア」です。大概、どのような運用でも、これらの点でDockerにメリットを感じやすいです。

Dockerのメリット

1台の物理的なマシンに複数のサーバを載せられる

一口でメリットを言えば、1台の物理的なサーバに、たくさんの機能をセキュアな状態で載せられることでしょう。複数の機能を載せるだけであれば、普通のサーバでもできますが、隔離されているため、それをセキュアな状態で行えますし、普通ではあり得ないような組み合わせ（同じソフトウェアを複数など）も可能です。

また、コンテナにはカーネルが含まれず、様々な機能を物理的なマシンやそこに入れたOSに依存するため、マシンをソフトウェアで再現する仮想化技術に比べて圧倒的に軽いです。

サーバの管理がしやすい

コンテナにより、それぞれのソフトウェアを隔離できるので、他のソフトウェアに影響しません。アップデートも簡単です。常に新しい状態にソフトウェアを保ちやすい仕組みであると言えましょう。

更に、コンテナの載せ替えが自在であり、コンテナの変更も容易なので、引っ越しが簡単です。作ったり壊したりがしやすく、初期設定の手間や時間がかかりません。コンテナを改造した場合は、コンテナからイメージを作って増産することもできます。

サーバの玄人でなくても扱いやすい

サーバの構築をコマンド1つで行えるので、「コマンドを叩かなければならない」というハードルはありますが、それ以外は必要ありません。サーバの玄人でなくても、コマンドを叩くことさえ覚えれば、不慣れな人でもコンテナが作成可能です。

Dockerのデメリット

Dockerのデメリットもあげておかないとフェアではありませんね。

まず、当然の話ですが、Linux OSを使った技術なので、Linux用ソフトウェアしか対応していません。サーバでは、Linux OSを使うことが多いとはいえ、UNIXなどの選択肢は無くなりますし、Windowsサーバには対応しません。

それから、1つの物理的なマシンに、たくさんのサーバを載せてしまうので、その親となるマシンが駄目になってしまったら、すべてのコンテナが影響を受けます。

これは、仮想化技術や、複数ユーザーで共有しているレンタルサーバ、レンタルクラウドや仮想基盤でも同じことが言えますが、1サーバ1マシンである状態に比べ、物理的な部分が駄目になったときの影響が大きいです。

ですから、対策はしっかりとしておきましょう。

また、複数のコンテナを使用することが前提なので、コンテナ1つだけを、長期に渡って使用する場合は、メリットは感じられにくいかもしれません。

そもそも、Dockerを使うには、必ずDocker Engineを載せる必要があり、コンテナ1つだけを使うのであれば、余計なものを入れるだけになってしまいます。

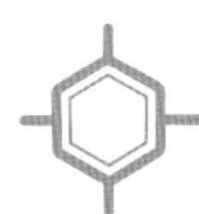

Dockerの使い道

メリットを踏まえ、「何に使えるのか」使い道について考えてみましょう。

開発現場で、全員に同じ開発環境を提供する（=同じ環境を複数用意する）

開発現場での使用方法としては、全員に同じ開発環境を提供するのに便利でしょう。特に複数プロジェクトに関わるような現場であれば、そのプロジェクトごとにコンテナを使用できます。コンテナは、本番環境と全く同じものを作成できるので、開発環境から本番環境に移行するときにもズレがありません。

使用するコンテナは、本番サーバを用意する人が作成し、それを全員に配布します。1つの開発サーバを共同で使っていると、編集合戦などが起こってしまう可能性がありますが、この形であれば、手元で開発を終え、きりのいいところで適用させていけば良いので、周りと調整しながら進めていきます。

新バージョンの実験に使う（=隔離されている性質を使う）

OSやライブラリなど、新しいバージョンが出てきたときに、まず開発環境で試してから、本番環境に移すといった場合にも、コンテナは便利です。コンテナである限り、親となるDockerとの関係は保障されていますから、物理的なマシンとの相性は考えなくてすみます。新バージョンだけでなく、環境を変えたテストにも向いています。

複数の同じサーバが必要な場面で便利（=独立している性質を使う）

複数の同じサーバが必要な場合に、1つの物理的なマシンに、同じサーバをいくつも作れます。こうしておけば管理も簡単ですし 、複数のサーバが共有することで、コストダウンにもなります。

コマンド1つで必要なサーバを立ち上げられるので、OSを入れて、ログインして、ソフトを入れて……と繰り返す手間が省けます。ソフトウェアまでワンパッケージのものを使えばさらに便利です。

他にも、スケーリングしやすいので、Webサーバとして使いやすかったり、APIサーバとして使いやすいなど、使用方法は様々です。事例を探してみると良いでしょう。

COLUMN : Level ★★★

Dockerのファイルは消えやすいのか？ Dockerに関する勘違い

Dockerについて、あまり詳しくない人の中で時々勘違いしていることがあります。その中でも、よくあるのは「Dockerのファイルは消えやすい」という話でしょう。

まず「消えやすい」という言葉が、誤解を招いていそうです。「消えやすい」というのは、「消えることもあれば消えないこともある」といったふうに読み取れます。つまり、不慮の事故や何かで、「消えてしまう可能性が極めて高い」もののことを「消えやすい」と言います。

では、Dockerのファイルは「消えやすい」のでしょうか。

正解は、「明示的に消すことが多い」です。

Dockerのコンテナ上のファイルは、破棄したら当然消えてしまいます。しかし、コンテナは「作っては捨てる」というのが基本です。そのために「消えてはならないファイルは、取り扱いに注意が必要」なのです。「消えやすい」わけではありません。「消すことが多い」のです。

Dockerを使ってみよう

CHAPTER

3

いよいよDockerをインストールしていきます。
これまでの章で述べたとおり、Dockerの環境構築には複数の選択肢があります。本書では、Windows環境向けのDocker Desktopを使って説明しますが、そのほかの環境でのインストールについてはAppendixで説明していますので、ご自身の環境に応じて適切な箇所を参照してください。

Dockerを使うには

SECTION 01

いよいよChapter 3では、実際にDockerをインストールして、触っていきます。しかしここまで説明してきたように、Dockerの環境を準備する方法は複数あります。詳しく説明していきましょう。

Dockerの基本はLinuxだが、WindowsでもMacでも使える

2章に渡ってDockerについてお話してきましたが、いよいよChapter 3からは実際に手を動かしていきます。皆さんお待ちかねのハンズオンです。

Chapter 3では、Dockerのインストールと、Dockerの操作方法について学び、Chapter 4からはコマンドで操作していきます。

Dockerを使うには、Docker Engineという無償[※1]で配布されているソフトウェアをインストールします。インストールするにあたり、Chapter 2で説明したとおり、「Dockerには、基本的にLinux OSが必要」です。

とは言っても、Linuxマシンでなければ使えないわけではありません。Chapter 2で説明したとおり、Virtual BoxやVMwareなどの仮想マシンで、WindowsやMac上にLinux環境を作ったり、Windows用／Mac用Dockerを利用したりすることで、WindowsやMacでも使えます。

Dockerを使う方法は主に3つです。

Dockerを使う方法は3つ

①Linuxのマシンでを使う
②仮想マシンやレンタル環境にDockerを入れて、WindowsやMacで操作する
③Windows用やMac用のDockerを使う

※1　有償版もある。詳しくは、P.059 コラムを参照

要は、①Linuxマシンで使うか、②うまくLinux環境を用意してWindowsやMacから操作するか、③WindowsやMac用Dockerを使うかという話です。

どの方法を選べば良いのかは、状況にもよりますが、準備の部分が多少違うだけで、Docker操作のコマンドは一緒です。

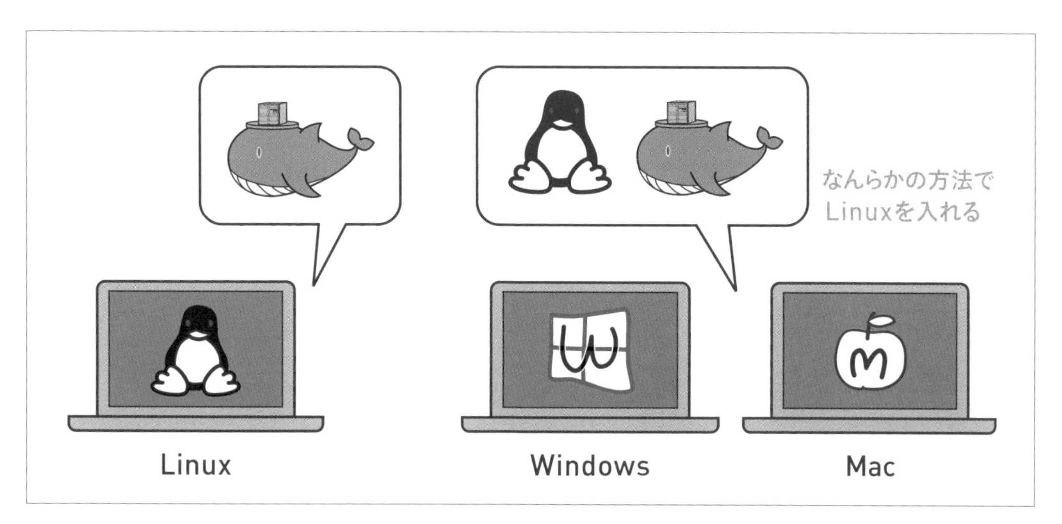

図3-1-1 Linux、Windows、Macそれぞれの環境に合わせた準備をする

本書では主に、③のWindows用Dockerを使って説明していきます。他の方法も随時補足しながら進めますから、自分で環境を整えられる場合は、①や②の方法で学習しても良いでしょう。

①や②の方法で学習する場合に必要な知識は、Chapter 3最後のコラム（P.066～）にあります。また、簡単なインストール方法はAppendixにまとめておきました。参考にしてください。

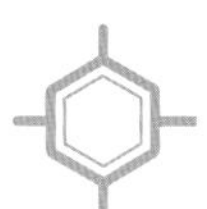

Windows用やMac用のDockerを使う

Dockerを使う3つの方法の中で、一番手軽な方法は、Windows用やMac用のDockerを使うことです。本書でも、この方法を主に解説していきます。

WindowsやMacは、Linux OSの入ったパッケージ（デスクトップ版）を使う

Windows用としては、「Docker Desktop for Windows」、Mac用としては、「Docker Desktop for Mac」が、Docker社により、パッケージの形で提供されています。本書ではまとめて「デスクトップ版」と呼びます。

Linux マシンにDockerを入れる場合、必要なのは、Docker Engineのみですが、WindowsやMacの場合は、他にも必要なものがあるので、それらと合わせてパッケージになっているのです。Docker Engine以外の「Dockerを使うのに必要なもの」は、Linux OSなどの実行環境です。

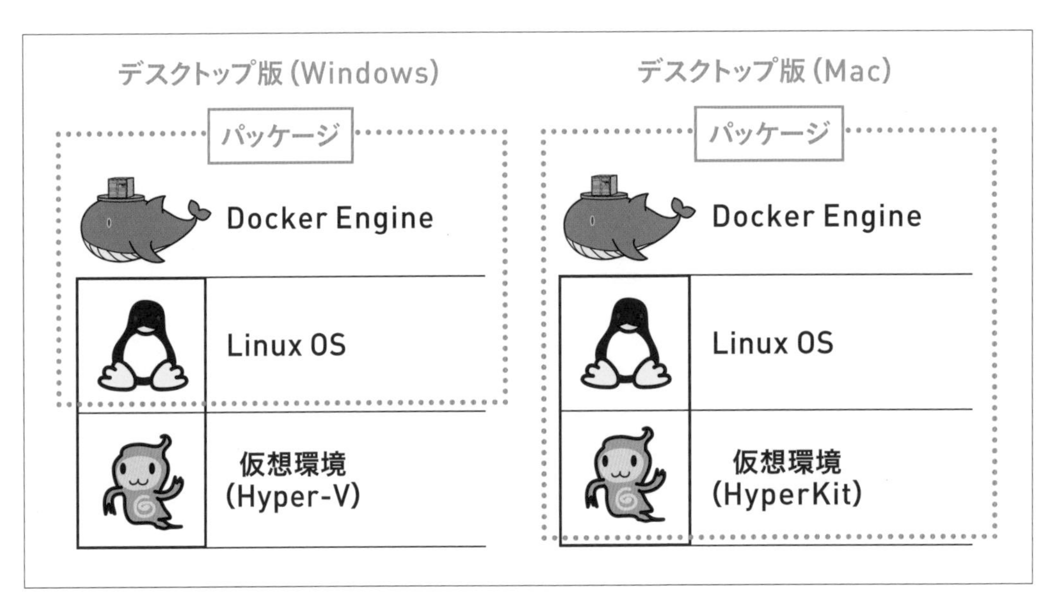

図3-1-2　デスクトップ版には必要なものがまとめて入っている

Windows用[※2]やMac用のDockerではありますが、完全にWindowsやMacのソフトウェアというわけではなく、WindowsやMacマシンにユーザーから見えない仮想のLinux環境を作ってそこでDocker Engineを動かす仕組みです。

そういう意味では、P.040で登場した「②仮想マシンやレンタル環境にDockerを入れて、WindowsやMacで操作する」の、仮想マシンを使う方法[※3]に極めてよく似ていますが、仮想化の部分が若干違います。

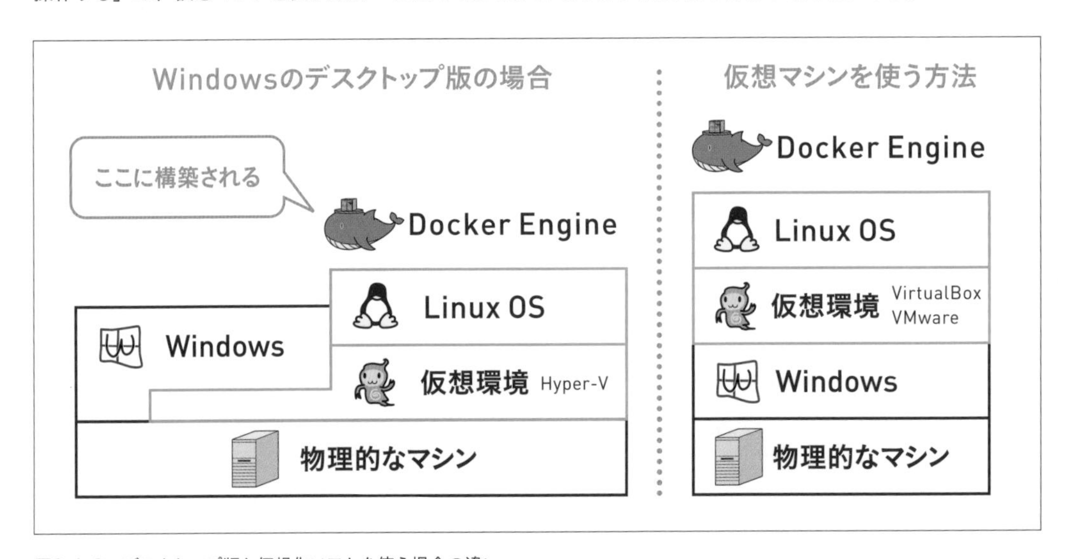

図3-1-3　デスクトップ版と仮想化ソフトを使う場合の違い

※2　WindowsのWSL2を利用したデスクトップ版については後述

※3　詳しくはp.068コラム

②の仮想マシンを使う方法は、ユーザーが明示的に、「仮想化ソフトウェアをインストールして、Linux OSをインストールして、そこにDockerをインストールして……」と構築するのに対し、デスクトップ版はユーザーが仮想化環境やLinuxを意識せずにDockerを使用します。

また、使用する仮想化ソフトウェアも異なります。②の仮想マシンの場合は、VirtualBoxやVMwareなどのソフトを使いますが、Windowsのデスクトップ版の場合はHyper-V、Macのデスクトップ版の場合はHyperKitという別のソフトウェアを使います。Hyper-VはWindowsに用意されているもので、HyperKitはDockerパッケージに含まれています。

デスクトップ版のDockerは、普通のソフトウェアのように存在する

このように、デスクトップ版はインストールが手軽なだけでなく、Dockerを使っているときに、仮想化ソフトウェアやLinux OSの存在を意識しなくて良いという特徴があります。

まるで、WindowsやMacの普通のソフトウェアであるかのように存在するので、わざわざ仮想化ソフトウェアを起動して、Linuxを起動して、といったことも不要です。

いつも使っているパソコンにインストールして、いつも使っているソフトウェアのようにダブルクリックで起動できます。

ただ、詳しくはChapter 4以降で説明しますが、起動した後、実際にDockerを操作するには、ドラッグ&ドロップなどのマウス操作ではできません[※4]。いわゆるコマンドで操作します。とは言っても、そんなに難しいものではないので、初心者でも大丈夫です。ちなみにコマンドで操作するのは、Linuxマシンで使おうと、仮想マシン環境で使おうと同じです。

OSを2つも入れて大丈夫なの!?

デスクトップ版では、いつも使っているWindowsやMacにLinux OSが同居します。

なんだかすごそうですね。1台のマシンに、OSが2つ入るなんて、ごちゃごちゃしそうな感じがするかもしれません。

実際は、Dockerを使わないときは、Linux OSを特に意識することはないので、困ることはありませんし、混乱もしません。いわば、Docker専用の隠れたOSという案配です。使わなくなったときも、Dockerパッケージをアンインストールすれば、Linux OSも一緒に削除されます。

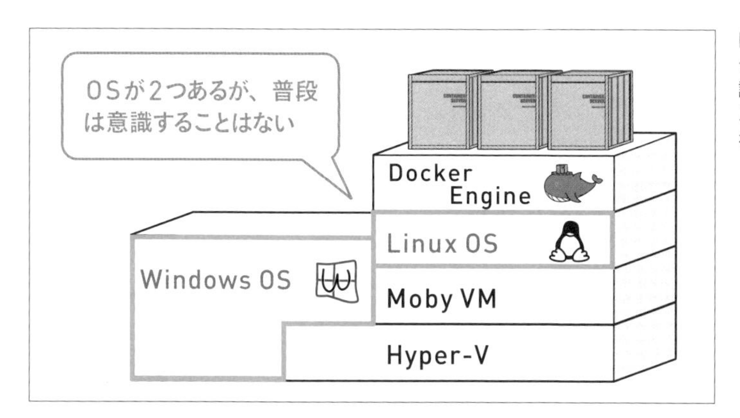

図3-1-4
デスクトップ版では2つのOSは特に意識しないで良い（図はWindows用デスクトップ版を後述のWSL2と組み合わせて使った場合）

※4 インストールの他、いくつかの操作はマウスでも操作できる

デスクトップ版を使う条件と不安定になるケース

むしろ問題は、デスクトップ版を使うのに条件がある※5ことと、やや不安定になるケースがあるということです。

使うための条件としては、Windowsの場合、Hyper-V（Windowsの仮想環境）をオンにすることが必須です。

Macの場合は、使用要件※6以外に条件はありません。

不安定になるケースとしては、非常に重くなってしまったり、Windowsの場合は、VirtualBoxやVMwareなどの仮想マシンソフトと相性が悪く※7なったりすることがあります。

これは、デスクトップ版を動かすのに使う仮想環境（Hyper-V）の不安定さから起こる問題で、Windows・仮想マシンソフトともに、最新版※8であれば、双方の努力により不具合は解消されているはずですが、バージョンによっては相性が悪い可能性もあります。仕事で仮想環境を使っている場合は、チームリーダーや先輩など詳しい人に相談してから導入してください。

また、Macの場合※9は、デスクトップ版を使うと若干重く感じるという意見があります。更に最新のMac（2020年12月現在）では、CPUの変更により、従来のMac用は使用できません。M1版もβ版がリリースされましたが、しばらくは不安定である可能性があります。

とは言っても、条件が合えば最も手軽な方法はデスクトップ版を使うことなのは間違いありません。Linux OSのインストールも要らなければ、接続も難しく考える必要がないからです。

皆さん、エンジニアなのですから、やってみて、もし上手くいかなかったら、他の方法で試してみれば良いのです。そうした体験も大事です。仮想マシン・レンタル環境でDockerを学習するのも良いでしょう。困った場合は、Chapter 3最後のコラム（P.066）を参照してください。

Windows用やMac用のDockerを使う場合に必要なもの

・使用要件を満たしたWindowsもしくはMacのパソコン

注意点

・普段、仮想マシンを使っている場合は、Windowsと仮想マシンソフトをどちらも最新版にする必要がある

※5　個人利用や、中小企業（従業員数が250人未満かつ、収益が1,000万ドル未満）の場合は、無料で使用できるが、大企業は有料となる。Docker Desktop remains free for small businesses (fewer than 250 employees AND less than $10 million in annual revenue), personal use, education, and non-commercial open source projects.

※6　P.049参照

※7　P.040の②で紹介している仮想マシン上にDockerを入れる方法であれば、何も問題はない。問題は、Hyper-Vを使う③のケースのみ

※8　2020年7月現在

※9　MacのDesktop版では、HyperKitというmacOS 10.10 Yosemite以降のHypervisor.framework上で使用できる仮想環境

COLUMN：Level ★★★ デスクトップ版とToolbox版の違い

Windows用やMac用のDockerは、デスクトップ版の前にToolbox版というものがありました。現在、Toolbox版は、「レガシー（時代遅れ）」であるとして推奨されていません。

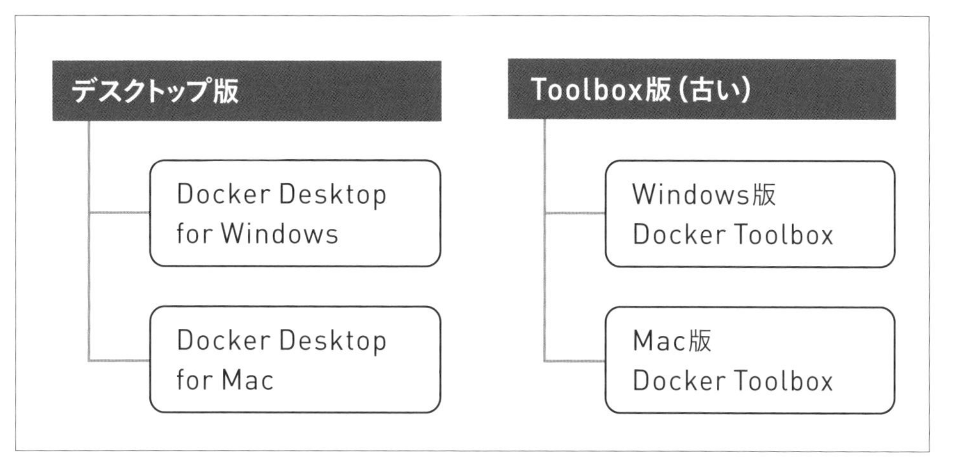

図3-1-5　デスクトップ版とToolbox版の違い

しかし、デスクトップ版が不安定な時期があったため、非推奨とされた後も、Toolbox版を使用する人が多くいました。その理由は、デスクトップ版とToolbox版の違いにあります。
デスクトップ版とToolbox版は、どちらも似たような構成であるのですが、大きく違うのは、仮想化のソフトウェアです。デスクトップ版では、Hyper-V（Windows）やHyperKit（Mac）を使うのに対し、Toolbox版では、VirtualBoxを使います。

項目	デスクトップ版		ToolBox版
対応OS	Windows	Mac	Windows・Mac
仮想化ソフト	Hyper-V	HyperKit	VirtualBox

デスクトップ版の不安定さは多くの場合、仮想環境が原因であり、仮想環境に問題があるなら、仮想化のソフトウェアを変えてしまえば良いという発想で、Toolbox版を使うユーザーが多くいました。ただ、「レガシー」と言われるだけあって、本書の後半にあたる内容は、うまく動作しないこともあるので、使用はおすすめしません。

COLUMN：Level ★★★

WSL2って何？ Windows HomeではDockerは使える？ 使えない？

デスクトップ版のDockerは、以前からあったものの、Windows10 Homeエディションでは使用できず、Pro以上が必要だとされてきました。Hyper-Vが実装されているのはPro以上だったからです。

しかし、2020年春のWindowsアップデート（通称「2020春」）にて、WSL2という機能がサポートされました。WSL2とは「Windows Subsystem for Linux 2」の略で、簡単に言うと、WindowsでLinuxのソフトウェアを動かすための仕組みです。これにより、従来は使用できなかったHomeエディションのWindowsでもデスクトップ版が使えるようになりました。つまり、Windows10の全ユーザーがデスクトップ版Dockerを利用できるようになったのです。

このWSL2という機能は、Homeユーザー以外のユーザーにも大きな関わりがあります。

話が複雑になるのでここまでは触れていませんでしたが、実は、Windowsのデスクトップ版も2種類あります。

インストーラは一緒なので、ユーザーがそれを意識することはないものの、Docker社が用意したLinux OS（従来版）を使う方法と、マイクロソフト社が用意したLinux OS（WSL2版）を使う方法があります。

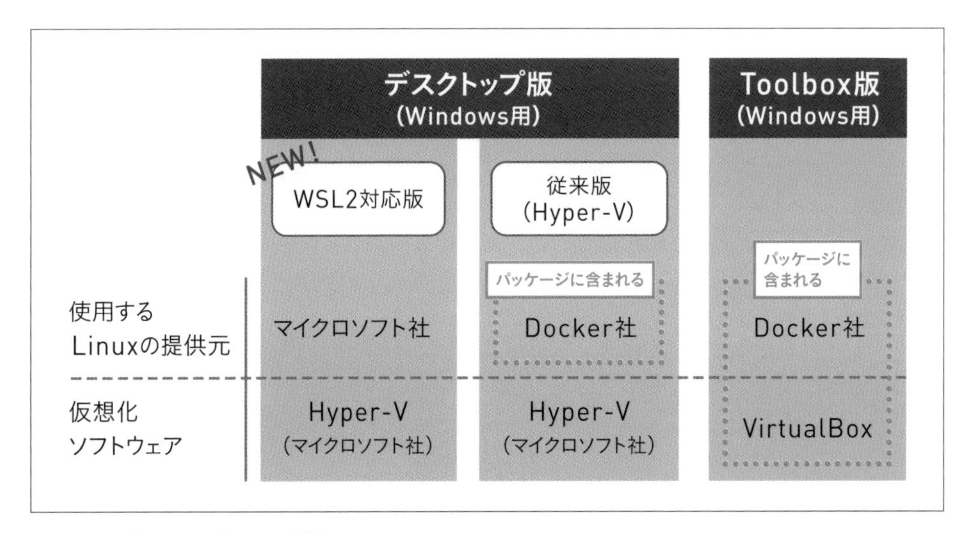

図3-1-6　デスクトップ版には二種類ある

デスクトップ版のパッケージには、Linuxが含まれています。これは、Docker社が提供するLinuxです。Linuxはオープンソースなので、こういうことができるのです。

一方、WSL2のリリースにより、マイクロソフト社が提供するLinuxも使えるようになったので、そちらもダウンロードして使用できます。

つまり、パッケージに含まれるDocker社提供のLinuxと、WSL2により使用できるようになったマイクロソフト社提供のLinuxを両方入れるということです。Windowsも入れると、なんとOSが3つ！

2つのLinuxは、Dockerの管理画面より切り替えられます（**図3-1-7**）。

図3-1-7　Dockerの「Settings」画面（この画面の表示方法についてはP.058参照）

Docker社自身も、WSL2の使用を推奨しているため、本書ではこちらのバージョンを使います。有効にした方が安定するという話もあり、今後の主流となるでしょう。

なお、WSL2は2020年春バージョン以降の対応なので、それ以前のバージョン※のWindowsの場合は、アップデートする必要があります。

MEMO

Windowsのバージョンの確認方法は、Appendixを参照

Dockerの使用要件

Docker Engineをインストールするには、ハードウェアやOSの使用要件があります。

細かい部分は、P.049を確認してもらうとして、Dockerは**64bit版のOS**上でしか動きません。とにもかくにも、最初に自分のパソコンが64bit版であるかどうかを確認してください。

それ以外の使用要件については、よくわからない場合は、インストールしてしまう方が早いです。使用要件にあってない場合は、インストールできないので、できないことがわかってから考えましょう。

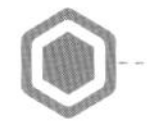

64bit版であるかどうかを見分ける

簡単に言うと、パソコンには32bit版と64bit版があります。

Windowsの場合の、ざっくりとした見分け方としては、Windows Vista以前のパソコンは32bit版、Windows 8以降のパソコンは64bit版が主流です。

Vista以前のパソコンであれば、使えないパソコンがほとんどだと思って良いでしょう。Windows7は過渡期のため、混在しており調査が必要です。Windows10のモデルでも、タブレットやスティックPCなどに32bit版が存在するので、注意してください。

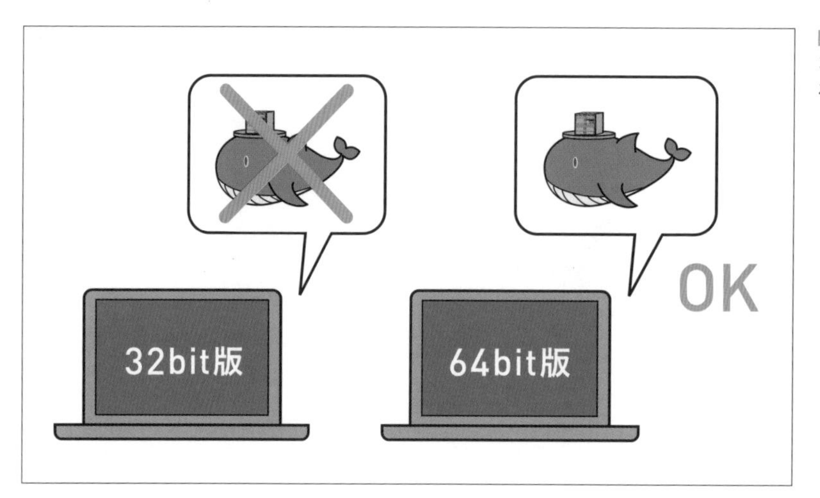

図3-1-8
32bit版ではDockerは使えない

具体的な確認方法[※10]は、Windowsの［設定］にある［システム］の［バージョン情報］が、「64ビット オペレーティングシステム[※11]、x64ベース プロセッサ[※12]」と表示されていたら、64bit版です。大事なのは、OSが64bit版であることなので、「x64のベース プロセッサ」とあっても、「32ビット オペレーティングシステム」になっている場合は、入れられません[※13]。

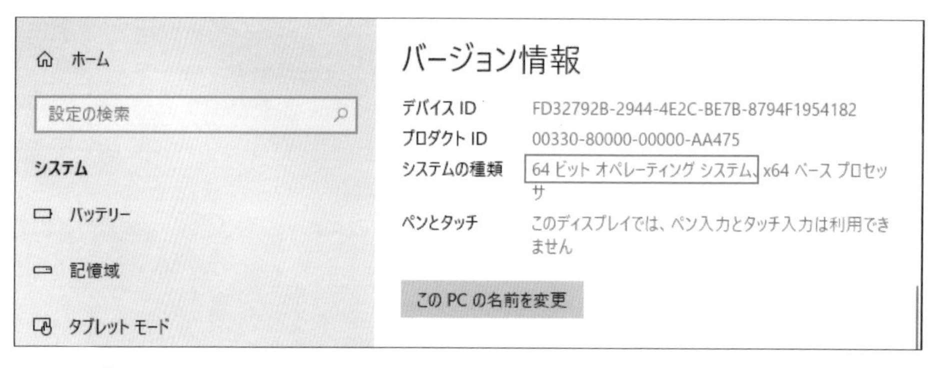

図3-1-9 「システムの情報」を確認

Macの場合はさらに複雑です。

Mac OS X v10.6（Snow Leopard）あたりから混在しているので、おおよそどうというのがないのですが、やはりここ数年のものであれば、64bit版でしょう。

画面左上のリンゴマークをクリックして表示される「このMacについて」から「プロセッサ」を確認してください。

※10 Appendixの「01」参照

※11 オペレーティングシステム＝OS。つまり、OSが64bit版ということ

※12 ベースプロセッサは、簡単に言うとCPUのこと。つまり、CPUが64bit版ということ

※13 もし、Windowsを上書きして、Linuxを入れるのであれば問題ない。その場合、大事なのは、「x64のベース プロセッサ」の方

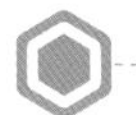

Windows版の使用要件

OSに求められること

・Windows 10 64bit版：Pro, Enterprise, Education のいずれかのエディションであり、Build 16299以降のバージョンであること※14。
・Windows 10 64bit版：Homeの場合は、WSL2が使用できること（ver2004以降）。
・Hyper-V※15及び、Containersを有効化すること。

ハードウェアに求められること

・CPUはSLAT機能をサポートした64ビットプロセッサ
・メモリは4GB以上
・BIOSでvirtualizationが有効になっていること

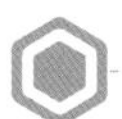

Mac版の使用要件

・2010年以降に発売されたモデルであること
・MacOS 10.13（High Sierra）以降のOSであること
・メモリは4GB以上

Linux版の使用要件

・OSのディストリビューション※16・バージョンが右の表のいずれか以上であること
・Linuxカーネルが3.10以降であること
・iptablesが1.4以降であること
・Gitが1.7以降であること
・XZ Utilsが4.9以降であること
・procpsとcgroups階層をとること

Linuxのディストリビューションとバージョン

ディストリビューション	バージョン
CentOS	CentOS 7 以降
Ubuntu	Ubuntu 16.04 以降
Debian	Debian 9（stretch）以降
Fedora	Fedora 30 以降

※14　Home以外のエディションの場合、WSL2は必須ではないが、使用できた方が望ましい
※15　インストール時にダイアログで有効にすれば良い
※16　ディストリビューションとは、簡単に言うとLinuxの種類

COLUMN : Level ★★★ Linuxのディストリビューション

Linuxのディストリビューションは、どれを選ぶのか迷うかもしれませんね。基本的には、対応している自分が好きなディストリビューションを使えば良いと思いますが、もし、Linuxに詳しくないのであれば、Ubuntuを選んでおくと良いでしょう。
これには理由があって、ディストリビューションには、大きく分けてRed Hat系※と、Debian系※があります。両者はそんなに違わないのですが、コマンドや細かい部分がいくつか異なっています。
この後説明しますが、Dockerで操作するコンテナ※は、Debian系のLinux OSっぽいもの※が使われることが多く、初心者のうちは、Debian系の方が混乱しないのです。そのため、Linuxの操作に不慣れな場合は、Debian系の中でもポピュラーなUbuntuをおすすめしています。
もちろん、Red Hat系の方が慣れている場合は、そちらを使うのも良いでしょう。
なお、CentOS、Ubuntu、Debian、Fedoraはすべて無償で配布されています。

MEMO

Red Hat系：Red Hat Enterprise Linux、CentOS、Fedoraなど

Debian系：Debian、Ubuntuなど

MEMO

Dockerで操作するコンテナ：
コンテナが既に小さく作り込まれている公式がリリースするようなものは、Alpineが採用されていることが多い。Alpineは、素に近い小さいディストリビューション

MEMO

OSっぽいもの：
コンテナの中にあるOSは「っぽいもの」でしたね

COLUMN : Level ★★★ yumコマンドが変わる!?

Red Hat系の最新バージョンでは、yumコマンドが、dnfというコマンドに変わっています。
ただし「yum」と入力しても、dnfコマンドが実行されるように調整されているため、従来通り、yumも使用できます（一部を除く）。
そのため、将来、リダイレクトがなくなってしまうかもしれないので、yumがうまくいかない場合は、dnfを試してみてください。

SECTION 02

Dockerのインストール

本節ではDockerのインストールを行います。ここではWindows版のインストール方法を紹介しますが、MacやLinuxでのインストール方法もAppendixに載せていますので、ご自分の環境に合わせて適宜参照をしてください。

Dockerのインストールは簡単

ここからDockerをインストールするのですが、インストール自体はそんなに難しくありません。特に、WindowsやMacの場合は、普通のソフトウェアと同じようにダイアログが出て、それに従ってマウスでクリックしながら進めるだけです（**図3-2-1**）。簡単でしょう？ このように、ビジュアルで操作できるUI（操作画面）を「GUI[※17]」と言います。

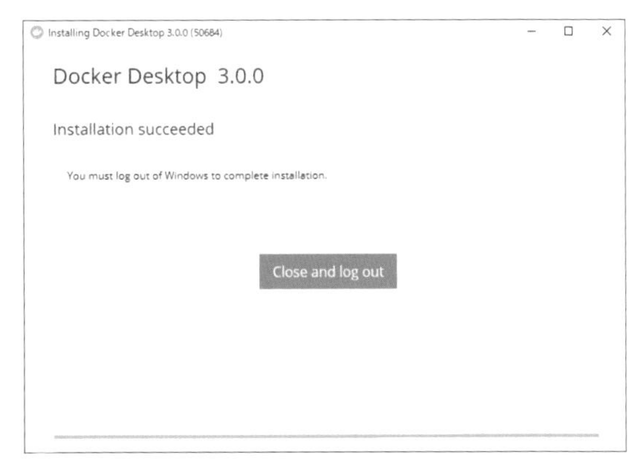

図3-2-1 Windowsのインストール画面

一方、Linuxの場合は、「CUI[※18]」と呼ばれる、命令（コマンド）を打ち込むスタイルで操作します。こちらは少し慣れないかもしれないですね。とは言っても、決められた1行の内容を打ち込んで［Enter］キーを押すだけなので、難しくはありません（**図3-2-2**）。求められるのは、本に書かれた短いコマンドをそのまま転記する能力だけです！

```
 * Documentation:  https://help.ubuntu.com
 * Management:     https://landscape.canonical.com
 * Support:        https://ubuntu.com/advantage

  System information as of Tue 24 Nov 2020 09:33:59 PM UTC

  System load:  0.39              Processes:               118
  Usage of /:   27.2% of 18.57GB  Users logged in:         0
  Memory usage: 13%               IPv4 address for docker0: 172.17.0.1
  Swap usage:   0%                IPv4 address for enp0s3:  10.0.2.15

 * Introducing self-healing high availability clustering for MicroK8s!
   Super simple, hardened and opinionated Kubernetes for production.

     https://microk8s.io/high-availability

74 updates can be installed immediately.
0 of these updates are security updates.
To see these additional updates run: apt list --upgradable


Last login: Fri Nov 20 19:44:46 2020 from 10.0.2.2
chiro@earth:~$ sudo apt-get install docker-ce docker-ce-cli containerd.ic
```

図3-2-2 Linuxのインストール画面

※17 Graphical User Interface

※18 Character User Interface

本節では、Windows用のデスクトップ版のインストール手順を詳しく説明しますが、Mac用や、Linux用も簡単な解説をAppendixに載せてあるので、Windows用デスクトップ版以外を使う場合は、そちらを参考にしてください。

では、実際にやってみましょう。

[手順]デスクトップ版(Docker Desktop for Windows)をインストールしてみよう

本書のWindows用デスクトップ版では、WSL2を使用※19します。そのため、先にWSL2を有効化し、Linuxカーネルをアップデートする手順を行ってから、Dockerをインストールします。操作は基本的にGUIなので安心してください。

また、WSL2を使用するには、Windowsのバージョンが1903/1909以降であることが必須です。インストール前に最新版にアップデートしておきましょう。

今回行うこと

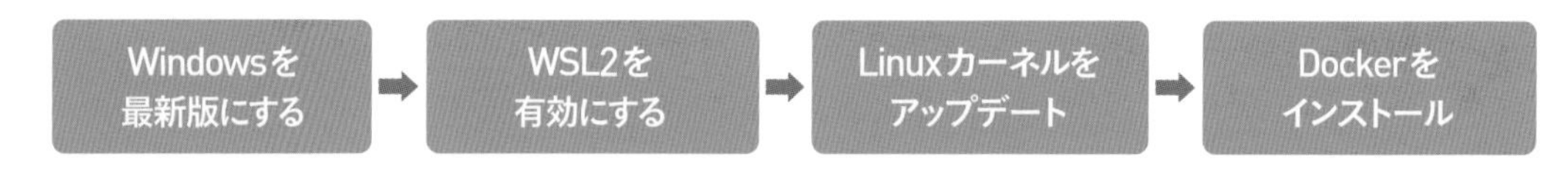

STEP 0 事前準備

まず、Windowsを最新版にアップデートしておきます。そしてアップデート後のバージョンが、「1903/1909以降」であることを確認します。確認方法はAppendixの「01」を参照してください。

STEP 1 Windowsの機能の有効化または無効化を開く

Windowsのスタートメニューで[Windows]→[コントロールパネル]→[プログラム]→[プログラムと機能]と開き、[Windowsの機能の有効化または無効化]をクリックします。

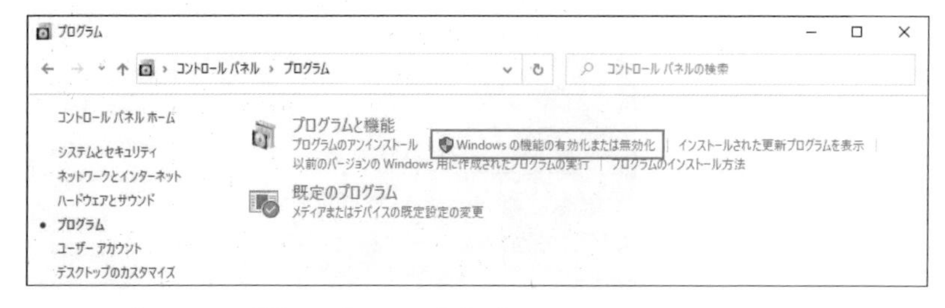

図3-2-3 [Windowsの機能の有効化または無効化]をクリック

※19 WSL2を使用しない場合は、Hyper-Vのみ有効で使用できる

STEP 2 2つの機能を有効化する

「Linux用Windowsサブシステム」と「仮想マシンプラットフォーム」の2つにチェックを付け［OK］ボタンをクリックします。

図3-2-4　2つの項目にチェックを入れる

STEP 3 再起動する

再起動が要求されるので再起動します。

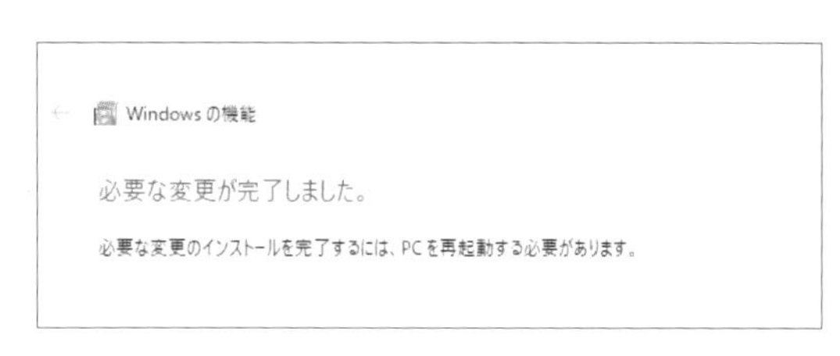

図3-2-5　再起動を促される

STEP 4 Linuxカーネルをダウンロードし、アップデートする

下記のURLをブラウザで開き、Linuxカーネルをダウンロードします（URLの入力がしにくい場合は、「wsl update download」などのキーワードで、Googleなどで検索すると良いでしょう）。

ダウンロードしたら、そのファイルを起動し、Linuxカーネルをアップデートします。うまくいかない場合は、「wsl_update_x64.msi」を管理者権限で実行してみてください。

- https://wslstorestorage.blob.core.windows.net/wslblob/wsl_update_x64.msi

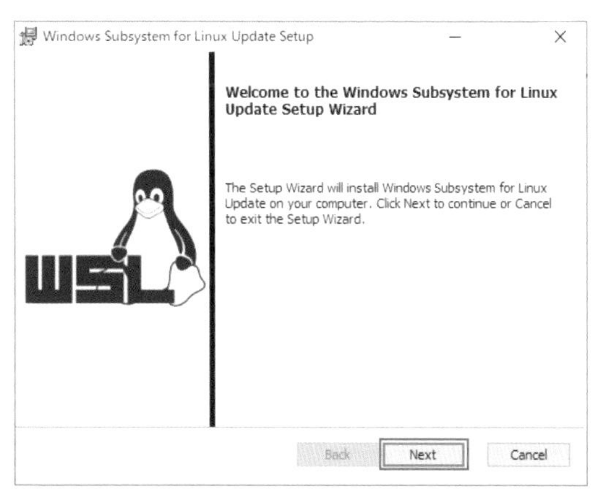

図3-2-6　Linuxカーネルをアップデートする

STEP 5 Docker Desktop for Windowsをダウンロードする

ブラウザで下記のURLを開き、Docker Desktop for Windowsをダウンロードします。

- **Docker Desktop for Windows**
  https://docs.docker.com/docker-for-windows/install/

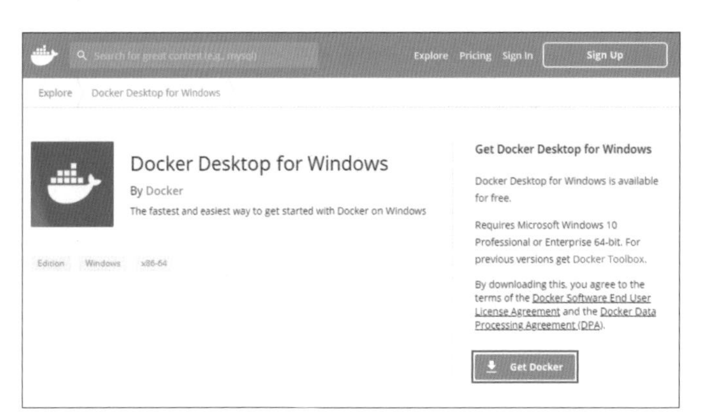

図3-2-7
Docker Desktop for Windowsを
ダウンロード

STEP 6 インストーラを実行する

ダウンロードしたインストーラを実行します。

図3-2-8
インストーラをダブルクリック

STEP 7 環境を確認する

環境の設定が表示されるので、すべてにチェックを付けて［OK］ボタンをクリックします。すると必要なファイル一式がダウンロードされ、インストールされます。

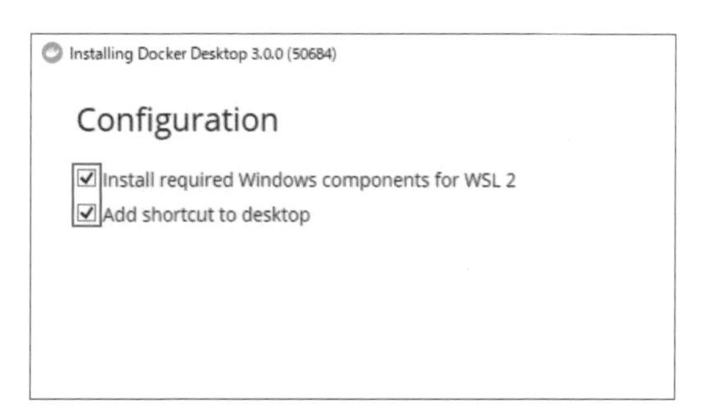

図3-2-9　Docker Desktop for Windowsを実行する

STEP 8 インストールの完了と再起動

インストールが完了したら、［Close and log out］をクリックして再起動します。
インストールが完了すると、デスクトップに［Docker Desktop］のアイコンが追加されます。

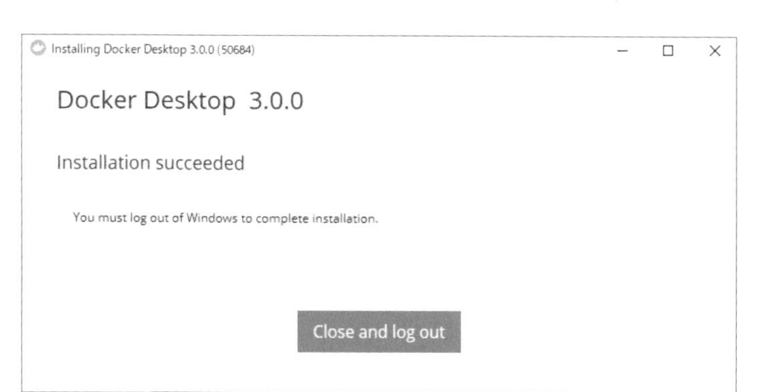

図3-2-10
インストールが完了

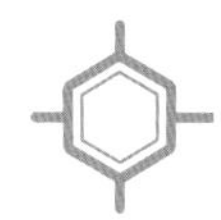

［手順］デスクトップ版Dockerの初回起動と画面の確認

無事にインストールできたでしょうか。続いて、Dockerを起動させましょう。
初回起動時には、チュートリアルが表示されますが、これは見ても見なくても構いません。

STEP 1 デスクトップ版Dockerの初回起動

デスクトップに［Docker Desktop］のアイコンが追加されているのでダブルクリックで起動します。うまくいかない場合は、Docker Desktopを管理者権限で実行してみてください。

図3-2-11
［Docker Desktop］のアイコンをダブルクリック

STEP 2 タスクトレイの確認

タスクトレイには、クジラのアイコンが追加されていることを確認しましょう。

図3-2-12　クジラのアイコンが表示される

STEP 3 チュートリアルをスキップする

最初に起動したときは、スタート画面やメイン画面が表示されます。スタート画面にチュートリアルが表示されることがありますが、スキップして構いません（もちろん、チュートリアルを見たい場合は、見ても良いです）。

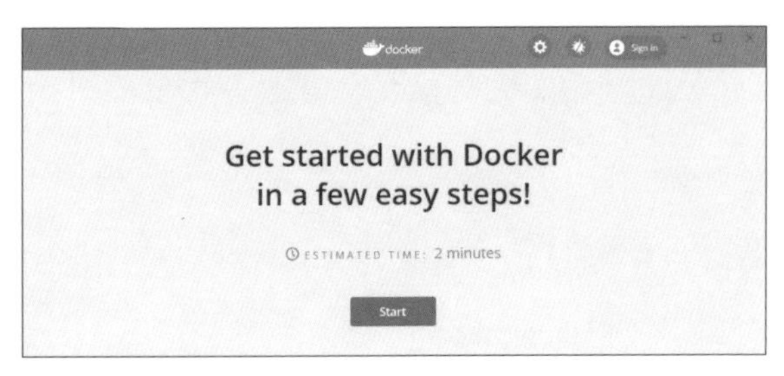

図3-2-13　スタート画面が表示される

COLUMN：Level ★★★ Dockerをインストールしたらパソコンは重くなる？

インストールが終わると、Dockerは常駐して待ち受け状態になります。すると、「常駐なんて、パソコンが重くなるんじゃないか？」と不安に思われる方もいらっしゃるでしょう。

たしかに常駐にはなりますが、コンテナが動いていない限り、Dockerはそんなに重くありません。

本書では、学習の項目ごとに、コンテナを破棄しますから、その場合は問題ないので安心してください。なお、Dockerの終了に関しては、Chapter 4の冒頭で扱います。

デスクトップ版Dockerの画面の確認

Dockerの操作は、基本的にコマンドで行うのですが、デスクトップ版の場合は、コンテナ一覧などがGUIで表示されますので確認してみましょう。

初回にDockerを起動させると、メイン画面が表示されます。

メイン画面には、［Containers/Apps］と［Images］のタブがあり、この画面は、デスクトップのDocker Desktopのアイコンやスタートメニューから Docker Desktopを起動したときに表示されます。

Containers/Apps画面を確認する

［Containers/Apps］タブをクリックすると表示されます。実行中のコンテナ一覧が表示される画面です。

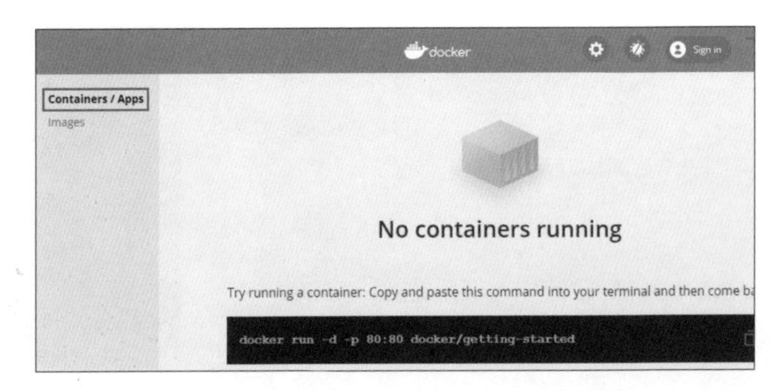

図3-2-14　Containers/Apps画面

Images画面を確認する

［Images］のタブをクリックすると表示されます。ダウンロードしたDockerイメージ一覧が表示される画面です。

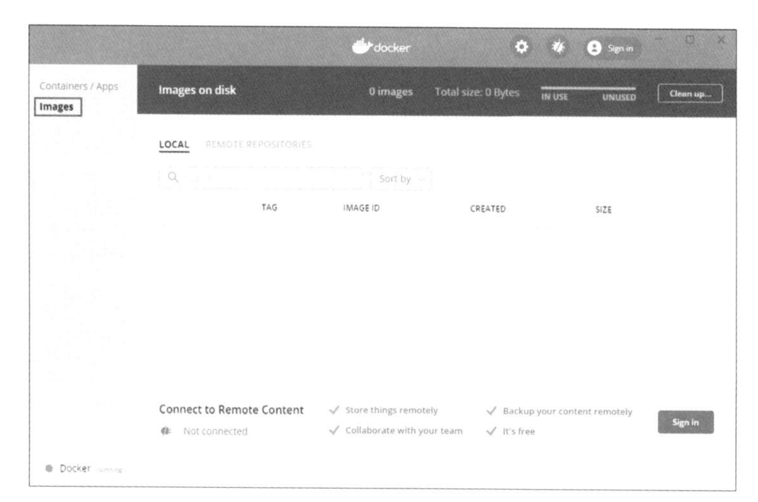

図3-2-15
Images画面

Dockerが実行中であることを確認する

画面の左下には「緑色のマーク」で、Dockerが実行中であることを示します。もしここが緑でなかったり、runningと表示されていないときは、Dockerが動いていない可能性があります。

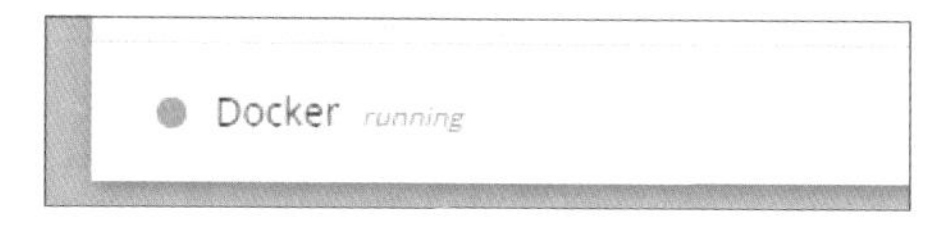

図3-2-16　正常に動いている場合

図3-2-17　更新や停止などで動いていないとき

Dockerの設定を確認する

Docker Desktop for Windowsの［Settings］（⚙アイコン）をクリックすると、「Settings」画面が開き、Dockerの設定を確認したり、変更できます。

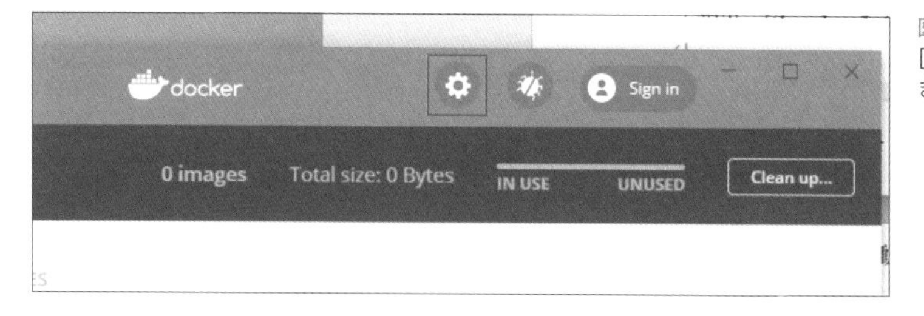

図3-2-18
［Settings］ボタンで設定を確認できる

WSL2で動いているかどうか設定を確認する

WSL2で動いているかどうかの確認もしておくと良いでしょう。

[Settings] の画面で [General] の設定を表示しましょう。[Use the WSL2 based engine] にチェックが付いていることを確認してください。なおチェックを外すと、Hyper-Vでの動作となります。

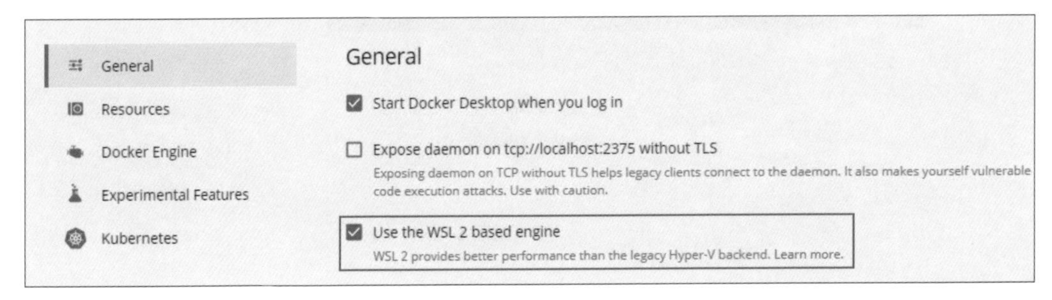

図3-2-19　WSL2で動いているかを確認できる

COLUMN : Level ★★★

WindowsでDockerが上手く動かない場合は

Windowsで「Cannot enable Hyper-V service」や、「Not enough memory to start Docker Desktop」などのエラーが表示されて、Dockerが上手く動かない場合は、以下の点を確認してください。

「Cannot enable Hyper-V service」と表示された場合

- Hyper-Vがオンになっていること
- BIOS画面で「Virtualization Technology」がオンになっていること

「Not enough memory to start Docker Desktop」と表示された場合

- パソコンのメモリが十分に搭載されているか確認する
- WSL2版や、従来版（Hyper-V版）で、メモリが4GB以上なのに、このアラートが出る場合は、バージョンを変えたり、メモリを操作する必要がある。WSL2版を使っている場合は、WSL2版のメモリ管理が上手くいっていない可能性があるので、従来版を使うのも手。「General」の「Use the WSL2 based engine」のチェックを外してDockerの再起動をかける。すると従来版に切り替わるので、その状態で使用する。
  従来版でエラーが出る場合は、使用メモリを調整する。タスクトレイのDockerアイコンをクリックし、「Settings」の「Resources」から「ADVANCED」を選び、「Memory」の値を下げる（**図3-2-20**）。

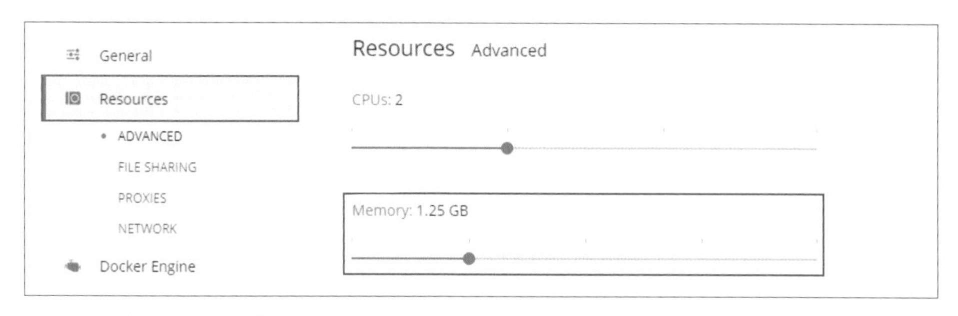

図3-2-20 [Resources]で[Memory]の値を下げる

その他のエラーメッセージが出たり、対処法を試しても上手くいかない場合

- もし、その他のエラーメッセージが出たり、対処法が上手くいかない場合は、ソフトウェアの最新版で大きな変更があったかもしれないので、本書サポートページ(P.ii)を確認のこと。
- Docker Engineのようなソフトウェアは、構築環境によって上手く動かないことがままあるが、読者の環境は千差万別なので、著者がそれらの不具合を全て予測することは大変難しい。できるだけ読者のサポートをしたいのはヤマヤマであるものの、個別の問題は予測できないこともあるので、頼れる上司や先輩が存在するならば、それらの人に援軍を要請するのも良い方法である(その場合は、一杯奢ってお礼しよう! お菓子でも良い)。

COLUMN : Level ★★★ 有料のDocker Engine「Enterprise Edition」

インストールは上手くできたでしょうか。
今回インストールしたDocker Engineは、無償で使える「Community Edition(通称CE)」ですが、有償版の「Enterprise Edition(通称EE)」もあります。
両者の違いとしては、Enterprise版は、保証があることや、認証済みのインフラやプラグインの提供、セキュリティ検査機能などが提供されます。
そのため、Red Hat Enterprise Linux、SUSEなどの有償版Linux OSで使う場合や、Windows Server※で使用するとき、統合的な管理をしたい場合などに使われることが多いです。
特に、Windows Serverは、Enterprise版でしかサポートされていないため、Community版を使うのは難しいです。

MEMO

Windows Server:
WindowsのOSの一種で、サーバ用のOS。認証サーバ、ファイルサーバ、.NET FrameworkやC#で書かれたWebアプリ用サーバなどでよく使われる

SECTION 03

Dockerの操作方法とコマンドプロンプト／ターミナルの起動

それでは、インストールしたDockerで、いくつかコマンドを入力する操作を行ってみましょう。コマンドの入力にはショートカットや入力履歴も利用できますので、やりやすい方法を見つけておきましょう。

Dockerはコマンドプロンプト／ターミナルで操作する

インストールしたら、すでにDockerは動いています。次はDockerを操作するのですが、操作方法が変わります。

WindowsやMacでデスクトップ版をインストールした方は、ここからマウスで操作するGUIではなく、命令（コマンド）を打ち込むCUIでの操作に変わります（Linux版の方は最初からコマンドですね）。

CUIでの操作は、慣れていない人も多いので、説明しておきます。操作に慣れている方は、この後の内容は、飛ばしてしまってかまいません。スキップして、Chapter 4に移動しましょう。

Dockerは、ソフトウェアを立ち上げても、専用の入力画面はないため、Dockerに命令を送れる別のソフトウェアを使います。

Windowsの場合は、「コマンドプロンプト」、Macの場合は、「ターミナル」と言います。

いわゆる「黒い画面」ですね。使ったことのない人は、怪しいクラッカーがパチャパチャやっているイメージかもしれませんが、そこまですごいものではありません。

このような、パソコンに命令を送れるソフトウェアをまとめて「ターミナルソフト」と呼びます。

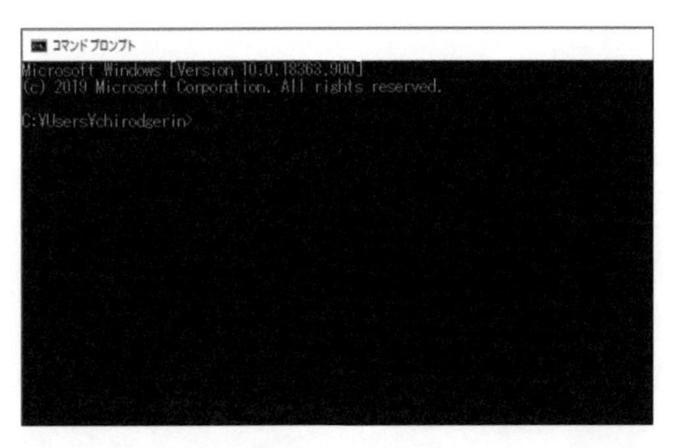


```
mynavip — -bash — 80×24
Last login: Thu Sep 10 10:18:34 on console
mynavip:~ mynavip$
```

図3-3-1　ターミナルソフト

コマンドプロンプトも、ターミナルも、あらかじめインストールされているソフトウェアなので、スタートメニュー（Windows）や、Launchpad（Mac）から開くことができます。

起動してみましょう。

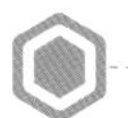

コマンドプロンプトの起動方法（Windows）

① Windowsのスタートメニューをクリック
②「W」の項目にある［Windows システムツール］をクリック
③［コマンドプロンプト］をクリック

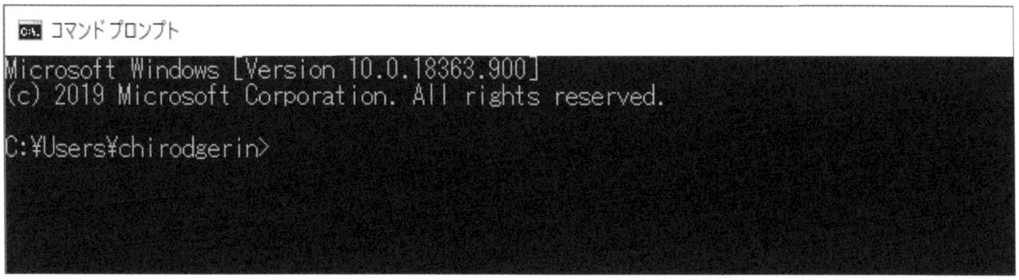

```
コマンド プロンプト
Microsoft Windows [Version 10.0.18363.900]
(c) 2019 Microsoft Corporation. All rights reserved.

C:¥Users¥chirodgerin>
```

図3-3-2　コマンドプロンプト

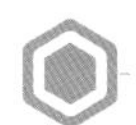

ターミナルの起動方法（Mac）

①［Launchpad］で、「Other」フォルダを開く※20
②［ターミナル］をダブルクリック

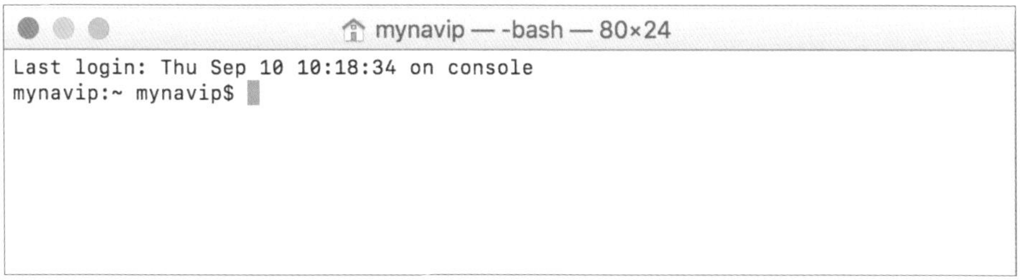

```
mynavip — -bash — 80×24
Last login: Thu Sep 10 10:18:34 on console
mynavip:~ mynavip$
```

図3-3-3　ターミナル

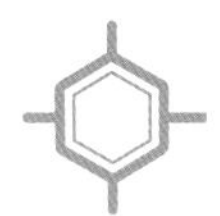

コマンドプロンプト／ターミナルの注意点を学ぼう

無事起動したでしょうか。次に、コマンドプロンプトや、ターミナルを使ってみましょう。

命令（コマンド文）は、そんなに難しくありません。

例えば、「penguin（ペンギン）」という名前のコンテナがあった場合に、コンテナを起動させるには「docker run penguin」、止めるには「docker stop penguin」と打つだけです。そうです、簡単なのです。そんなに難しくないのですが、初めてだと戸惑うことも多いかもしれませんね（ちなみにそんな名前のコンテナは、まだ作ってないので、このコマンドを打ち込んでもまだ操作できませんよ！）。

まずは、コマンドプロンプトやターミナルを操作する場合の注意事項を次にまとめます。

※20　Finderの「/アプリケーション/ユーティリティ」フォルダからも起動できる

図3-3-4 「penguin」コンテナを起動するコマンド

プロンプトがユーザーを表す

ターミナルソフトをよく見ると、「C:¥Users¥chiro>」(Windows)、「chiropc: ~chiro $」(Mac)のような記述があります。Linuxなら「[chiro@chiropc~]#」や、「[chiro@chiropc~] $」のような記述です。これは「プロンプト」と言い、ユーザー名やパソコン名(ホスト名)、ユーザーの種類などを表しています。

ここを確認することで、自分のログイン状況がわかります。

Windowsの場合

```
C:¥Users¥<ユーザー名>>
例:C:¥Users¥chiro>
```

Macの場合

```
<コンピューター名>: ~ <ユーザー名> $
例:chiropc: ~chiro $
```

Linuxの場合

```
[ <ユーザー名>@<ホスト名> ~]#
例:[chiro@chiropc~]#
```

もしくは

```
[ <ユーザー名>@<ホスト名> ~] $
例:[chiro@chiropc~]$
```

コマンド操作の基本は[Enter]キー

コマンド操作の基本は、[Enter] キーです。

上の例で言えば、「docker run penguin」のようにコマンド文を入力したら、最後に必ず [Enter] キーを押してください。押さないとコマンド文は実行されません。

Windowsの場合

```
C:¥Users¥chiro> docker run penguin  ←最後に [Enter] キーを押す
```

プロンプト: C:¥Users¥chiro>　コマンド: docker run penguin

Macの場合

```
chiro@chiropc ~ $ docker run penguin  ←最後に [Enter] キーを押す
```

プロンプト: chiro@chiropc ~ $　コマンド: docker run penguin

Linuxの場合

```
[chiro@chiropc~]$ docker run penguin  ←最後に [Enter] キーを押す
```

プロンプト: [chiro@chiropc~]$　コマンド: docker run penguin

スタートもストップも、フォルダの移動も全部コマンドで命令する

WindowsやMacでは、ソフトウェアをスタートしたり、ストップしたりしたいときには、クリックしますが、ターミナルソフトの場合は、コマンドを打ち込んで操作します。

同じように、フォルダを開いたり、移動したりなど、ドラッグ&ドロップでするような操作もコマンドです。

GUIに比べ、自分がどのフォルダに居るのかわからなくなってしまうことが多いので、意識しながら進めましょう。

コマンドプロンプト

```
Microsoft Windows [Version 10.0.18363.1198]
(c) 2019 Microsoft Corporation. All rights reserved.

C:¥Users¥  >notepad
```

図3-3-5　メモ帳を起動するコマンド

コピーやペーストのショートカットが使える

Linuxを使っている人からすると、違和感があるかもしれませんが、Windowsのコマンドプロンプトでは、[Ctrl] + [C] や [Ctrl] + [V] などのコピー&ペースト※21のショートカットキーが使えます。Macの場合も、[command] + [C] や [command] + [V] が使えます。

また、コマンドプロンプトやターミナルのウィンドウメニューからもコピー&ペーストや検索ができます。

Linuxの場合は、そもそも直接キーボード※22をつないで操作している場合、ショートカットキーやマウスは使えません。リモート※23（遠隔）で操作する場合は、接続するターミナルソフト※24に依存します。

コマンドプロンプトやターミナルでのショートカットキー

項目	Windows	Mac	Linux（直接）
コピー	[Ctrl] + [C]	[command] + [C]	大概はない
ペースト	[Ctrl] + [V]	[command] + [V]	大概はない
コマンド履歴	[↑] キー	[↑] キー	[↑] キー

カーソルキーの［↑］を押すと以前入力したコマンドが出てくる

コマンド文を入力するのに、もう1つ助けになる味方がいます。上の表にもありますが、コマンド履歴です。

その日、一度入力したコマンド文は、カーソルキーの [↑] キーを何度か押すと出てきます。

実行したコマンド文の終了時に、次のプロンプトが出る

コマンド文を実行したとき、初心者のうちは、現在実行中なのか、それとも終わったのか、よくわからないかもしれません。

基本的に、コマンド文の実行が終了すると、次のプロンプトが表示されます。

次のプロンプトがでないうちは、まだコマンド実行中なので、しばらく待ちましょう。

コマンドプロンプト／ターミナルの終了はDockerの終了ではない

コマンドプロンプトやターミナルは、ウィンドウの [×] ボタン※25をクリックすると閉じて終了できます。

Docker Engineとターミナルソフトは、あくまで別のソフトウェアです。そのため、ターミナルソフトを終了させただけでは、Docker Engineは終了しません。

※21　以前は、ショートカットキーが使えなかったが、Windows10からコマンドプロンプトの仕様が変わり対応した

※22　ノートパソコンにLinuxを入れて、直接操作している場合も同じ

※23　P.066コラム参照

※24　Tera Term（テラターム）やPuTTy（パティ）などが有名

※25　「exit」と入力することで終了する。ただしコンテナのなかを操作しているときは、「exit」でコンテナの操作を終了、もういちど「exit」を入力することでターミナルソフトを終了

Docker Engineを終了させたいときには別途、終了させる操作をする必要があります（その場合、コンテナは終了します）。Docker Engineの終了方法は、P.073を参照してください。

ただし、サーバでDockerを使う場合は、Docker Engineを止めることが、コンテナをすべてシャットダウンすることになるので、あまり行いません。

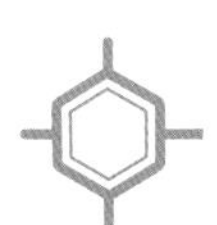

[手順]コマンドプロンプト／ターミナルを使ってみよう

コマンドプロンプトやターミナルは、いつものパソコンと使い勝手が違うので、最初は戸惑うかもしれません。

Dockerとは直接関係ないですが、1つ操作をしてこの章を終わりましょう。操作をする前に、P.060を参考に、コマンドプロンプト／ターミナルを起動させてから進めましょう。

STEP 1 「日付の確認と変更」のコマンドを入力する

プロンプト「C:¥Users¥（ユーザー名）>」など）の後に「date」と入力して［Enter］キーを押します。

ターミナルソフトに入力

```
C:¥Users¥chiro>date …入力後に［Enter］キーを押す
```

STEP 2 日付と変更画面が表示される

現在の日付と変更画面が表示されます。ここで新しい日付を入れると日付を変更できますが、ここでは日付を変更しないこととし、何も入力せずに［Enter］キーを押します。

ターミナルソフトに入力

```
現在の日付： 2020/08/17
新しい日付を入力してください：（年-月-日）」 …［Enter］キーを押す
```

STEP 3 ターミナルソフトを閉じる

コマンドプロンプトもしくはターミナルを閉じるため、「exit」と入力し、［Enter］キーを押します。

ターミナルソフトに入力

```
C:¥Users¥chiro>exit …入力後に［Enter］キーを押す
```

今回は「Enterキーを押す」と記述しましたが、今後は省略するので、忘れずに押してください。

COLUMN：Level ★★★ SSHって何だろう？ 遠隔（リモート）での操作

今回は、自分のパソコンに入っているDocker Engineを操作するので、コマンドプロンプトやターミナルを使って直に操作します。しかし、実際の運用では、自分のパソコンではないLinuxサーバ※にインストールされたDocker Engineを使うこともあるでしょう。その場合は、まず、サーバに対して、「SSHソフト（SSHクライアント）」を使って接続し、操作します。Windowsでいうところのリモートデスクトップ※のようなものです。
SSHソフトはターミナルソフトと似ていますが、遠隔（リモート）のPCを操作するもので、最初にユーザー名やパスワードを入力したり、通信を暗号化したりするなど、遠隔操作に適した機能があります。
具体的なSSHソフトとしては、Tera Term（テラターム）やPuTTy（パティ）などが有名です。

> MEMO
> **別のLinuxサーバ**：
> Enterprise Editionであれば、Windows Serverでも使用できる

> MEMO
> **Windowsでいうところのリモートデスクトップ**：ただし、GUIではない

COLUMN：Level ★★★ Linuxマシンや、仮想マシン、レンタル環境でDockerを構築する

Chapter 3-01で、Dockerを使う方法は、下記の3つがあると書きました。本書では、③の方法で進めるため、①と②の詳しい解説は省きましたが、①や②の方法で学習したい方もいらっしゃるでしょうから、こちらのコラムで解説しておきましょう。

① Linux OSのマシンでDockerを使う
② 仮想マシンやレンタル環境にDockerを入れて、WindowsやMacで操作する
③ Windows用やMac用のDockerを使う

①Linux OSのマシンでDockerを使う

「Linuxが必要」なのですから、Dockerを使う一番シンプルな方法は、Linux OSの入った64bit版※のマシンを用意して、Docker Engineを入れることです（**図3-3-6**）。
特に、サーバなどで実際に使われる場面に、より近いのはこちらでしょう。「Linux OSの入ったマシン」と言うと、大層で難しそうな感じがするかもしれませんが、そこまで特殊なものではなく、単にOSがLinuxであるというだけです。今、あなたが使っているWindowsパソコンのOSを上書きしてしまって、Linuxのマシンにすることもできます（Macでも可能だが、手順がかなり複雑です）。

> MEMO
> 簡単に言うと、パソコンには32bit版と64bit版がある。Dockerは64bit版にしか入らないので注意

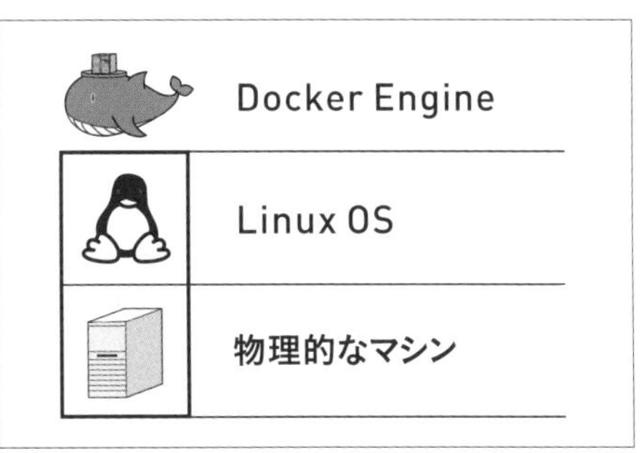

図3-3-6
Linux OSのマシンにDockerを入れる

Linux マシンで学習するメリットは、実際の使われ方に近いだけでなく、シンプルで、後述する仮想マシンやレンタル環境での利用に比べて、DockerとLinux以外の知識が不要です。

特に、もし、あなたがネットワークやサーバについて、本格的に勉強したいのであれば、昔使っていたパソコンや、2～3万円程度の中古のノートパソコン※を使って、Linuxの練習用マシンにすることをお勧めします。おそらくCore2DUO※以上であれば、使えるでしょう。起動すればすぐにLinuxが触れるので、手軽で、Docker以外の勉強もできます。

ただ、いくらエンジニアであっても、普段使うパソコンとしてLinuxを使っているという人は少数でしょうし、エンジニアでない場合は、Linuxに触った経験さえもないかもしれません。

イチからLinuxマシンを用意する場合は、簡単とは言え、Linux OSをインストール※する作業も要ります。

「ちょっと難しそうだなあ」という場合は、無理にLinuxマシンにこだわらずに、②や③の方法で学習して慣れてから、改めてチャレンジするのも良いでしょう。

Appendixでは、Linux環境へのインストール手順も載せているので、参考にしてください。

MEMO

中古のノートパソコン：
必ず64bit版であることを確認のこと。安さに飛びつかないように

MEMO

Core2DUO：
Dockerの進化によっては、使えなくなるかもしれないので、準備する前に必ず最新情報を調べること

MEMO

Linux OSをインストール：
ダイアログに従うだけなので、大して難しくはない

Linux マシンでDockerを使う場合に必要なもの

- Linux OSの入ったマシン（余っている古いパソコンや中古のノートパソコンで良い）
- Linux OS（UbuntuやCentOSなどをインターネットからダウンロードする）
- インストール時に使う新品のDVD-RやUSBメモリ
- Linux OSをインストールするための知識

▶次ページに続く

②仮想マシンやレンタル環境にDockerを入れて、WindowsやMacで操作する

まずは仮想マシンで構築する方法についてです。いつも使っているパソコンに、VirtualBoxやVMwareなどの仮想マシンソフトが入っているのであれば、そこにLinux OSのマシンを作って、Docker Engineを入れてしまうのも良いでしょう。IT企業で働いている方であれば、すでに使っている人も多いのではないでしょうか。

仮想マシンソフトというのは、パソコン上に、さらにもう1台（もしくは複数台）のパソコンを上乗せするようなものです。普段使っているパソコンの延長線上で操作できるため、上乗せしたパソコンのオンオフが手軽です。場所もとりません。
仮想マシンなので、不要になったら、マシンごと削除すれば良いのは便利な点でしょう。

Docker Engine
Linux OS
仮想的なマシン
仮想環境
WindowsやMac
物理的なマシン

図3-3-7　仮想マシンにDockerを入れる

ただし、パソコンの上にパソコンを乗せて……という多重構造になるので、仮想マシンの操作に慣れてないと、若干わかりづらいかもしれません。ネットワークの設定も必要になりますし、こちらもLinux OSのインストールが要ります。
また、Dockerを使うためだけに仮想マシンソフトを入れる場合、Docker Engineを入れる前に、仮想環境を整える手順が1つ増えますし、その分パソコンのリソースを食うのも確かなので、面倒な感じがするのも否めません。
このあたりは、普段から仮想マシンを使っているかどうかや、パソコンのスペック、好みの問題でしょうか。
Linuxマシンを物理的に用意するよりは手軽ですから、良い方法の1つだと思います。

仮想マシンでDockerを使う場合に必要なもの

- VirtualBoxやVMwareなどの仮想マシンソフト
- 仮想マシンを扱う知識（ネットワークの設定など）
- Linux OS（UbuntuやCentOSなどをインターネットからダウンロードする）
- インストール時に使う新品のDVD-RやUSBメモリ

次にレンタル環境を使って構築する方法についてです。Linuxでやりたいけど、仮想マシンがスペック的に厳しい、自分のパソコンに何も影響がないようにしたいなどの場合には、クラウドやVPSなどのレンタル環境上※にDockerを構築するのも良いでしょう。レンタル環境としては、さくらインターネットの「さくらのクラウド」や「VPS」（仮想専用サーバ）、AWSの「EC2」※などがあげられます。

> **MEMO**
>
> **クラウドやVPSなどのレンタル環境上**：Dockerをインストールするため、インストールできる権限が必要。クラウドやVPS以外の、通常のレンタルサーバでは、インストールできないことも多い

> **MEMO**
>
> **AWSの「EC2」**：AWSでDockerと言えば「ECS」「EKS」の名前が挙がることもあるが、これらはオーケストレーションツールであるため、これらを使う場合も、Docker自体はEC2に構築することになる

レンタル環境は、自分のパソコン上ではないので、不要になったら、削除・解約すればすみますし、パソコンのスペックに関係なく使えます。
また、Linuxのインストールも、既にされているものを選んだり（VPS）、ボタン1つで構築できる（クラウド）ため、Linux環境の構築が手軽なのも魅力でしょう。
ただ、当然のことながら、使うときには、インターネット環境が必要ですし、レンタル環境を使う知識も必要です。使っている分だけ費用がかかりますから、「やりっぱなしで忘れてしまった」ということのないようにしましょう。

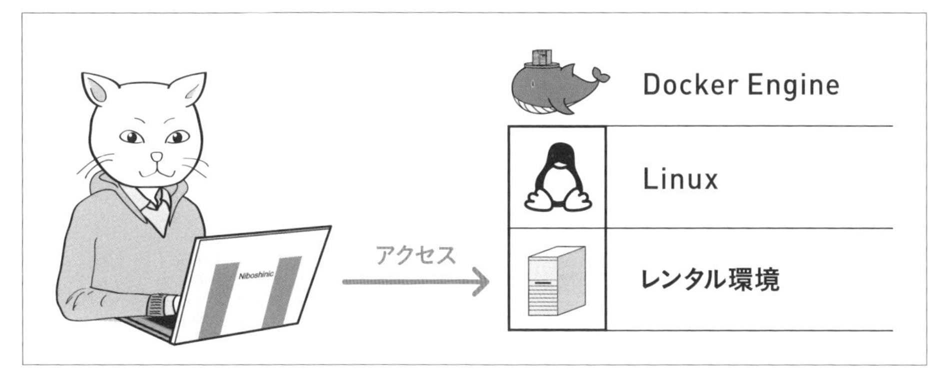

図3-3-8　レンタル環境にDockerを入れる

レンタル環境でDockerを使う場合に必要なもの

- クラウドやVPSなどのレンタル環境
- レンタル環境を扱う知識（ネットワークの設定など）
- 資金（有料※の場合。また登録にクレジットカード※が必要なことが多い）

> **MEMO**
>
> **有料**：無料期間内に学習を終えてしまうという裏の手もある

> **MEMO**
>
> **登録にクレジットカード**：料金にはご注意

COLUMN：Level ★★★

チームで学習しよう

Dockerの学習が、難しそうだと感じる場合、同僚や友人とチームで学習するのも良いでしょう。自分一人では、挫折しそうになったり、よくわからない場合でも、チームであれば、なんとかなる場合もあります。その場合、会社の余っているパソコンを使わせてもらうのも良いですね。また、目的はDockerの学習なので、Linux OSのインストールを先輩や上司にお願いしてしまうのも手です。申し訳ないと思うかもしれませんが、「LinuxもDockerもわからない人材」よりも、「Linuxはわからないが、Dockerはわかる人材」の方が、先輩や上司にとって助けになります。あなたがDockerの知識を身につけることは、彼らにとってもメリットが大きいのです。Linuxは、Dockerを学習していくうちに、嫌でも詳しくなりますから、順番は逆でも良いでしょう。

COLUMN：Level ★★★

そのほかの環境での構築方法

仮想環境（Virtual Box）や、レンタルのクラウド環境（AWS）を使った構築方法については、本書サポートサイトにて、情報を載せているので、参考にしてください。

サポートサイトURL
https://book.mynavi.jp/supportsite/detail/9784839972745.html

Dockerにコンテナを入れて動かしてみよう

CHAPTER

4

Chapter 4では、実際に手を動かしながら、コンテナを作ったり、削除したりといった操作を行っていきます。Dockerのコマンドが少し難しく感じられるかもしれませんが、一つひとつの意味が分かるようになれば、それほど難易度の高いものではありません。ゆっくり理解しながら進みましょう。

SECTION 01

Docker Engineの起動と終了

Chapter 4ではいよいよコンテナの操作を行っていきますが、その前に、Chapter 3でインストールしたDocker Engineの起動と終了について、改めて確認しておきましょう。

Docker Engineの起動と終了

Chapter 3でDocker Engineをインストールしました。Docker Engineは、インストールと同時に起動しており、以降は動き続けますが、コンテナが動いてない限りは、大してパソコンのリソースを使わないので問題ありません。そもそも、サーバは24時間365日稼働が求められるものなので、Dockerもあまり停止させないものなのです。ただ、今回は学習用途なので、気になる場合は、終了させましょう。

デスクトップ版では、Docker Engineが自動起動設定になっているので、こちらもオフにしておかないと、パソコンを再起動させるたびに、また立ち上がります。Linuxの場合は、デフォルトで自動起動にはなっていません。実際に使うときに、これでは困ってしまうので、自動起動になるようにしておくべきでしょう。

なお、これは、あくまでDocker Engineの話です。中に入っているコンテナについては違います。デスクトップ版であろうと、Linux版であろうと、一度Docker Engineを終了させてしまったら、コンテナも停止状態になります。

コンテナに対して、自動起動させるような設定はないので、たとえば停電してサーバの電源が落ちてしまったときに、Docker Engineの復旧と同時に、コンテナも復旧させたい場合は、Docker Engineの外にコンテナを起動するスクリプト（プログラム）などを用意して対応します（**図4-1-1**）。

この話は、初心者のうちは気にしなくて良いので、「Docker Engineはパソコンの電源を入れたときに、一緒に起動する設定にできるらしいが、コンテナはできない」とだけ覚えておいてください。

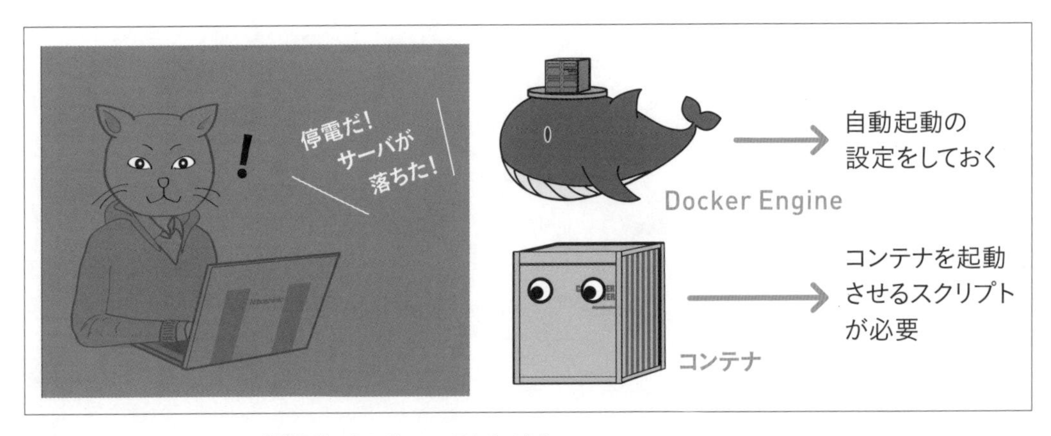

図4-1-1 Docker Engineは自動起動できるが、コンテナはできない

Windowsの場合

①Docker Engineの起動：

画面左下のスタートボタンからスタートメニューを開く ➡ Docker Desktopをクリック

②Docker Engineの終了：

画面右下のタスクトレイでDocker Desktop（クジラのマーク）をクリック ➡「Quit Docker Desktop」を選択

③自動起動の設定：

タスクトレイでDocker Desktop（クジラのマーク）をクリック ➡「Settings」を選択 ➡ 開いた画面で「General」を選択 ➡「Start Docker Desktop when you log in」にチェックが入っていることを確認（オフにしたい場合は、チェックを外す）

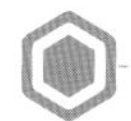

Macの場合

①Docker Engineの起動：

Finderの「アプリケーション」フォルダ ➡ Docker Desktopをダブルクリック

②Docker Engineの終了：

画面右上のステータスメニューでDocker（クジラのマーク）をクリック ➡「Quit Docker Desktop」を選択

③自動起動の設定

画面右上のステータスメニューでDocker（クジラのマーク）をクリック ➡「Preferences」を選択 ➡ 開いた画面で「General」を選択 ➡「Start Docker Desktop when you log in」にチェックが入っていることを確認（オフにしたい場合は、チェックを外す）

Linuxの場合

Docker Engineの起動終了は、root権限で行います。それぞれ、以下のコマンドを入力して［Enter］キーを押します。なお、sudoはrootユーザーで実行するためのコマンドです。

①Docker Engineの起動：

```
sudo systemctl start docker
```

②Docker Engineの終了：

```
sudo systemctl stop docker
```

③自動起動の設定

```
sudo systemctl enable docker
```

コンテナ操作の基本

SECTION 02

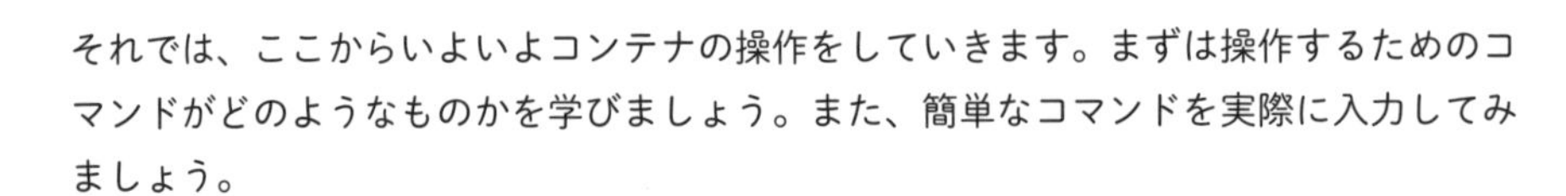

それでは、ここからいよいよコンテナの操作をしていきます。まずは操作するためのコマンドがどのようなものかを学びましょう。また、簡単なコマンドを実際に入力してみましょう。

コンテナ操作の基本はDockerコマンド

コンテナ操作の基本は、コマンド文での命令です。コマンドプロンプトやターミナルの画面で、プロンプト※1に続いてコマンド文を入力します。

コンテナを操作するコマンド文は、すべて「docker」コマンド※2から始まります。dockerと書いてから、「何を」「どうする」「対象」などを記述し、[Enter] キーを押すと実行されます。

コンテナを操作するコマンド

```
docker ～
```

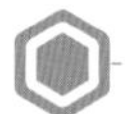

コマンドと対象

dockerコマンドに続けて書く、「何を」「どうする」の部分を「コマンド」と呼びます。コマンドは、「上位コマンド※3」と「副コマンド※4」で構成されており、上位コマンドの部分が「何を」、副コマンドの部分が「どうする」に当たります。また、「対象」には、コンテナ名やイメージ名など、具体的な名前が入ります。dockerコマンドに続いて「何を」「どうする」「対象」の順で指定するわけです。

コマンドの基本

```
docker コマンド 対象
```

上位コマンド　副コマンド

※1 詳しくは、Chapter 3 P.062 を参照

※2 一般的な技術書では、ユーザー名やサーバ名を省略して、「>」「#」「$」を行頭に付ける記述方法が多いが、本書では、Dockerの性質も鑑みて「>」「#」「$」は付けない

※3 top-level solo commands

※4 Sub-command

たとえば、「penguin（ペンギン）」という名のイメージを「container（コンテナ）」として「run（実行）」したい場合には、以下のように記述します。※これは例です。存在しないイメージなので実行はできません。

penguin（ペンギン）という名前のイメージを実行する場合

```
           コマンド         対象
docker container run penguin
       上位コマンド 副コマンド
```

「対象」と、「上位コマンド（何を）」の差がわかりづらいかもしれませんね。上位コマンドは、「container（コンテナ）」や「image（イメージ）」など、対象の種類が入ります。12種類[※5]しかありません。対象の部分には、具体的な名前を指定します。

ですから「penguin」という名のイメージを「pull（ダウンロード）」したいなら、

```
docker image pull penguin
```

「penguin」という名のイメージをコンテナとして「start（開始）」したいなら、このように書きます。

```
docker container start penguin
```

オプションと引数

しかし、実際にDockerを操作している場面を見たことがある人は、もっと長い命令を書いているのを見たことがあるかもしれません。

基本は、docker［コマンド］［対象］なのですが、コマンドには、前述の「対象」のほかに、**「オプション」「引数」と呼ばれる付属情報**が付きます。

たとえば、「container run」コマンドに対して「-d」、「penguin」という対象に対して「--mode=1」という引数を付けると、以下のようになります。

オプションと引数を付けたコマンド文

```
           コマンド    オプション 対象     引数
docker container run -d penguin --mode=1
       上位コマンド 副コマンド
```

※5　2021年1月現在。詳しくは後述

「-d」は、「バックグラウンドで実行する」、「--mode=1」は、「モード１で起動する」程度の意味ですが、すべてのコマンド文にオプションや引数がつくわけではなく、コマンドと対象だけのシンプルな文も多いです。

逆に、オプションや引数を複数付けるゴチャゴチャしたコマンド文もありますが、少数ですし、よく使うオプションや引数は、限られているので、覚えてしまうと良いでしょう。

コマンドの基本まとめ

まとめると、コマンドの基本は、以下のような形になります。

dockerのコマンドの基本形

docker コマンド（オプション）対象（引数）

上位コマンド　副コマンド　　対象

初心者のうちは、とにかく「docker コマンド 対象」という形式をしっかりと覚えて、コマンドに対してオプション、対象に対して引数が指定されることがある、と意識しておくと良いでしょう。また、ここまでで出てきた「コマンド」「オプション」「対象」「引数」について、もう少し詳しく説明しておきます。

コマンド（上位コマンド／副コマンド）

Dockerコマンドに続けて、「何を」「どうする」という指示を書くのがコマンド部分でしたね。「コンテナ」を「起動」させたいなら、「container start」のように書くのでした。ただし、歴史的経緯※6から、「start」や「run」のように「container」を付けなくても実行できるコマンドがあり、慣例的にそちらを使うことが多いのです。本書でも、省略形が可能な場合は、そちらを採用します。

コマンドの記述例

```
docker container run
```

「docker container run」を省略して書いた記述例

```
docker run
```

オプション

オプションはコマンドに対して、細かい設定をするものです。バックグラウンドで動かす場合は、「-d」、キーボードから操作する場合は「-i」「-t」をつけるなど、コマンドの実行方法やコマンドに渡したい値を設定します。オプションは、コマンドによって異なります。

※6　P.078 コラム参照

オプションは、「-」や「--」から始まることが一般的ですが、「-」記号を付けないケースもあります。なお、「-」と「--」の違いは、コマンド作成者の好みなので、明確な基準[※7]はありません。

オプションの記述例

```
-d
--all
```

コマンドに値を渡したい場合は、「--name」のようなオプションの後ろに、オプション値を記述します。

「--name」に続いてオプション値（penguin）を記述する例

```
--name penguin
```

「-d」のように「-」と1文字の組み合わせのオプションは、まとめて書くことができます。たとえば「-d」「-i」「-t」を「-dit」と記述することが可能です。

「-d」「-i」「-t」をまとめた記述例

```
-dit
```

対象

コマンドの「何を」「どうする」に対して、具体的な名前を指定します。「penguin」という名前のイメージをコンテナとして起動させるなら、「container start（オプション）penguin」のように書きます。

引数

対象に対して、持たせたい値を書きます。文字コードの指定や、ポート番号の指定などを行います。ただし、引数を指定するケースはそんなに多くありません。たとえば、MySQLとWordPressを組み合わせて使うときに、MySQL側で、WordPressが対応している旧式の認証方式を指定するために3つの引数を指定するなど、使う場面は限られます。記述方法は、オプションと同じく、「-」や「--」から始まることが多いです。

引数の記述例

```
--mode=1
--style nankyoku
```

※7 オプションをどう記述するかは、コマンド作成者の判断に委ねられているため、コマンドによって異なる。ただ慣例的に、短いものや「省略形」は「-」、長いものは「--」とする傾向はある。また、Linuxコマンドは、省略形が存在することが多い

COLUMN : Level ★★★

上位コマンドは省略できる!?

Docker 1.13より、コマンドが再編成され、上位コマンドと副コマンドの組み合わせの形式に統一※されました。また、一部のコマンドは、コマンド自体が変更になりました。

たとえば、旧コマンドでは、「container run」ではなく、「run」のみの表記だったのですが、こうしたコマンドが軒並み「container run」のような「上位コマンド + 副コマンド」の形式に変更になったのです。

これら旧コマンド群とも互換性を維持するため、古い書き方（上位コマンドのない書き方）でも実行できますが、いずれ変更※になるかもしれないので、「上位コマンドが存在する」ことは覚えておきましょう。

古いコマンド文の書き方（docker runの例）

```
docker run penguin
```

再編成後のコマンド文の書き方（docker runの例）

```
docker container run penguin
```

MEMO

組み合わせの形式に統一：
一部コマンドのみ、単独コマンド（Solo Command）として上位コマンドがないスタイルで残っている

MEMO

いずれ変更：
現在は、古い書き方も対応しているが、Docker Engineに大きく変更があったときに、古い書き方が切り捨てられる可能性もある。もし、あなたが本書発行時よりも離れた未来に、コマンド文が通らない壁に当たった場合は、そのあたりも疑ってみよう

［手順］簡単なコマンド文を入力してみよう

それでは、実際にコマンド文を打ってみましょう。

最初に挑戦しやすいコマンドとして、「docker version」があります。これは、Dockerのバージョンを表示させるというだけのコマンドです。オプションや、引数、対象は無しで実行できます。しかも、Dockerやパソコンに何の影響も及ぼしません。気軽に挑戦してください。

入力する際は、コマンドプロンプト／ターミナルの最終行に表示されているプロンプトの後ろに打ち込み、[Enter] キーを押します。実行されると、実行結果と、次のプロンプトが表示されます。

STEP 0 事前準備

もし、現在Docker Engineを終了させている状態なら、起動しておきます。また、コマンドプロンプト／ターミナルなどのターミナルソフトを開いておきます。

STEP 1 「version」コマンドを実行する

ターミナルソフトの最終行に表示されているプロンプトの後ろに「docker version」と入力して [Enter] キーを押します。

ターミナルソフトに入力

```
docker version
```

コマンドを実行した結果

```
Client: Docker Engine - Community
 Version:           19.03.12
 API version:       1.40
 Go version:        go1.13.10
 Git commit:        48a66213fe
 Built:             Mon Jun 22 15:43:18 2020
 OS/Arch:           windows/amd64
 Experimental:      false
…（以下略）
```

バージョン情報は上手く表示されたでしょうか。

「docker version」だけのシンプルなコマンド文なので、上手くいかなった場合は、スペルを間違えてないかチェックしてください。

このコマンドは、何度実行しても問題ないものです。ターミナルソフトに慣れない方は、何度か練習すると良いでしょう。

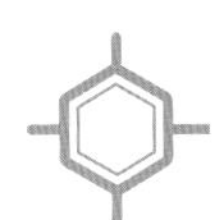

代表的なコマンド

それでは、ここまで登場したコマンドも含め、代表的なコマンドをまとめて紹介しておきましょう。

ただし、後からハンズオンでやりながら覚えた方が良いので、今はざっと眺めるだけでかまいません。以降でそれぞれのコマンドについて説明していきます。

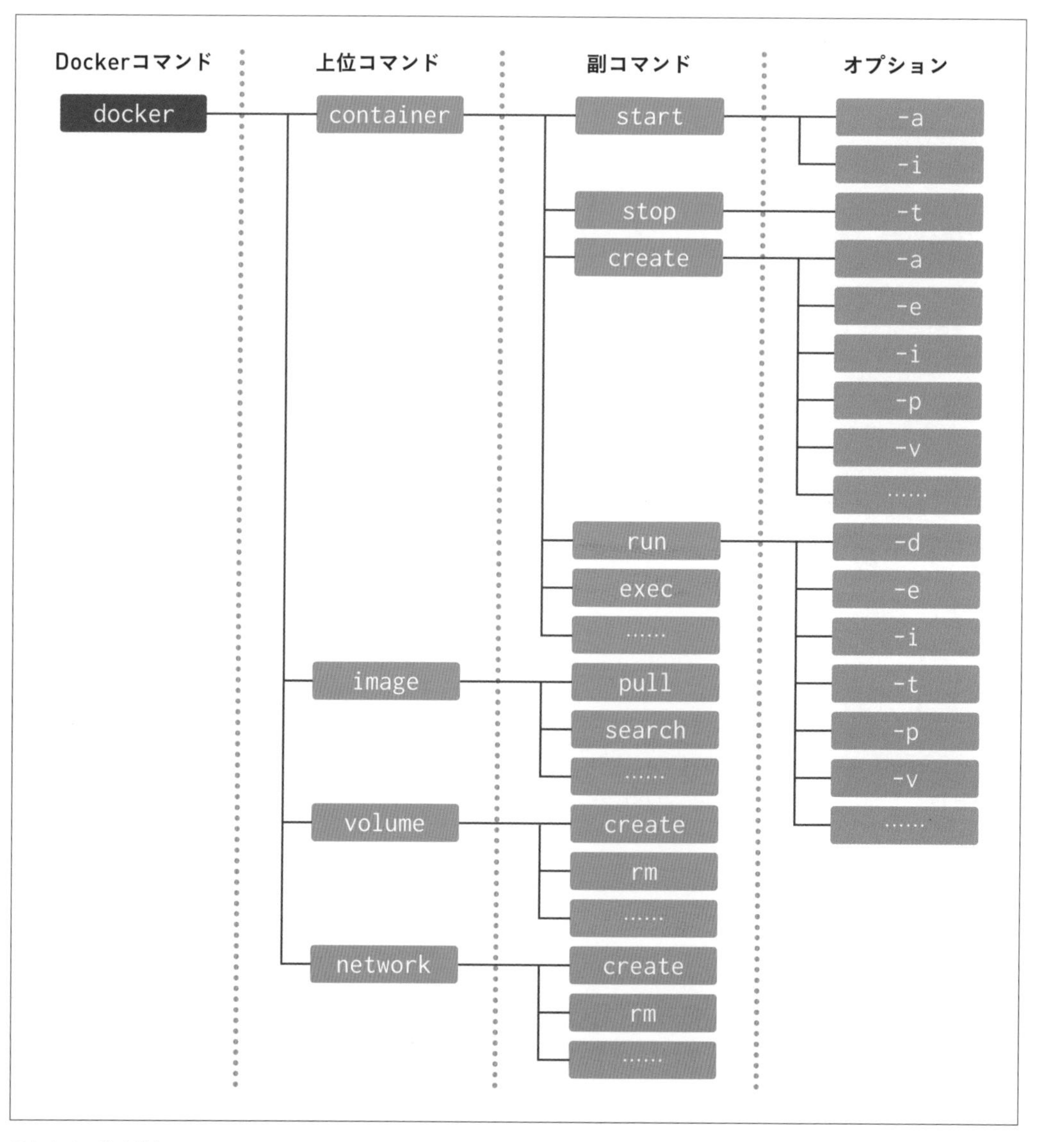

図4-2-1　代表的なコマンド

コンテナ操作関連コマンド（上位コマンドは「container」）

コンテナを起動したり、終了したり、コンテナ一覧を表示するなど、コンテナの操作を行うコマンドです。コンテナに対して何をするかは、副コマンドで指定します。

```
docker container 副コマンド オプション
```

主な副コマンド

副コマンド	内容	省略	主なオプション
start	コンテナを開始する	可	-i
stop	コンテナを停止する	可	あまり指定しない
create	Dockerイメージからコンテナを作成する	可	--name -e -p -v
run	Dockerイメージをダウンロードし、コンテナを作成して起動する（ダウンロードは必要な場合のみ）。docker image pull、docker container create、docker container startの一連の動作をひとまとめにしたもの	可	--name -e -p -v -d -i -t
rm	停止したコンテナを削除する	可	-f -v
exec	実行中のコンテナ内でプログラムを実行する	可	-i -t
ls	コンテナ一覧を表示する	*1	-a
cp	DockerコンテナとDockerホスト間でファイルをコピーする	可	あまり指定しない
commit	Dockerコンテナをイメージに変換する	可	あまり指定しない

省略可のコマンドは、「docker container 副コマンド」ではなく、「docker 副コマンド」と記述できる。これは古い記述方法にも互換性を持たせるため
*1：省略形は「docker ps」

イメージ操作関連コマンド（上位コマンドは「image」）

イメージをダウンロードしたり、検索したりするなど、イメージに関する操作を行うコマンドです。イメージに対して何をするかは、副コマンドで指定します。

```
docker image 副コマンド オプション
```

主な副コマンド

副コマンド	内容	省略	主なオプション
pull	Docker Hubなどのリポジトリからイメージをダウンロードする	可	あまり指定しない
rm	Dockerイメージを削除する	*2	あまり指定しない
ls	自分がダウンロードしたイメージ一覧を表示する	不可	あまり指定しない
build	Dockerイメージを作成する	可	-t

省略可のコマンドは、「docker image 副コマンド」ではなく、「docker 副コマンド」と記述できる。これは古い記述方法にも互換性を持たせるため
*2：省略形は「docker rmi」

ボリューム操作関連コマンド（上位コマンドは「volume」）

ボリューム（コンテナからマウントできるストレージ）の操作を行うコマンドです。ボリュームの作成、一覧表示、削除などができます。ボリュームに対して何をするかは、副コマンドで指定します。

```
docker volume 副コマンド オプション
```

主な副コマンド

副コマンド	内容	省略	主なオプション
create	ボリュームを作る	不可	--name
inspect	ボリュームの詳細情報を表示する	不可	あまり指定しない
ls	ボリュームの一覧を表示する	不可	-a
prune	現在マウントされていないボリュームをすべて削除する	不可	あまり指定しない
rm	指定したボリュームを削除する	不可	あまり指定しない

ボリューム関連のコマンド自体が比較的新しいため、古い記述方法はない

ネットワーク操作関連コマンド（上位コマンドは「network」）

Dockerネットワークの作成、削除、コンテナとの接続、切断など、Dockerネットワークに関する操作を行うコマンドです。Dockerネットワークとは、Docker同士が接続するのに使う仮想的なネットワークのことです。

```
docker network 副コマンド オプション
```

主な副コマンド

副コマンド	内容	省略	主なオプション
connect	コンテナをネットワークに接続する	不可	あまり指定しない
disconnect	コンテナをネットワークから切断する	不可	あまり指定しない
create	ネットワークを作る	不可	あまり指定しない
inspect	ネットワークの詳細情報を表示する	不可	あまり指定しない
ls	ネットワークの一覧を表示する	不可	あまり指定しない
prune	現在コンテナがつながっていないネットワークをすべて削除する	不可	あまり指定しない
rm	指定したネットワークを削除する	不可	あまり指定しない

その他の上位コマンド

その他の上位コマンドには、以下のようなものがあります。ただ、ほとんどがDocker Swarm[※8]関連のコマンドで、初心者のうちは使うことがありません。上級者になってから必要に応じて確認すれば良いでしょう。

主な上位コマンド

上位コマンド	内容
checkpoint	現在の状態を一時的に保存し、後でその時点に戻ることができる。実験的な機能
node	Docker Swarmのノードを管理する機能
plugin	プラグインを管理する機能
secret	Docker Swarmのシークレット情報を管理する機能
service	Docker Swarmのサービスを管理する機能
stack	Docker SwarmやKubernetesで、サービスをひとまとめにしたスタックを管理する
swarm	Docker Swarmを管理する機能
system	Docker Engineの情報を取得する

単独コマンド

特殊な立ち位置で、上位コマンドを持たないコマンドが4つあります。主に、Docker Hubでの検索やログインなどのコマンドです。

単独コマンド[※9]

単独コマンド	内容	主なオプション
login	Dockerレジストリにログインする	-u -p
logout	Dockerレジストリからログアウトする	あまり指定しない
search	Dockerレジストリで検索する	あまり指定しない
version	Docker Engineおよびコマンドのバージョンを表示する	あまり指定しない

※8 オーケストレーション機能。Kubernetesとは違うもの

※9 Solo Command

Chapter 1 Chapter 2 Chapter 3 Chapter 4 Chapter 5 Chapter 6 Chapter 7 Chapter 8 Appendix

SECTION 03

コンテナの作成・削除と、起動・停止

Chapter 4-02では、Dockerのバージョンを確認する簡単なコマンドを入力しました。この節では、もう少し本格的なコマンドを使って、コンテナを操作していきましょう。

「docker run」コマンドと「docker stop」「docker rm」

ここからは、実際にコンテナを作成し、起動してみましょう。

コンテナの起動には、「docker run (docker container run)」コマンドを使います。

このコマンドは、Dockerのコンテナを作成し、起動するコマンドです。コンテナの作成には、イメージが必要なので、イメージが無い場合は、イメージのダウンロードも行います。

Dockerには、コンテナを作成する「docker create (docker container create)」、起動する「docker start (docker container start)」、イメージをダウンロードする「docker pull (docker image pull)」コマンドがそれぞれ存在していますが、まとめて実行する「docker run」を使用することが一般的です。

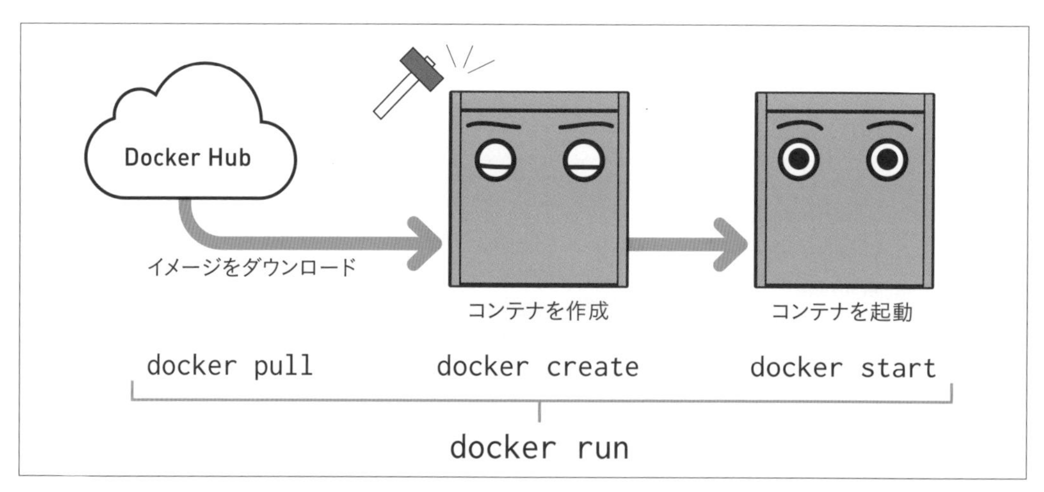

図4-3-1 docker runコマンドには3つの役割がある

動かしたものは、停止して、捨てる方法も知っておかねばなりません。Chapter 2で、「Dockerのコンテナには、ライフサイクルがあり、作っては捨てる」というお話をしたのを思い出してください。作ったら、捨てるまでがライフサイクルでしたね。

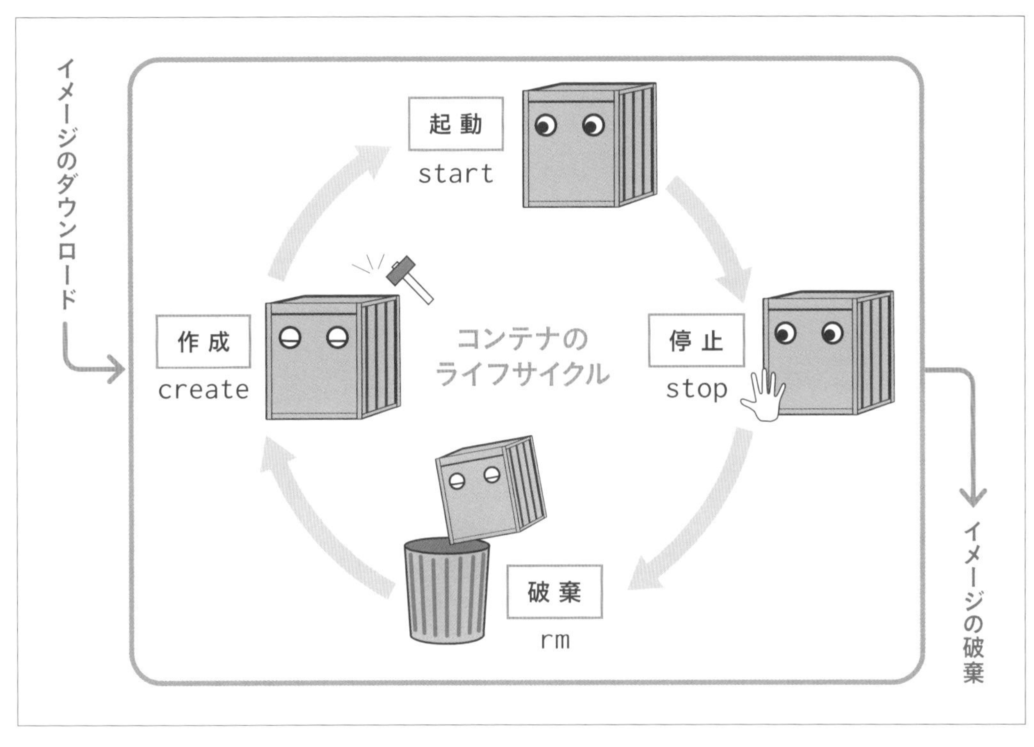

図4-3-2　コンテナのライフサイクル

せっかくコンテナを作ったのに、もったいないような感じもしますが、この後の手順ではコンテナ操作に慣れるため、作成と起動だけでなく、停止と破棄も行います。コンテナを「作る・動かす」「止める」「消す」が最もよく行う操作だからです。

コンテナを破棄するためには、停止する必要があります。コンテナは、動いているものをいきなり削除できません。稼働中のサーバを落とすことは危険だからです。そのため、削除する前には、必ず停止させます。

コンテナを停止させるには「docker stop（docker container stop）」、コンテナを削除するには「docker rm（docker container rm）」を使用します。それぞれのコマンドについて、次で説明します。

コンテナを作成・稼働するコマンドdocker run（docker container run）

コンテナを作成・稼働させるコマンドです。docker image pull、docker container create、docker container startの一連の動作をひとまとめにしたものです。前述のとおり、イメージがない場合は、ダウンロードも行います。「対象」には、使用するイメージ名が入ります。

コンテナの名称は、オプションの「--name」で指定します。

よく使われるオプションは、「--name」の他、ポート番号を指定する「-p」、ボリュームをマウントする「-v」、コンテナをネットワークに接続する「--net」などです。

なお、デーモン（後述）として動くソフトウェアのコンテナは、「-d」「-i」「-t」を使用[※10]する場面も多く、これらは、「-dit」のようにひとまとめにして記述すると便利です。

※10　次ページコラム参照

引数は、イメージの種類により異なります。MySQLのイメージのように、ログインのためのIDやパスワード、文字コードや照合順序を取ることがありますが、まったく指定しないことも多いです。

よく使う記述例

```
       コマンド        対象
docker run （オプション） イメージ （引数）
```

主なオプション

オプションの書式	内容
--name コンテナ名	コンテナ名を指定する
-p ホストのポート番号：コンテナのポート番号	ポート番号を指定する
-v ホストのディスク：コンテナのディレクトリ	ボリュームをマウントする
--net=ネットワーク名	コンテナをネットワークに接続する
-e 環境変数名=値	環境変数を指定する
-d	バックグラウンドで実行する
-i	コンテナに操作端末（キーボード）をつなぐ
-t	特殊キーを使用可能にする
-help	使い方を表示する

「-p」は「--publish」、「-v」は「--volume」、「-e」は「--env」、「-d」は「--detach」、「-i」は「--interactive」、「-t」は「--tty」の省略形

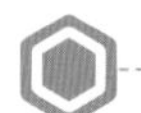 コンテナを停止するコマンドdocker stop（docker container stop）

コンテナを停止するコマンドです。コンテナを削除するには必ず停止する必要があります。このコマンドには、オプションや引数を指定することは少ないです。

よく使う記述例

```
       コマンド 対象
docker stop コンテナ名
```

コンテナを削除するコマンドdocker rm (docker container rm)

コンテナを削除するコマンドです。停止していないコンテナに対して実行した場合、エラーが出て削除できません。このコマンドには、オプションや引数を指定することは少ないです。

よく使う記述例

```
       コマンド  対象
docker rm     コンテナ名
```

COLUMN : Level ★★★　一回限り実行するコンテナと、デーモンとして動くコンテナ

コンテナの中身は色々です。そのため、コンテナによって、指定するオプションや引数が異なります。たくさん記述するものもあれば、そうでないものもあるわけです。

特に、「docker run」に付けるオプションである、「-d」「-i」「-t」は、よく出てくるわりに、付けないこともあるため、初心者にわかりづらいものの1つでしょう。

前述のとおり、「-d」はバックグラウンドで実行するオプション、「-i」「-t」はコンテナの中身をキーボードで操作するために必要なオプションです。「-d」を付けなければ、起動したコンテナがプログラムの実行を終えるまで、制御を握ってしまい、次のコマンドを打てなくなってしまいますし、「-i」「-t」を付けなければ、コンテナの中身を操作できません。

いかにも「必須」のように見えるこれらのオプションですが、付けたり付けなかったりします。

なぜなら、コンテナによって、「一度限り実行するコンテナ」と、「デーモン※として動くことを目的としたコンテナ」が存在するからです。

一度限り実行するコンテナの場合、実行してすぐに終了するため、一瞬制御を握られても問題はありません。

しかし、デーモンのように待機して動き続けるプログラムは、終了することがないので一度制御を握られてしまうと、面倒なのです。

また、中身の操作が求められるコンテナの場合は、「-i」「-t」が必要ですが、やはりこちらも一度実行してすぐ停止してしまうようなコンテナの場合は、中身をいじることが少ないので、不要です。

このように、コンテナの種類によって、必要なオプションは異なるのです。

MEMO

デーモン：
UNIXやLinux上で動くプログラムのうち、常に待ち受けして、裏で動き続けるプログラムのことを、慣例的に「デーモン (daemon)」と呼ぶ。メールの不達を通知する「メーラーデーモン」が有名

「docker ps」コマンド

コンテナのライフサイクルに関わるコマンドの他に、もう1つよく使うコマンドが「docker ps（docker container ls）」コマンドです。

このコマンドは、コンテナの一覧を表示するもので、「docker ps」で動いているコンテナの一覧を表示し、「docker ps -a」とオプションを付けることで、存在するコンテナ（停止しているものを含む）の一覧を表示します。

コンテナの一覧を表示する

```
       コマンド
docker ps （オプション）
```

コンテナを起動したり、停止したりしたときに、ステータスが望んだ状態になっているかをチェックできますし、コンテナの情報を確認したいときにも使います。よく使うものなので、この後のハンズオンでも、何度も入力するコマンドです。

なお、この節の冒頭をよく見ると、「docker ps（docker container ls）」となっていますね。これは、書籍の誤植ではなく、正式なコマンドで書くと「ls」ですが、省略形は「ps」なのです。コマンドの再編成により、変更になったものの1つです。混同してしまいがちなので、注意しましょう。

動いているコンテナの一覧を表示する

```
docker ps
```

存在するコンテナの一覧を表示する

```
docker ps -a
```

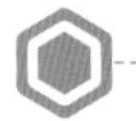

実行結果の読み方

「docker ps」コマンドを実行すると、以下のような結果が表示されます。

1行目が見出し、2行目以降は、それに対応する値です。該当するコンテナが存在しない場合は、2行目以降は表示されません。

確認できる項目は、コンテナ1つずつにランダムな値が振られる「コンテナID」や、元となった「イメージ名」、現在の「ステータス」、「名前」などです。

ただ、このように綺麗に表示されるかどうかは環境によるので、2行や3行に渡って表示され、見づらいこともあります。そうしたときには、テキストエディタなどにコピー＆ペーストしたり、ターミナルソフトの幅を広げると見やすくなります。

コマンドを実行した結果の例（コンテナが存在している場合）

CONTAINER ID	IMAGE	COMMAND	CREATED	STATUS	PORTS	NAMES
2b3b4afb4022	httpd	"httpd-foreground"	5 minutes ago	Up 5 minutes	80/tcp	apa000ex1

docker psを実行した結果の見方

項目	内容
CONTAINER ID	コンテナID。ランダムな数字が振られる。本来のIDは64文字だが、先頭12文字のみの表記。12文字のみでも（もしくは他と重複しなければそれ以下でも）、IDとして使用できる
IMAGE	元となったイメージ名
COMMAND	コンテナにデフォルトで起動するように構成されているプログラム名。あまり意識することはない
CREATED	作られてから経過した時間
STATUS	現在のステータス。動いている場合は「Up」、動いていない場合は「Exited」と表示される
PORTS	割り当てられているポート番号が、「ホストのポート番号 -> コンテナのポート番号」の形式で表示される（ポート番号が同じときは、-> 以降は表示されない）
NAMES	コンテナ名

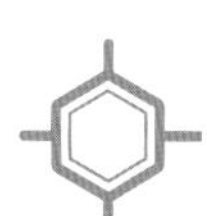

［手順］コンテナを作成して起動、確認、停止、削除してみよう

ここからは実際に手を動かして、コンテナを作成・起動し、存在を確認したら停止して削除してみましょう。扱う題材は、Apacheです。Webサーバ機能を提供するソフトウェアで、多くのWebサイトは、Apacheの上で動いています。

今回は、作って起動するだけなので、作成・起動するコマンドはシンプルですが、Apacheのイメージ名は「httpd」なので、そこだけ注意してください。

今回行うこと

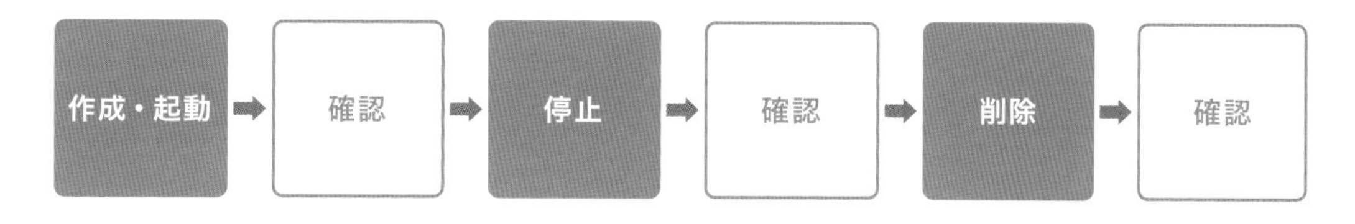

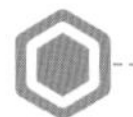

作成するコンテナの情報

項目	値
コンテナ名	apa000ex1
イメージ名	httpd

使用するコマンドのオプション、対象、引数

使用コマンド1：作成・起動

```
docker run --name apa000ex1 -d httpd
```

オプション項目

項目	内容
--name apa000ex1	「apa000ex1」という名前のコンテナを作成する
-d	バックグラウンドで実行する
httpd	Apacheのイメージ名。バージョン番号を指定しないので、最新版（latest）が使用される

使用コマンド2：動いているコンテナの一覧を表示する

```
docker ps
```

使用コマンド3：すべてのコンテナの一覧を表示する

```
docker ps -a
```

STEP 1 「run」コマンドを実行する

Apacheのイメージ（httpd）から「apa000ex1」という名前のコンテナを作成・起動するコマンド文を入力しましょう。初回はイメージをダウンロードするため、実行には時間がかかります。実行結果に表示される、一見ランダムに見える数字列は、イメージIDやコンテナIDなので、環境によって異なります。

ターミナルソフトに入力するコマンド

```
docker run --name apa000ex1 -d httpd
```

コマンドを実行した結果

```
Unable to find image 'httpd:latest' locally
latest: Pulling from library/httpd
bf5952930446: Pull complete 3d3fecf6569b: Pull complete…（略）
Status: Downloaded newer image for httpd:latest…（以下略）
```

※Unable to find image ～は、そのイメージが自分のパソコンの中にないことを表す。

STEP 2 「ps」コマンドでコンテナの稼働を確認する

「ps」コマンドを実行し、「apa000ex1」という名前のコンテナが稼働していることを確認しましょう。「STATUS」が「Up」となっていたら、稼働しています。

ターミナルソフトに入力するコマンド

```
docker ps
```

コマンドを実行した結果

```
CONTAINER ID IMAGE COMMAND              CREATED       STATUS       PORTS  NAMES
2b3b4afb4022 httpd "httpd-foreground"  5 minutes ago Up 5 minutes 80/tcp apa000ex1
```

STEP 3 「stop」コマンドでコンテナを停止する

「stop」コマンドで、「apa000ex1」コンテナを停止しましょう。

ターミナルソフトに入力するコマンド

```
docker stop apa000ex1
```

コマンドを実行した結果

```
apa000ex1
```

STEP 4 「ps」コマンドでコンテナの停止を確認する

「ps」コマンドを実行し、「apa000ex1」という名前のコンテナが停止していることを確認しましょう。「apa000ex1」が一覧に無かったら停止しています。

✎ターミナルソフトに入力するコマンド

```
docker ps
```

コマンドを実行した結果

```
CONTAINER ID    IMAGE    COMMAND    CREATED    STATUS    PORTS    NAMES
```

STEP 5 「ps」コマンドに引数を付けて、コンテナの存在を確認する

「ps」コマンドに「-a」の引数を付けて実行し、「apa000ex1」という名前のコンテナが存在していることを確認しましょう。「apa000ex1」の「STATUS」が「Exited」になっていたら、存在はするものの、停止しています。

✎ターミナルソフトに入力するコマンド

```
docker ps -a
```

コマンドを実行した結果

```
CONTAINER ID  IMAGE  COMMAND             CREATED         STATUS                     PORTS  NAMES
2b3b4afb4022  httpd  "httpd-foreground"  15minutes ago   Exited (0) 41 seconds ago         apa000ex1
```

STEP 6 「rm」コマンドで、「apa000ex1」コンテナを削除する

「rm」コマンドを実行し、「apa000ex1」という名前のコンテナを削除しましょう。

✎ターミナルソフトに入力するコマンド

```
docker rm apa000ex1
```

コマンドを実行した結果

```
apa000ex1
```

STEP 7 「ps」コマンドに引数を付けて、コンテナの消去を確認する

「ps」コマンドに「-a」の引数を付けて実行し、「apa000ex1」という名前のコンテナが消去されたことを確認します。「apa000ex1」が一覧に無かったら消去されています。

ターミナルソフトに入力するコマンド

```
docker ps -a
```

コマンドを実行した結果

```
CONTAINER ID   IMAGE   COMMAND   CREATED   STATUS   PORTS   NAMES
```

上手くいったでしょうか。今回、初めてコマンドプロンプト／ターミナルに挑戦する方は、慣れるように、何度かやってみましょう。

そのときに、Chapter 3のP.064で説明したように、カーソルキーの［↑］や［↓］を使って履歴からコマンド文を入力する方法も試してみると、より身につきやすいでしょう。

COLUMN : Failed うまくいかないときには

うまくいかないときには、右の項目を確認してください。

今はまだ、コマンドが短いですが、Chapter 5以降の長いコマンドでは、間違いが起きやすいものです。筆者も「httpd」と打っているつもりが「hpptd」と入力していたこともあります。そのくらい、タイプミスは起こるものなのです。慎重にコマンドをチェックしてみてください。

- スペルが間違っていないか
- 余計なスペースや改行が含まれていないか
- 「-」やスペースが足りなくないか
- 大文字小文字が間違っていないか
- 全角半角が間違っていないか
- 「-（ハイフン）」と「_（アンダーバー）」を間違えていないか

COLUMN : Level ★★★ コンテナIDの省略形を使う

stopやrmなど、既にあるコンテナ名を指定するコマンドは、コンテナIDやコンテナIDの省略形でも実行できます。例えば、コンテナIDが「2b3b4aFb4022」なら、以下の書き方でも停止できます。

```
docker stop 2b
```

コンテナと通信

SECTION 04

Chapter 4-03では、作成したコンテナをすぐに捨ててしまいましたが、今度はコンテナにアクセスしてみましょう。Apacheのコンテナを作成して、Webページを確認してみましょう。

Apacheとは

Apacheとは、Webサーバ機能を提供するソフトウェアです。

つまり、Apacheが動いているサーバにファイル※11を置けば、Webサイトとして見られるということです。Chapter 4-03では、コンテナを作ってすぐに捨ててしまいましたが、今回は、ブラウザでアクセスして、Webサイトとして使えることを確認しましょう。

ただ、前回のコマンドそのままでは、Webサイトとして使うことはできません。なぜなら、コンテナ外からアクセスできない状態になっているからです。

ブラウザでアクセスできるように設定するには、コンテナ作成時に設定する必要があります。基本的に、作成後には変更できません。ですから、「docker run」コマンドのオプションとして設定します。

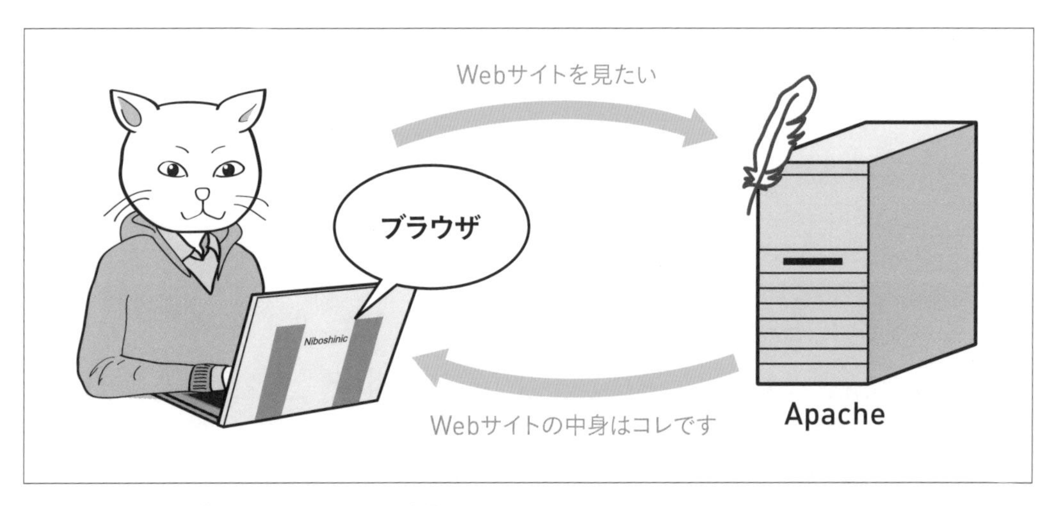

図4-4-1 コンテナで動くApacheのWebサイトを見る

※11 多くのWebサイトはHTMLファイルと画像ファイルやプログラムファイルで構成されている

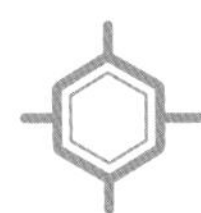

コンテナと通信するには

コンテナに対し、ブラウザでアクセスするためには、外界と接続する設定が必要です。そのためには「**ポート(port)**」を設定します。

「ポート」とは、通信の出入り口のことで、「Webはポート80」、「メールは25」などの言葉を聞いたことがあるのではないでしょうか。

Apacheは、サーバの決められたポート（ポート80）※12で、サイトの閲覧者がアクセスしてくるのを待ち構えています。閲覧者がアクセスしてきたら、要求に従ってWebサイトのページを渡すのですが、コンテナの中のApacheは、いくら待機していたところで、直接外とつながっていません。閲覧者がたどり着くことはできないのです。

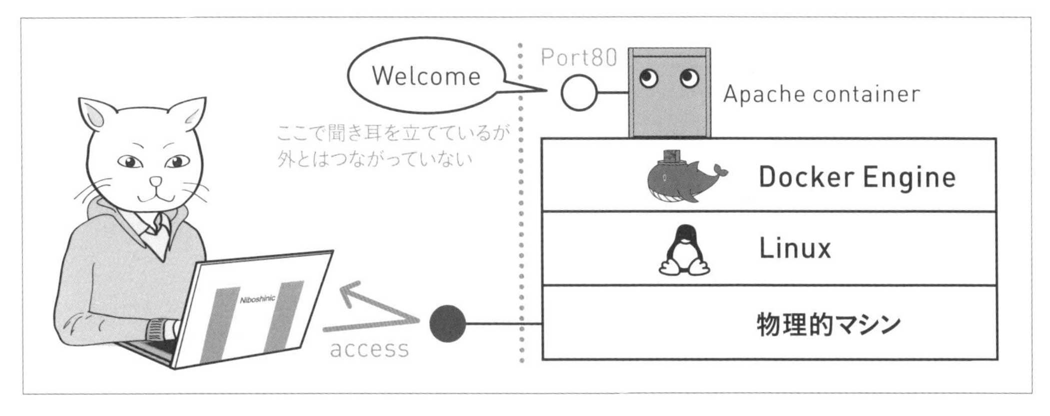

図4-4-2　コンテナと通信する仕組み

そこで、代わりに母体となる物理的なマシンに、閲覧者からの要求を受けてもらって、それを伝えてもらうことにします。

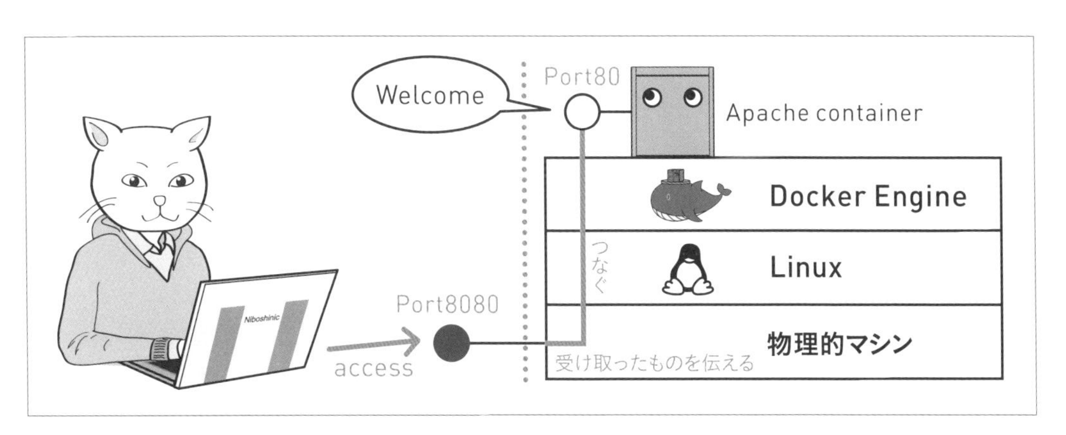

図4-4-3　母体の物理的なマシンのPortを使ってコンテナと通信する

※12　ポート80で待ち受けているのは、そのようにコンテナが作られているから。コンテナのドキュメントで確認できる
https://hub.docker.com/_/httpd

具体的には、母体（ホスト）のポート8080（このポート番号は、他のソフトが使用しているポート番号とかぶらなければ[※13]、任意の数字で良い）と、コンテナのポート80をつなぎます。この設定が、「-p」オプションであり、オプションに続いて「ホストのポート番号」と、「コンテナのポート番号」をコロンでつないで結びつけるのです。

ポートの記述例

```
-p ホストのポート番号：コンテナのポート番号
└┬┘
ポートを指定するオプション
```

ポートの設定例

```
-p 8080:80
```

なお、コンテナの場合、複数のWebサーバを並列させることもあります。その場合に、母体の側のポート番号を同じにしてしまっては、どのコンテナ宛ての通信かわからなくなってしまうので、コンテナAと母体のポート8080、コンテナBと母体のポート8081……のように母体側のポート番号をズラして設定します。もし、どうしても両方を80番でつなぎたいときは、リバースプロキシというもので、サーバ名を見て振り分けるように構成します。

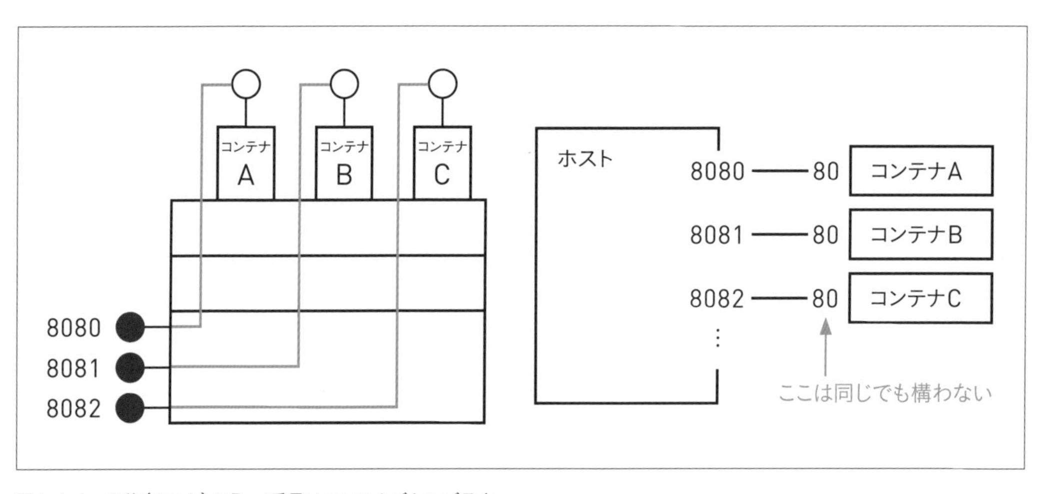

図4-4-4　母体（ホスト）のPort番号はコンテナごとにズラす

Webサイトへのアクセス

インターネット上のWebサイトの場合、「http:// pub.mynavi.jp」のようなURLでアクセスします。

今回は、インターネットにアクセスしなくても、同じパソコン内なので、「同じパソコンのこのポートにアクセスする」という書き方でアクセスします。

※13　Error response from daemon: driver failed programming external connectivity on endpoint（中略）: Bind for 0.0.0.0:8080 failed: port is already allocated. というエラーが出たら、ポート番号が重複しているので8081などにズラす

「localhost」(同じパソコンの中という意味) の後にコロンとポート番号を記述すると、アクセスできます。

8080番ポートにアクセスする例

```
http://localhost:8080/
```

また、Webサイトのファイルを作るのは、今回の学習の主旨から外れるので、Apacheが用意している初期画面にアクセスして確認します。初期画面には、以下のような文言が表示されます。

図4-4-5　表示されるApacheの初期画面

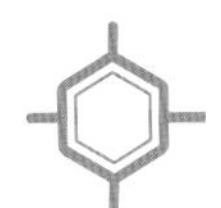

[手順] 通信できるコンテナを作成してみよう

前回のコマンドにポート番号の設定を増やして、アクセスできるApacheコンテナを作成しましょう。

コンテナを作成・起動したら、ブラウザで「http://localhost:8080/」にアクセスし、Apacheの初期画面が表示されることを確認します。その後は、停止して、削除しましょう。

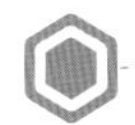

今回行うこと

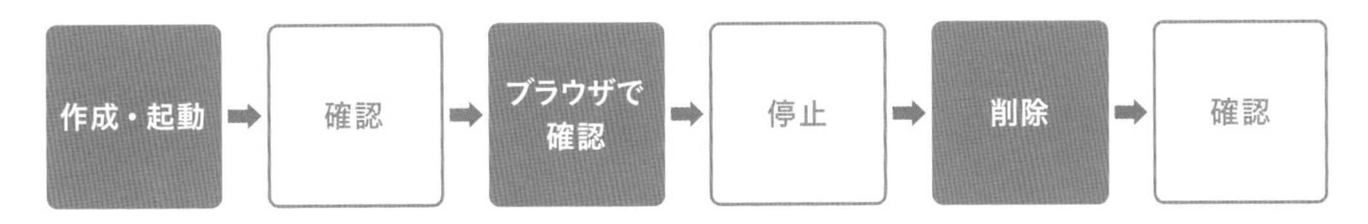

作成するコンテナの情報

項目	値
コンテナ名	apa000ex2
イメージ名	httpd
ポートの設定	8080:80

使用するコマンドのオプションと対象、引数

使用コマンド：作成・起動

```
docker run --name apa000ex2 -d -p 8080:80 httpd
```

オプション項目

項目	内容
--name apa000ex2	「apa000ex2」という名前のコンテナを作成する
-d	バックグラウンドで実行する
-p 8080:80	ポートを8080:80で設定する
httpd	Apacheのイメージ名。バージョン番号を指定しないので、最新版（latest）が使用される

STEP 1 「run」コマンドを実行する

Apacheのイメージ（httpd）から「apa000ex2」という名前のコンテナを作成・起動するコマンド文を入力します。既に一度「httpd」イメージをダウンロードしているので、Chapter 4-03のときと違って、pullに関する情報は表示されません。なお、表示される数字列は、コンテナIDなので、毎回異なります。

ターミナルソフトに入力するコマンド

```
docker run --name apa000ex2 -d -p 8080:80 httpd
```

コマンドを実行した結果

```
8306f01ed6adf7daa82c38228ff9e513c5c4ad9f96f354349866f93c3ebd9689
```

STEP 2 「ps」コマンドでコンテナの稼働を確認する

「ps」コマンドを実行し、「apa000ex2」という名前のコンテナが稼働していることを確認します。「STATUS」が「Up」となっていたら、稼働しています。

ターミナルソフトに入力するコマンド

```
docker ps
```

コマンドを実行した結果

CONTAINER ID	IMAGE	COMMAND	CREATED	STATUS	PORTS	NAMES
8306f01ed6ad	httpd	"httpd-foreground"	42 seconds ago	Up 39 econds	0.0.0.0:8080->80/tcp	apa000ex2

STEP 3 ブラウザでApacheにアクセスできることを確認する

ブラウザで「http://localhost:8080/」にアクセスし、Apacheの初期画面を表示させます。

It works!

図4-4-6 表示されるApacheの初期画面

STEP 4 「stop」コマンドでコンテナを停止する

「stop」コマンドで、「apa000ex2」コンテナを停止します。

ターミナルソフトに入力するコマンド

```
docker stop apa000ex2
```

Chapter 1
Chapter 2
Chapter 3
Chapter 4
Chapter 5
Chapter 6
Chapter 7
Chapter 8
Appendix

コマンドを実行した結果

```
apa000ex2
```

STEP 5 「rm」コマンドで、「apa000ex2」コンテナを削除する

「rm」コマンドを実行し、「apa000ex2」という名前のコンテナを削除します。

ターミナルソフトに入力するコマンド

```
docker rm apa000ex2
```

コマンドを実行した結果

```
apa000ex2
```

STEP 6 コマンドに引数を付けて、コンテナの消去を確認する

「ps」コマンドに「-a」の引数を付けて実行し、「apa000ex2」という名前のコンテナが消去されたことを確認します。「apa000ex2」が一覧になかったら消去されています。

ターミナルソフトに入力するコマンド

```
docker ps -a
```

コマンドを実行した結果

```
CONTAINER ID   IMAGE   COMMAND   CREATED   STATUS   PORTS   NAMES
```

この節のハンズオンはここで終了です。STEP3で、うまくブラウザでアクセスできたでしょうか。

もし、Webサイトの作成経験があるのなら、簡単なHTMLファイルを置くと良いのですが、その方法はChapter 6で説明します。

また、コンテナやイメージの状態は、デスクトップ版の画面でも確認できます。Appendixを参照してください。

SECTION 05

コンテナ作成に慣れよう

Chapter 4-03と4-04で、コンテナの作成の流れがなんとなく分かったでしょうか。コンテナの作成にもっと慣れておくために、この節ではいろいろなタイプのコンテナを起動する練習をしてみましょう。

いろいろなコンテナ

コンテナには、色々な種類があります。というよりも、ソフトウェアの数だけコンテナが存在してもおかしくありません。この節では、複数のコンテナを作成したり、Apache以外のコンテナを作成したりして、コンテナの作成の練習をします。

とは言っても、そんなに難しいことはやりません。とにかく、作っては捨てるを繰り返すだけです。練習しなくても大丈夫だよという方は、スキップしてChapter 4-06に進んで構いません。

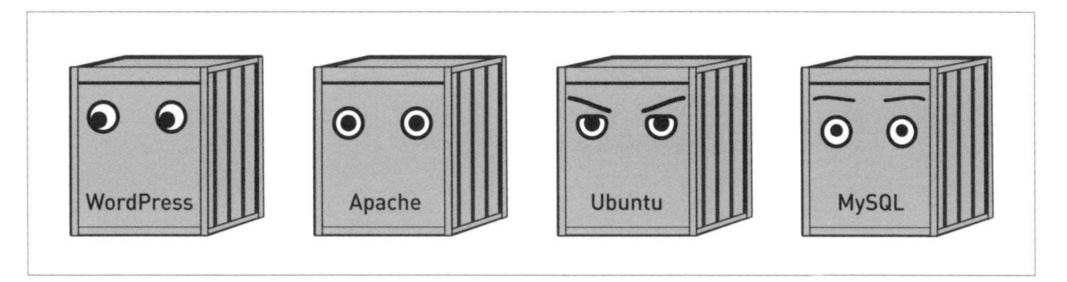

図4-5-1　コンテナには色々な種類がある

Apacheの他に、よく使われる代表的なコンテナを挙げておきます。ここで紹介しているイメージは、すべて公式から提供されているものです。

練習のための例としては、nginxとMySQLを取り扱いますが、本書読了後に、もし、余力があるようなら、その他のコンテナにも挑戦してみると良いでしょう。

Linux OSの入ったコンテナ

Linux OSのみ入ったコンテナも色々提供されています。Linux OSのコンテナは、中に入って操作することが前提なので、引数にて「シェルコマンド」と呼ばれる操作のための指定をします。

Linux OSのみ入ったコンテナ

イメージ名	コンテナの内容	実行によく使われるオプションと引数
ubuntu	Ubuntu	-dを指定せず-itのみを指定、引数に/bin/bashなどのシェルコマンドを指定する
centos	CentOS	-dを指定せず-itのみを指定、引数に/bin/bashなどのシェルコマンドを指定する
debian	DebianOS	-dを指定せず-itのみを指定、引数に/bin/bashなどのシェルコマンドを指定する
fedora	Fedora	-dを指定せず-itのみを指定、引数に/bin/bashなどのシェルコマンドを指定する
busybox	BizyBox	-dを指定せず-itのみを指定、引数に/bin/bashなどのシェルコマンドを指定する
alpine	Alpine linux	-dを指定せず-itのみを指定、引数に/bin/bashなどのシェルコマンドを指定する

Webサーバやデータベースサーバ用のコンテナ

Webサーバ用ソフトウェアとしてApacheの他に、nginxも有名です。この章の練習でも取り扱います。Webサーバは、通信することが前提なので、オプションでポート番号を指定します。

また、データベース管理ソフトウェアも、MySQL以外に、PostgreSQLや、MariaDBも有名です。データベース管理ソフトの場合は、基本的にルートパスワードの指定が必要です。オプションで指定します。

Webサーバ、データベースサーバ用コンテナ

イメージ名	コンテナの内容	実行によく使われるオプションと引数
httpd	Apache	-dを指定してバックグラウンドで実行。-pでポートを指定
nginx	Nginx	-dを指定してバックグラウンドで実行。-pでポートを指定
mysql	MySQL	-dを指定。起動時に-e MYSQL_ROOT_PASSWORDでrootのパスワードを指定
postgres	PostgreSQL	-dを指定。起動時に-e POSTGRES_PASSWORDでrootのパスワードを指定
mariadb	MariaDB	-dを指定。起動時に-e MYSQL_ROOT_PASSWORDでrootのパスワードを指定

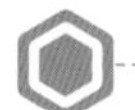

プログラムの実行環境やその他のソフトウェア

プログラムを実行するには、その言語の「実行環境」が必要です。実行環境もコンテナとして提供されています。

プログラミング言語の実行環境

イメージ名	コンテナの内容	実行によく使われるオプションと引数
openjdk	Javaの実行環境	-dを指定せず、引数にjavaコマンドなどを指定してツールを実行する
python	Pythonの実行環境	-dを指定せず、引数にpythonコマンドなどを指定してツールを実行する
php	PHPの実行環境	Webサーバ入りのものとコマンドのみのものなど、タグで分類分けされて提供されている
ruby	Rubyの実行環境	Webサーバ入りのものとコマンドのみのものなど、タグで分類分けされて提供されている
perl	Perlの実行環境	-dを指定せずに、引数にperlコマンドなどを指定してツールを実行する
gcc	C/C++コンパイラ	-dを指定せずに、引数にgccコマンドなどを指定してツールを実行する
node	Node.js	-dを指定せずに、引数にappコマンドなどを指定してツールを実行する
registry	Dockerレジストリ	-dを指定してバックグラウンドで実行。-pでポートを指定
wordpress	WordPress	-dを指定してバックグラウンドで実行。-pでポートを指定。MySQLまたはMariaDBが必要。接続のパスワードなどは-eオプションで指定する
nextcloud	NextCloud	-dを指定してバックグラウンドで実行。-pでポートを指定
redmine	Redmine	-dを指定してバックグラウンドで実行。-pでポートを指定。PostgreSQLまたはMySQLが必要

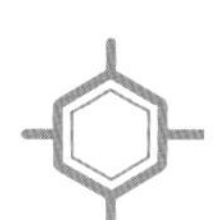

[手順] Apacheのコンテナを複数作ってみよう

練習の手始めとして、Apacheのコンテナを複数作ります。

複数作る場合、母体（ホスト）のポート番号が重複してはいけないので、1つずつズラします。コンテナ側のポート番号は、重複しても良いのですべて80で設定します（この番号はイメージの制作者が決めるので変更できません)。ブラウザでの確認も、それに伴い、アクセスするポートが変わります。

コマンド入力自体は慣れてきたと思いますが、ポート番号やコンテナ名でミスをしやすいので注意してくださいね。

今回行うこと

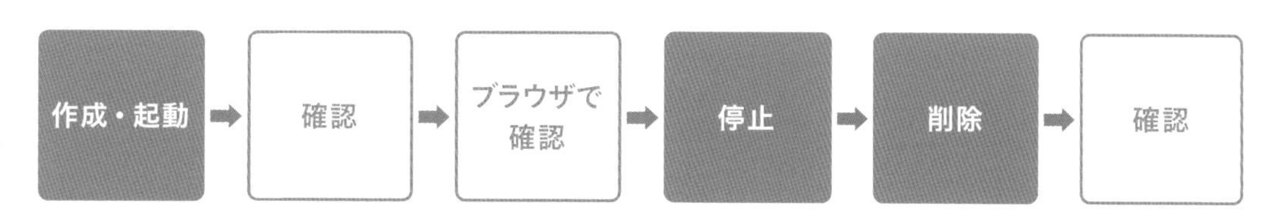

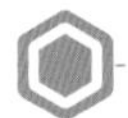

作成するコンテナの情報

項目	値	値	値
コンテナ名	apa000ex3	apa000ex4	apa000ex5
イメージ名	httpd	httpd	httpd
ポートの設定	8081:80	8082:80	8083:80

STEP 1 「run」コマンドを実行する

Apacheのイメージ（httpd）から「apa000ex3」「apa000ex4」「apa000ex5」という名前のコンテナを作成・起動するコマンド文を入力します。コマンド文は一行ずつ入力して［Enter］キーを押して実行し、数字列が表示されるまで待ちます。

なお、表示される数字はコンテナIDですので、毎回異ります。ポート番号を、それぞれ「8081」「8082」「8083」とします。

毎回入力するのは大変なので、カーソルキーの［↑］を押して履歴を出し、名前とポート番号のところだけを書き換えると良いでしょう。

入力するコマンド

```
docker run --name apa000ex3 -d -p 8081:80 httpd
docker run --name apa000ex4 -d -p 8082:80 httpd
docker run --name apa000ex5 -d -p 8083:80 httpd
```

コマンドを実行した結果

```
dcb8c99c4f53d5d6412633addc051c3465…（略）
7783329d74c66cdf8a7af09604f59e361f…（略）
3deb4fb0afda92231d0338d996b21c0457…（略）
```

STEP 2 「ps」コマンドでコンテナの稼働を確認する

「ps」コマンドを実行し、「apa000ex3」「apa000ex4」「apa000ex5」という名前のコンテナが並んでおり、稼働していることを確認しましょう。「STATUS」が「Up」となっていたら、稼働しています。また、ポート番号（PORTS）がそれぞれ「8081」「8082」「8083」になっていることを確認しましょう。

入力するコマンド

```
docker ps
```

コマンドを実行した結果

```
CONTAINER ID  IMAGE  COMMAND              CREATED        STATUS        PORTS                  NAMES
3deb4fb0afda  httpd  "httpd-foreground"   4 minutes ago  Up 4 minutes  0.0.0.0:8083->80/tcp   apa000ex5
7783329d74c6  httpd  "httpd-foreground"   4 minutes ago  Up 4 minutes  0.0.0.0:8082->80/tcp   apa000ex4
dcb8c99c4f53  httpd  "httpd-foreground"   7 minutes ago  Up 6 minutes  0.0.0.0:8081->80/tcp   apa000ex3
```

STEP 3 ブラウザでApacheにアクセスできることを確認する

ブラウザで「http://localhost:8081/」「http://localhost:8082/」「http://localhost:8083/」にアクセスし、Apacheの初期画面を表示させましょう。

It works!

図4-5-2 表示されるApacheの初期画面

STEP 4 「stop」コマンドでコンテナを停止する

「stop」コマンドで、「apa000ex3」「apa000ex4」「apa000ex5」コンテナを停止しましょう。

コマンド文は一行ずつ入力して［Enter］キーを押して実行し、結果が表示されるまで待ちます。ここでも、カーソルキーの［↑］で履歴を出し、書き換えて入力すると良いでしょう。

入力するコマンド

```
docker stop apa000ex3
docker stop apa000ex4
docker stop apa000ex5
```

コマンドを実行した結果

```
apa000ex3
apa000ex4
apa000ex5
```

STEP 5 「rm」コマンドで、コンテナを削除する

「rm」コマンドを実行し、「apa000ex3」「apa000ex4」「apa000ex5」のコンテナを削除しましょう。コマンド文は一行ずつ入力して [Enter] キーを押して実行し、結果が表示されるまで待ちます。ここでも、カーソルキーの履歴を上手く利用しましょう。

入力するコマンド

```
docker rm apa000ex3
docker rm apa000ex4
docker rm apa000ex5
```

コマンドを実行した結果

```
apa000ex3
apa000ex4
apa000ex5
```

STEP 6 「ps」コマンドに引数を付けて、コンテナの消去を確認する

「ps」コマンドに「-a」引数を付けて実行し、「apa000ex3」「apa000ex4」「apa000ex5」のコンテナが消去されたことを確認しましょう。一覧に無かったら消去されています。

入力するコマンド

```
docker ps -a
```

コマンドを実行した結果

```
CONTAINER ID    IMAGE   COMMAND    CREATED    STATUS  PORTS    NAMES
```

COLUMN : Level ★★★ コンテナID

わかりやすいように、コンテナに名前を付けていますが、実は、既にコンテナごとに「コンテナID」が振られているため、名前の代わりにIDで指定することもできます。「docker run」したときに表示される数字列がそれです。

「docker run」コマンドを実行した結果

```
dcb8c99c4f53d5d6412633addc051c3465afbd36d2cab20af49131bc965d1c64
```

随分長いですね！ これは後半を省略することができるため、実際には、「docker ps」コマンドで「CONTAINER ID」の列に出てくるものを使います。

「docker ps」コマンドを実行した結果

```
CONTAINER ID  IMAGE  COMMAND               CREATED         STATUS        PORTS
NAMES
3deb4fb0afda  httpd  "httpd-foreground"  4 minutes ago  Up 4 minutes  0.0.0.0:8083->80/tcp
apa000ex5
```

ただ、やはり、ランダムな文字列では視認性が悪いので、名前を付けることをお勧めします。
また、コンテナIDは、同じソフトウェアであっても、コンテナごとに全く違う文字列が割り当てられるので、見比べてみると良いでしょう。

[手順] nginxのコンテナを作ってみよう

次は、Apacheではなく、別のソフトウェアのコンテナを作ってみましょう。

題材となるのは、nginx（エンジンエックス）です。これは、Apacheと同じくWebサーバ機能を提供するソフトウェアで、最近大きくシェアを伸ばしています。使い勝手などの特徴は違うのですが、Webサーバ機能を提供するソフトウェアであることは同じなので、Apacheとほぼ同じ設定でコンテナを作成できます。

nginxのイメージ名は、ソフトウェアと同名の「nginx」です。やはり同じようにWebブラウザからポート番号の指定で初期画面が確認できます。

Welcome to nginx!

If you see this page, the nginx web server is successfully installed and working. Further configuration is required.

For online documentation and support please refer to nginx.org.
Commercial support is available at nginx.com.

Thank you for using nginx.

図4-5-3 表示されるnginxの初期画面

今回行うこと

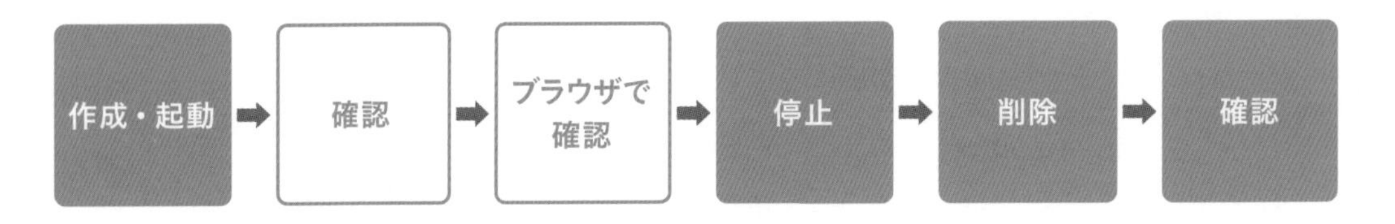

作成するコンテナの情報

項目	値
コンテナ名	nginx000ex6
イメージ名	nginx
ポートの設定	8084:80

STEP 1 「run」コマンドを実行する

nginxのイメージ（nginx）から「nginx000ex6」という名前のコンテナを作成・起動するコマンド文を入力します。ポート番号を、「8084」とします。このときも、カーソルキーの［↑］を何度か押して履歴を出し、名前とポート番号、イメージ名のところだけを書き換えると良いでしょう。

nginxのイメージは今回初めてダウンロードするものなので、やや時間がかかります。初回でない場合は、Apacheの二回目以降と同じく、数字列が表示されます。

入力するコマンド

```
docker run --name nginx000ex6 -d -p 8084:80 nginx
```

コマンドを実行した結果

```
bf5952930446:    Already exists
cb9a6de05e5a:    Pull complete
9513ea0afb93:    Pull complete
…（以下略）
```

STEP 2 「ps」コマンドでコンテナの稼働を確認する

「ps」コマンドを実行し、「nginx000ex6」という名前のコンテナが、稼働していることを確認しましょう。「STATUS」が「Up」となっていたら、稼働しています。また、ポート番号（PORTS）が「8084」になっていることを確認しましょう。

✎入力するコマンド

```
docker ps
```

コマンドを実行した結果

```
CONTAINER ID  IMAGE  COMMAND                   CREATED         STATUS        PORTS                 NAMES
486dfd56913f  nginx  "/docker-entrypoint.…"   4 minutes ago   Up 4 minutes  0.0.0.0:8084->80/tcp  nginx000ex6
```

STEP 3 ブラウザでnginxにアクセスできることを確認する

ブラウザで「http://localhost:8084/」にアクセスし、nginxの初期画面を表示させましょう。

Welcome to nginx!

If you see this page, the nginx web server is successfully installed and working. Further configuration is required.

For online documentation and support please refer to nginx.org.
Commercial support is available at nginx.com.

Thank you for using nginx.

図4-5-4　表示されるnginxの初期画面

STEP 4 「stop」コマンドでコンテナを停止する

「stop」コマンドで、「nginx000ex6」コンテナを停止しましょう。

✎入力するコマンド

```
docker stop nginx000ex6
```

コマンドを実行した結果

```
nginx000ex6
```

STEP 5 「rm」コマンドで、コンテナを削除する

「rm」コマンドを実行し、「nginx000ex6」のコンテナを削除しましょう。

✎入力するコマンド

```
docker rm nginx000ex6
```

コマンドを実行した結果

```
nginx000ex6
```

STEP 6 「ps」コマンドに引数を付けて、コンテナの消去を確認する

「ps」コマンドに「-a」引数を付けて実行し、「nginx000ex6」のコンテナが消去されたことを確認しましょう。一覧に無かったら消去されています。

✎入力するコマンド

```
docker ps -a
```

コマンドを実行した結果

```
CONTAINER ID   IMAGE   COMMAND   CREATED   STATUS   PORTS   NAMES
```

nginxは、Apacheと同じ種類のソフトウェアなので、簡単だったのではないでしょうか。次は少し難しいMySQLです。

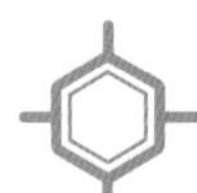

［手順］MySQLのコンテナを作ってみよう

MySQLは、データベース機能を提供するソフトウェアです。RDBMSとも言います。同じようなRDBMSにPostgreSQLや、MariaDBがあり、どれもよく使われています。MySQLは、特にWordPressなどで使われているので有名です。

MySQLのコンテナを作成するのは、Apacheやnginxと比べてやや難しいです。ちゃんと動かすには、引数の指定が必要だからです。ですから、今回は、練習用に簡略化したコマンドを扱います。どうしても必要な「ルートパスワード」のみをオプションで設定するコマンドです。そのため、ちゃんと動いているかどうかの確認はせず、「docker ps」コマンドでの確認のみを行います。

実際に使えるMySQL構築は、Chapter 5で扱うので、安心してください。また、キーボードから操作できるようにする「-i」と「-t」も付けてみましょう。「-d」「-i」「-t」オプションをまとめて「-dit」と記述できます。まとめ書きでもちゃんと設定されることが実感できると思います。

今回行うこと

作成するコンテナの情報

項目	値
コンテナ名	mysql000ex7
イメージ名	mysql
MySQLのルートパスワード	myrootpass

使用するコマンドのオプションと対象、引数

作成・起動するコマンド

```
docker run --name mysql000ex7 -dit -e MYSQL_ROOT_PASSWORD=myrootpass mysql
```

項目	内容
--name mysql000ex7	「mysql000ex7」という名前のコンテナを作成する
-dit	バックグラウンドで実行する／キーボードで操作する
-e MYSQL_ROOT_PASSWORD=	MySQLのルートパスワードを設定する
mysql	MySQLのイメージ名。バージョン番号を指定しないので、最新版（latest）が使用される

STEP 1 「run」コマンドを実行する

MySQLのイメージ（mysql）から「mysql000ex7」という名前のコンテナを作成・起動するコマンド文を入力しましょう。「-dit」「-e」のオプションを付けます。

mysqlのイメージをダウンロードするため、やや時間がかかります。初回でない場合は、Apacheの二回目以降と同じく、数字列が表示されます。

入力するコマンド

```
docker run --name mysql000ex7 -dit -e MYSQL_ROOT_PASSWORD=myrootpass mysql
```

コマンドを実行した結果

```
Unable to find image 'mysql:latest' locally
latest: Pulling from library/mysql
bf5952930446: Already exists
8254623a9871: Pull complete
938e3e06dac4: Pull complete
ea28ebf28884: Pull complete
…（以下略）
```

STEP 2 「ps」コマンドでコンテナの稼働を確認する

「ps」コマンドを実行し、「mysql000ex7」という名前のコンテナが、稼働していることを確認します。「STATUS」が「Up」となっていたら、稼働しています。

入力するコマンド

```
docker ps
```

コマンドを実行した結果

```
CONTAINER ID IMAGE COMMAND                  CREATED        STATUS        PORTS               NAMES
c5abd7c53328 mysql "docker-entrypoint.s…"  21 minutes ago Up 21 minutes 3306/tcp, 33060/tcp mysql000ex7
```

STEP 3 「stop」コマンドでコンテナを停止する

「stop」コマンドで、「mysql000ex7」コンテナを停止します。

入力するコマンド

```
docker stop mysql000ex7
```

コマンドを実行した結果

```
mysql000ex7
```

STEP 4 「rm」コマンドで、コンテナを削除する

「rm」コマンドを実行し、「mysql000ex7」のコンテナを削除します。

入力するコマンド

```
docker rm mysql000ex7
```

コマンドを実行した結果

```
mysql000ex7
```

STEP 5 「ps」コマンドに引数を付けて、コンテナの消去を確認する

「ps」コマンドに「-a」引数を付けて実行し、「mysql000ex7」のコンテナが消去されたことを確認します。一覧に無かったら消去されています。

入力するコマンド

```
docker ps -a
```

コマンドを実行した結果

```
CONTAINER ID   IMAGE   COMMAND   CREATED   STATUS   PORTS   NAMES
```

Chapter 5で詳しくやりますが、MySQLは、ルートパスワードの他に、文字コードや照合順序の設定も必要です。データベースのソフトウェア全般がこのような調子かというと、そういうわけでもないので、イメージの制作者によってこのあたりの取り扱いが異なる点も、面白いところです。

イメージの削除

SECTION 06

コンテナ操作の流れの一環として、イメージを削除する方法も身に付けておきましょう。コンテナを削除しても、イメージは残っていますので、削除するには明示的に指定をする必要があります。

イメージを削除しよう

これまでいくつかコンテナを作ってきましたが、慣れてきたでしょうか。

このようにコンテナを多く作ると問題が1つあります。それは、コンテナは削除していも、イメージはたまり続けているということです。

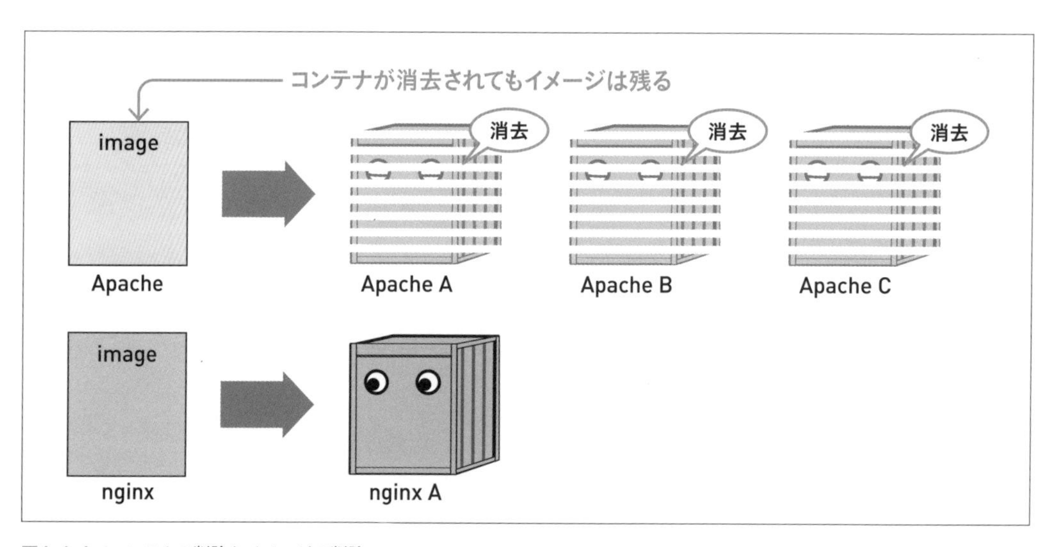

図4-6-1　コンテナの削除とイメージの削除

イメージは、増えてくるとストレージを圧迫してしまうので、不要になったものはどんどん削除しましょう、削除は、イメージ名もしくは、イメージIDで行います。コンテナとほぼ同じです。

なお、イメージはコンテナが存在していると、消せないので、「docker ps -a」などで、コンテナ一覧を表示させ、コンテナを停止・消去してから、イメージ自体の消去を行います。

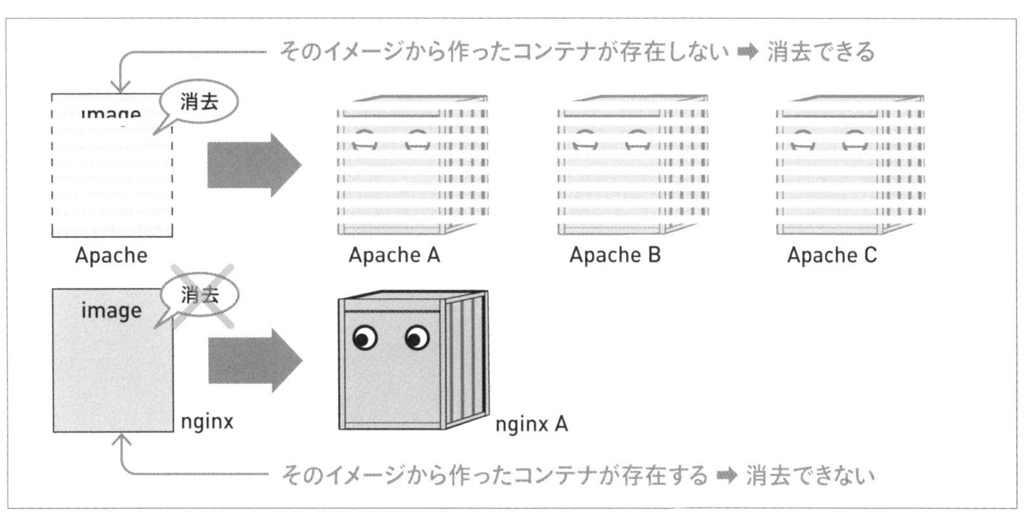

図4-6-2　イメージから作ったコンテナがあると削除ができない

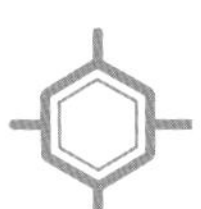

「docker image rm」コマンド

イメージを削除するには、「docker image rm」コマンドを使います。これまで、コンテナを操作していたので、「docker container ～」系のコマンドでしたが、イメージを対象とするので、「docker image ～」なのです。

このコマンドは「docker rm」のように省略できません。「docker rm」は既に説明したとおり、「docker container rm」の省略形なので、コンテナが削除されてしまいます。このコマンドも、オプションや引数を指定しないことの多いコマンドです。

イメージを削除するコマンドdocker image rm

イメージを削除するコマンド。イメージを削除するには必ずそのイメージか作成したコンテナが消去されている必要があります。なお、イメージ名は、スペース区切りで複数指定することもできます。

よく使う記述例

```
       コマンド    対象
docker image rm イメージ名
```

複数のイメージ名を指定する場合

```
       コマンド    対象      対象      対象
docker image rm イメージ名 イメージ名 イメージ名 …
```

「docker image ls」コマンド

イメージを削除するには、イメージ名か、イメージIDがわかってなければなりません。

コンテナ一覧を表示する「docker ps」コマンドと同じように、イメージ一覧を表示するコマンドがあります。それが「docker image ls」です。

「docker ps」の正式な表記は「docker container ls」だったように、イメージの場合も「ls」です。ただし、psコマンドのときのような「-a」指定はしません。コンテナと違って、イメージには、「動いている・止まっている」という状態がないからです。

実行結果の読み方

「docker image ls」コマンドを実行すると、以下のような結果が表示されます。

psコマンドの結果と同じように、一行目が見出し、二行目以降は、それに対応する値です。該当するイメージが存在しない場合は、二行目以降は表示されません。

確認できる項目は、イメージ名の他、「TAG（バージョン情報）」や、イメージIDなどです。

コマンドを実行した結果の例（コンテナが存在している場合）

```
REPOSITORY  TAG     IMAGE ID      CREATED      SIZE
nginx       latest  4bb46517cac3  8 days ago   133MB
httpd       latest  a6ea92c35c43  2 weeks ago  166MB
mysql       latest  0d64f46acfd1  2 weeks ago  544MB
```

コマンド実行結果の意味

項目	内容
REPOSITORY	イメージ名
TAG	バージョン情報。イメージをダウンロードするときに指定していないと「latest(最新版)」をダウンロードしたことになる
IMAGE ID	イメージID。本来のIDは64文字だが、先頭12文字のみの表記。12文字のみでも（もしくは他と重複しなければそれ以下でも）、IDとして使用できる
CREATED	作られてから経過した時間
SIZE	イメージのファイルサイズ

COLUMN：Level ★★★　イメージのバージョンとイメージ名

Chapter 4では、練習しやすいように、イメージのバージョンは指定していません。その場合は、イメージで「latest（最新版）」がダウンロードされます。ただ、システムの構成によっては、固定のバージョンを使用したいこともあるでしょう。そうしたときには、「docker run」コマンドで、イメージ名を指定するときにバージョン番号も併せて指定します。

バージョン番号の指定書式

```
イメージ名：バージョン番号
```

例えば、Apacheのコンテナ作成時に、バージョン指定するには、以下のように記述します。

Apacheのバージョン「2.2」を指定してdocker runする記述例

```
docker run --name apa000ex2 -d -p 8080:80 httpd:2.2
```

イメージのバージョン指定は、docker run以外でも、イメージ名を指定する場合に使用します。

Apache2.2のコンテナを削除したい場合

```
docker image rm httpd:2.2
```

［手順］イメージの削除

イメージを削除するには、まず、「docker ps」で、存在するコンテナがあるかどうか確認しましょう。もしあれば、「docker rm」で消去してください。その後、「docker image ls」でイメージ一覧を表示させ、イメージ名もしくは、コンテナIDで指定して、削除します。

イメージを削除するコマンドは、「docker image rm」です。

今回行うこと

使用するコマンドのオプションと対象、引数

イメージの削除

```
docker image rm httpd
```

STEP 1 「ps」コマンドに引数を付けて、コンテナの稼働や存在を確認する

「ps」コマンドを実行し、消したいイメージのコンテナが存在していないことを確認します。もし、存在している場合は、「rm」コマンド（P.113）で消去します。また、ステータス（STATUS）が「Up」となっている場合は、稼働しているので、「stop」コマンド（P.113）で止めてから消去します。

入力するコマンド

```
docker ps -a
```

コマンドを実行した結果

```
CONTAINER ID   IMAGE   COMMAND   CREATED   STATUS   PORTS   NAMES
```

STEP 2 「image ls」コマンドで、イメージの存在を確認する

「image ls」コマンドを実行し、存在するイメージ一覧を確認します。

入力するコマンド

```
docker image ls
```

コマンドを実行した結果

```
REPOSITORY  TAG     IMAGE ID      CREATED      SIZE
nginx       latest  4bb46517cac3  8 days ago   133MB
httpd       latest  a6ea92c35c43  2 weeks ago  166MB
mysql       latest  0d64f46acfd1  2 weeks ago  544MB
```

※Chapter 4-04後半にあるnginxやMySQLコンテナの作成をスキップしている場合は、nginxやmysqlは表示されない。

STEP 3 「image rm」コマンドで、イメージを削除する

「image rm」コマンドを実行し、Apache（httpd）のイメージを削除します。

入力するコマンド

```
docker image rm httpd
```

コマンドを実行した結果

```
8306f01ed6adf7daa82c3822Untagged: httpd:latest
Untagged: httpd@sha256:3cbdff4bc16681541885ccf152…（略）
Deleted:
…（以下略）8ff9e513c5c4ad9f96f354349866f93c3ebd9689
```

STEP 4 「image ls」コマンドで、イメージの消去を確認する

「image ls」コマンドを実行し、Apache（httpd）のイメージが消去されたことを確認します。一覧に無かったら消去されています。

入力するコマンド

```
docker image ls
```

コマンドを実行した結果

```
REPOSITORY  TAG     IMAGE ID      CREATED       SIZE
nginx       latest  4bb46517cac3  8 days ago    133MB
mysql       latest  0d64f46acfd1  2 weeks ago   544MB
```

STEP 5 「image rm」コマンドで、イメージを削除する

同じように「image rm」コマンドを実行し、nginx（nginx）とMySQL（mysql）のイメージを削除します。対象を2つ記述します。もし、挑戦したい場合は、イメージ名ではなく、イメージIDで指定しても良いでしょう。

入力するコマンド

```
docker image rm nginx mysql
```

STEP 6 「image ls」コマンドで、イメージの消去を確認する

「image ls」コマンドを実行し、すべてのイメージが消去されたことを確認しましょう。

入力するコマンド

```
docker image ls
```

コマンドを実行した結果

```
REPOSITORY   TAG   IMAGE ID   CREATED   SIZE
```

コンテナやイメージが消去されたかどうかは、デスクトップ版の画面でも確認できます。確認方法についてはAppendixを参照してください。

COLUMN : Level ★★★ 複数のバージョンのイメージを消去するとき

今回は、すべてのソフトウェアをバージョンの指定なし（最新版＝latest）で進めましたが、状況によっては、バージョンを指定し、複数のバージョンを扱うこともあるでしょう。
その場合、「TAG」の項目でバージョンが表示されます。

MySQL5.7と8.0の両方が存在するときの表示

```
REPOSITORY  TAG  IMAGE ID      CREATED       SIZE
mysql       5.7  718a6da099d8  2 weeks ago   448MB
mysql       8    0d64f46acfd1  2 weeks ago   544MB
```

イメージの削除に、イメージIDを使っても良いですが、「mysql:5.7」「mysql:8」のようにイメージ名にバージョンを付け加えることでも、削除できます。このとき、「mysql」だけでは、どちらか区別がつかないので、削除されません。

CHAPTER 5

Dockerに複数のコンテナを入れて動かしてみよう

Chapter 4で、コンテナの作成や削除のコツをつかめたでしょうか。Chapter 5では、複数のコンテナを同時に起動して、コンテナ同士で通信する方法について学びます。コンテナ同士の通信のためにネットワークを作成する点が新しいですが、そのほかはChapter 4で学んだことの応用です。

SECTION 01

WordPressの構築と導入の流れ

コンテナにWordPressを入れてみましょう。WordPressをコンテナで動かすには、複数のコンテナを動かして、仮想的なネットワークを通じて通信を行う必要があります。この節ではWordPressを使うための流れやコマンドの説明をします。

WordPressの構成と導入の流れ

WordPressとは、Webサイトを作成できるソフトウェアです。サーバにインストールして使います。同じようなソフトウェアにMovable Typeがあります。サーバやLinux OSを学ぶ書籍の多くで、WordPressを教材に説明されているため、「またWordPressか！」と思われる方もいらっしゃるかもしれませんね。

WordPressは、WordPressのプログラムだけでなく、Apacheやデータベース、PHPの実行環境が必要なので、練習にはもってこいなのです。そこで本書でも、複数コンテナを扱う題材として、WordPressを構築します。WordPressのデータベースは、MySQLもしくは、MariaDB※1が対応しているので、今回はMySQLを使用します。

コンテナは、WordPressの公式が提供しているイメージを使用します。

このイメージは、WordPressのプログラムと、Apache、PHPの実行環境がひとまとめになったもので、大変便利です。このコンテナとMySQLのコンテナを用意すれば、WordPressが使用できます。

なお、データベースは必ずコンテナで用意するものではなく、Dockerの外に置くこともできます。今回は、複数コンテナを扱う練習なので、MySQLもコンテナで作成します。

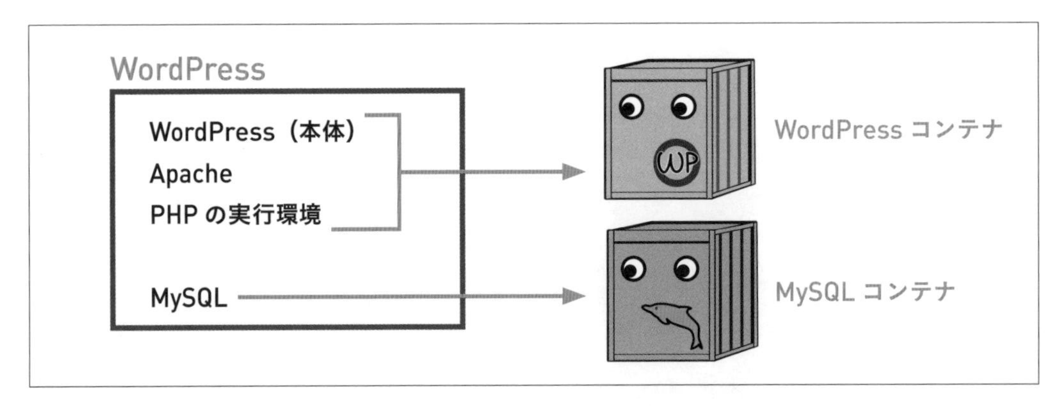

図5-1-1　WordPressを動かすには2つのコンテナが必要

※1　MySQLの開発者であるミカエル・ウィデニウスがMySQLから離れ、開発しているデータベース管理ソフト。MySQLの派生ソフトであり、互いに機能を寄せ合っているため、よく似通っている。CentOSにデフォルトで用意されるデータベースがMySQLからMariaDBに変わったこともあり、今後シェアが塗り替えられていくと思われる

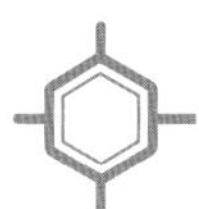

Docker ネットワークを作成・削除する

WordPressは、WordPressコンテナとMySQLコンテナで構成されます。

WordPressは簡単に言うと、ブログ作成ツールのようなものなので、サイトの作成者が書き込んだ内容をデータベースに保存し、サイト閲覧者の要求に応じてサイトを閲覧させます。つまり、プログラムがMySQLのデータベースにデータを書き込んだり、データを読み込んだりするので、2つのコンテナは、つながってなければなりません。

ただ普通にコンテナを作っただけでは、コンテナはつながらないので、仮想的なネットワークを作り、そこに両方のコンテナを所属させることで、コンテナ同士をつなげます。

そこで、仮想的なネットワークを作るコマンドが、「docker network create」です。コマンドに続いてネットワーク名を記述します。

container系コマンドや、image系コマンドと同じように、ネットワークを消すときには、「docker network rm」、ネットワーク一覧の表示には、「docker network ls」を使います。

Dockerネットワークを作成するコマンド

Dockerネットワークを作成するコマンドです。オプションや引数を指定することはほとんどありません。ネットワークを作成したら、それに対してコンテナ側から接続を設定します。

よく使う記述例

```
docker network create ネットワーク名
```

Dockerネットワークを削除するコマンド

Dockerネットワークを削除するコマンドです。オプションや引数を指定することはほとんどありません。

よく使う記述例

```
docker network rm ネットワーク名
```

その他のネットワーク関連コマンド

ネットワークも一覧表示などの副コマンドが用意されています（次ページの表）。

主な副コマンド

コマンド	内容	省略	主なオプション
connect	コンテナをネットワークに接続する	不可	あまり指定しない
disconnect	コンテナをネットワークから切断する	不可	あまり指定しない
create	ネットワークを作る	不可	あまり指定しない
inspect	ネットワークの詳細情報を表示する	不可	あまり指定しない
ls	ネットワークの一覧を表示する	不可	あまり指定しない
prune	現在コンテナがつながっていないネットワークをすべて削除する	不可	あまり指定しない
rm	指定したネットワークを削除する	不可	あまり指定しない

MySQLコンテナ起動時のオプションと引数

今回は、実際にMySQLを使用できる状態でコンテナを作るため、9つのオプションと3つの引数を指定します。多いですね！ 1つずつはそんなに難しくないので、解説していきましょう。

よく使う記述例

```
docker run --name コンテナ名 -dit --net=ネットワーク名 -e MYSQL_ROOT_PASSWORD=MySQLのrootパスワード -e MYSQL_DATABASE=データベース領域名 -e MYSQL_USER=MySQLのユーザー名 -e MYSQL_PASSWORD=MySQLのパスワード mysql --character-set-server=文字コード --collation-server=照合順序 --default-authentication-plugin=認証方式
```

使用するオプション

まず、9つのオプションのうち、「--name」は恒例の名前を付けるものです。「-dit」も前回使いましたね。「-dit」は、ひとかたまりで3オプションと数えるので、残りのオプションは5つです。

1つは、「--net」オプションでネットワークを紐付けるもの、4つはすべて「-e」オプションで、環境変数を設定します。

環境変数とは、OSにおいて、さまざまな設定値を保存しておける場所のことです。コンテナでは、設定値の引き渡しに、この環境変数が使われることが多いです。どのような環境変数を使うのかはコンテナによって違うのですが、今回は、MySQLを使うためのパスワードやユーザー名を設定します。

オプション

項目	オプション	ハンズオンでの値
ネットワーク名	--net	wordpress000net1
MySQLのコンテナ名	--name	mysql000ex11
実行オプション	-dit	（なし）
MySQLのrootパスワード	-e MYSQL_ROOT_PASSWORD	myrootpass
MySQLのデータベース領域名	-e MYSQL_DATABASE	wordpress000db
MySQLのユーザー名	-e MYSQL_USER	wordpress000kun
MySQLのパスワード	-e MYSQL_PASSWORD	wkunpass

パスワードは、rootのパスワードと、一般ユーザーのパスワードの二種類を設定します。

rootは全権のあるユーザーで、この権限がなければできないこともあるのですが、毎回rootユーザーとして活動すると、セキュリティ面で問題があるため、権限が制限された一般ユーザーを切り替えるのが一般的です。実際にパスワードを設定するときは、ランダムな文字列であるべきですが、練習なのでわかりやすい値にしています。

「ユーザー名」としているのは、その一般ユーザーのユーザー名で、今回はWordPressが使用する使うユーザーなので、わかりやすいように「wordpress000kun※2」としました。

「データベース領域名」は、データベースの実物につける名前のことです。

使用する引数

引数も3つ付けます。やや見づらいですが、「character-set-server=」のように、ハイフンでつながっていますから注意してください。「=」記号の後に、実際に設定したい値を記述します。

引数は、日本語を使えるようにするためのものが2つと、認証方式を変更する設定値が1つです。これらはDockerのオプションではなく、MySQLのコンテナに固有のオプションです。

引数

項目	引数	値	意味
文字コード	--character-set-server=	utf8mb4	文字コードをUTF8にする
照合順序	--collation-server=	utf8mb4_unicode_ci	照合順序をUTF8にする
認証方式	--default-authentication-plugin=	mysql_native_password	認証方式を古いもの（native）に変更する

※2　一般的には、「wordpressuser」「wordpressapp」と名付けることが多い

3つ目の認証方式の変更とは、MySQLは、MySQL5（最新版は5.7）からMySQL8（8.0）へと変わるときに、外部のソフトウェアからMySQLへ接続する認証方式が変更[※3]されたことに起因します。この新認証方式は、まだ対応していないソフトウェアが多いのです。WordPressやphpMyAdminなど、よく使われるソフトウェアでも対応していません。つまり、WordPressからMySQL8.0につなごうとしても、つなげないということなのです。

そのため、今回は、認証方式を古いものに戻し、つなげます。いずれ、WordPressも、新認証方式に対応すると思いますが、それまでは、この方法を使用してください。

COLUMN : Level ★★★　MySQL5.7とWordPressを組み合わせて使うには

MySQL5.7は、古い認証方式で、WordPressも対応しているので、そちらを使う方法もあります。5.7と8.0と聞くと、大きくバージョンが違うように感じるかもしれませんが、8.0の1つ前は5.7なので、まだ使っているユーザーも多いです。
ただ、その場合でも、日本語に対応するために、文字コードをUTF8にする指定は必要です。また、5.7系はマイナーバージョンによっては不安定になることがあります。
様子が怪しいときは、バージョンを変えてみると良いでしょう。

WordPressコンテナ導入時のオプションと引数

WordPressもオプションを10個つけます。ただし、そのほとんどが、使用するデータベース（今回はMySQL）の情報です。また、引数はありません。MySQLに比べると若干シンプルに見えますね。

よく使う記述例

```
docker run --name コンテナ名 -dit --net=ネットワーク名 -p ポートの設定 -e WORDPRESS_DB_HOST=データベースのコンテナ名 -e WORDPRESS_DB_NAME=データベース領域名 -e WORDPRESS_DB_USER=データベースのユーザー名 -e WORDPRESS_DB_PASSWORD=データベースのパスワード wordpress
```

使用するオプション

まず、10個のオプションのうち、「--name」と「-dit」はお馴染みですね。「--net」オプションもMySQLで登場しました。

「-p」はポート番号を設定します。こちらもApacheで何度か設定したものです。残り4つは「-e」オプションですが、よく見るとわかるとおり、すべてMySQLに関連したものです。

※3　SHA2という認証方式に変更になりました

オプション項目

項目	オプション	値（任意の名前や指定の値）
ネットワーク名	--net	wordpress000net1
WordPressのコンテナ名	--name	wordpress000ex12
実行オプション	-dit	（なし）
ポート番号を指定	-p	8085:80
データベースのコンテナ名	-e WORDPRESS_DB_HOST	mysql000ex11
データベース領域名	-e WORDPRESS_DB_NAME	wordpress000db
データベースのユーザー名	-e WORDPRESS_DB_USER	wordpress000kun
データベースのパスワード	-e WORDPRESS_DB_PASSWORD	wkunpass

つまり、WordPressは、データベースを使うソフトウェアなので、タッグを組むデータベースの情報を設定しているのです。

ここで設定する情報は、もちろんMySQLコンテナで設定したものと同一でなければなりません。違うと連携が上手くいかず、WordPressが使えなくなってしまいます。

使用する引数

特にありません。

使用するコマンドが理解できたところで、次ページからのハンズオンに進みましょう。

SECTION 02

WordPressのコンテナとMySQLコンテナを作成し、動かしてみよう

実際にWordPressをコンテナとして実行していきましょう。今回はここまで学んだコンテナ作成に加え、ネットワークを作成します。うまくいっているか、確認しながら進めましょう。

この節で行うことの流れと使用するコマンド

WordPressコンテナとMySQLコンテナを作成し、動かしてみましょう。MySQLを先に作ることと、ネットワークを作ることを忘れないようにしてください。なお、上手くいかないときには、サポートページからサンプルをダウンロードして、比較してみてください。

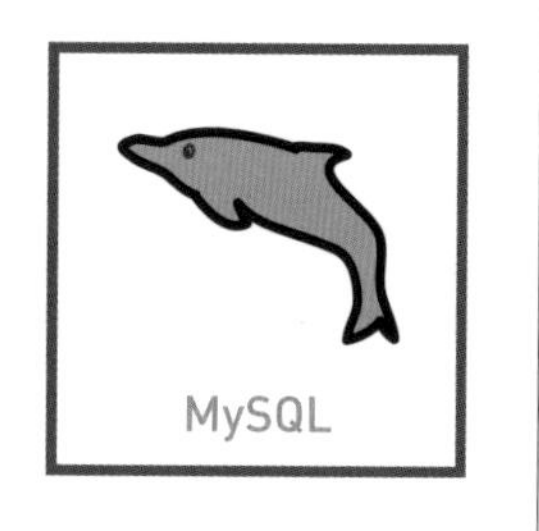

今回行うこと

作成するネットワークとコンテナの情報

項目	値
ネットワーク名	wordpress000net1
MySQLコンテナ名	mysql000ex11

MySQLイメージ名	mysql
WordPressコンテナ名	wordpress000ex12
WordPressイメージ名	wordpress

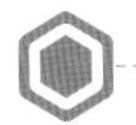

使用するコマンドのオプション、対象、引数

ネットワークの作成

```
docker network create ネットワーク名
```

MySQLコンテナの作成・起動

```
docker run --name コンテナ名 -dit --net=ネットワーク名 -e MYSQL_ROOT_PASSWORD=MySQLの root パスワード -e MYSQL_DATABASE=データベース領域名 -e MYSQL_USER=MySQLのユーザー名 -e MYSQL_PASSWORD=MySQLのパスワード MySQL --character-set-server=文字コード --collation-server=照合順序 --default-authentication-plugin=認証方式
```

MySQL コンテナの作成・起動のオプション項目

・Chapter 5-01のP.125を参照

MySQL コンテナの作成・起動の引数

・Chapter 5-01のP.125を参照

WordPressコンテナの作成・起動

```
docker run --name コンテナ名 -dit --net=ネットワーク名 -p ポートの設定 -e WORDPRESS_DB_HOST=データベースのコンテナ名 -e WORDPRESS_DB_NAME=データベース領域名 -e WORDPRESS_DB_USER=データベースのユーザー名 -e WORDPRESS_DB_PASSWORD= データベースのパスワード wordpress
```

WordPress コンテナの作成・起動のオプション項目

・Chapter 5-01のP.127を参照

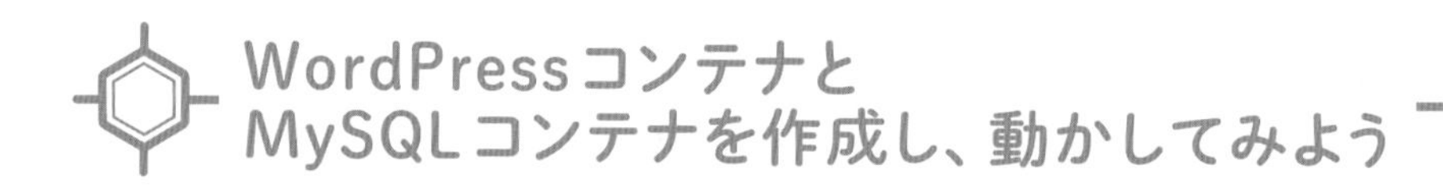

WordPressコンテナとMySQLコンテナを作成し、動かしてみよう

STEP 1 「netowork create」コマンドでネットワークを作成する

「network create」コマンドで「wordpress000net1」という名前のネットワークを作成します。実行後に表示される数字列は、ネットワークIDなので、毎回異なります。

ネットワークが作成されたかどうか不安な場合は、「network ls」コマンドで、ネットワーク一覧を表示させ、確認すると良いでしょう。

入力するコマンド

```
docker network create wordpress000net1
```

コマンドを実行した結果

```
6977b4446735c3fb8f8945372b2800dc7195939dfaf8f9c1296c26f6fb013d7e
```

STEP 2 「run」コマンドを実行してMySQLコンテナを作成・起動する

MySQLのイメージ（mysql）から「mysql000ex11」という名前のコンテナを作成・起動するコマンド文を入力します。

入力するコマンド

```
docker run --name mysql000ex11 -dit --net=wordpress000net1 -e MYSQL_ROOT_
PASSWORD=myrootpass -e MYSQL_DATABASE=wordpress000db -e MYSQL_USER=wordpress000kun
-e MYSQL_PASSWORD=wkunpass mysql --character-set-server=utf8mb4 --collation-
server=utf8mb4_unicode_ci --default-authentication-plugin=mysql_native_password
```

コマンドを実行した結果

```
Unable to find image 'mysql:latest' locally
latest: Pulling from library/mysql
bf5952930446: Pull complete
8254623a9871: Pull complete
938e3e06dac4: Pull complete
…（以下略）
```

STEP 3 「run」コマンドを実行してWordPressコンテナを作成・起動する

WordPressのイメージ（wordpress）から「wordpress000ex12」という名前のコンテナを作成・起動するコマンド文を入力します。

入力するコマンド

```
docker run --name wordpress000ex12 -dit --net=wordpress000net1 -p 8085:80 -e WORDPRESS_DB_HOST=mysql000ex11 -e WORDPRESS_DB_NAME=wordpress000db -e WORDPRESS_DB_USER=wordpress000kun -e WORDPRESS_DB_PASSWORD=wkunpass wordpress
```

コマンドを実行した結果

```
Unable to find image 'wordpress:latest' locally
latest: Pulling from library/wordpress
bf5952930446: Already exists
a409b57eb464: Pull complete
3192e6c84ad0: Pull complete
43553740162b: Pull complete
…（以下略）
```

STEP 4 「ps」コマンドでコンテナの稼働を確認する

「ps」コマンドを実行し、「mysql000ex11」「wordpress000ex12」という名前のコンテナが稼働していることを確認しましょう。「STATUS」が「Up」となっていたら、稼働しています。

入力するコマンド

```
docker ps
```

コマンドを実行した結果

```
CONTAINER ID  IMAGE      COMMAND                  CREATED        STATUS        PORTS                   NAMES
05482b2111d0  wordpress  "docker-entrypoint.s…"  4 minutes ago  Up 4 minutes  0.0.0.0:8085->80/tcp    wordpress000ex12
5011b9c5e3d7  mysql      "docker-entrypoint.s…"  6 minutes ago  Up 6 minutes  3306/tcp, 33060/tcp     mysql000ex11
```

STEP 5 ブラウザでWordPressにアクセスできることを確認する

ブラウザで「http://localhost:8085/」にアクセスし、WordPressの初期画面を表示させてみましょう。もし、エラー※4が表示された場合は、タイプミスなどを確認してみましょう。

余力がある場合は、実際にログインしてWordPressが使えることを確認してみると良いでしょう（本書の主旨から外れるので、WordPressの使い方については説明していません）。

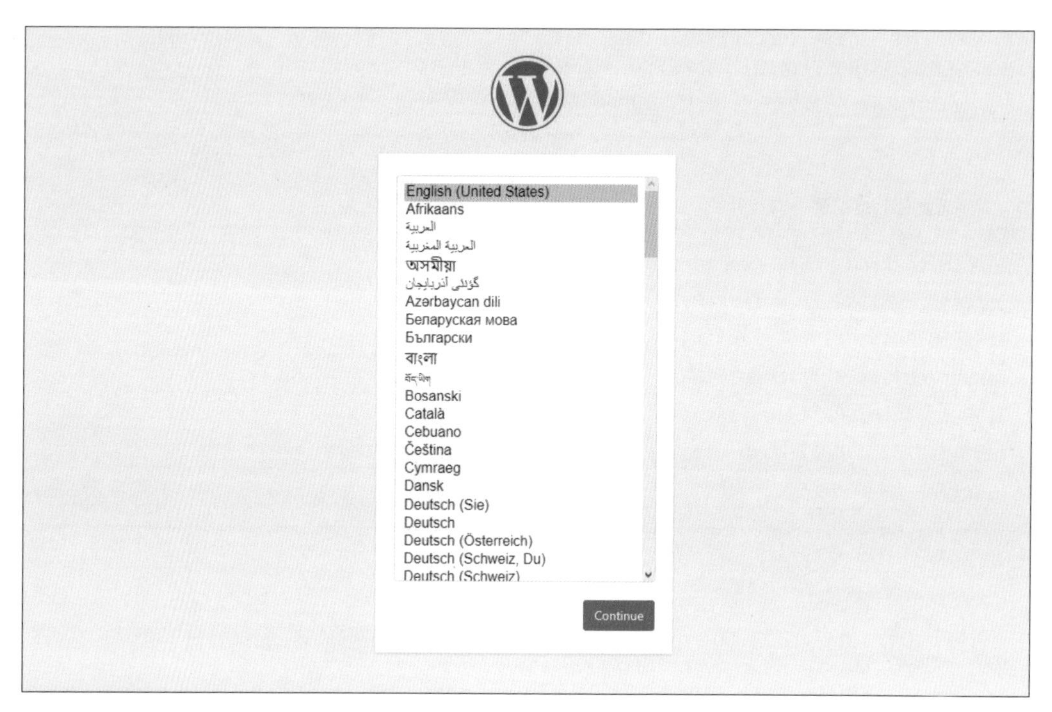

図5-2-1　WordPressのスタート画面

STEP 6 後始末をする

WordPressで遊ぶのに満足したら、いつもどおり後始末をしておきましょう。コンテナを停止・削除し、イメージを削除します。ネットワークの削除も忘れないようにしましょう。

削除を終えたら、「docker ps -a」「docker image ls」「docker network ls」コマンドで確認すると良いでしょう。

コンテナの停止

```
docker stop wordpress000ex12
docker stop mysql000ex11
```

※4　P.133 コラム参照

コンテナの削除

```
docker rm wordpress000ex12
docker rm mysql000ex11
```

イメージの削除

```
docker image rm wordpress
docker image rm mysql
```

ネットワークの削除

```
docker network rm wordpress000net1
```

Chapter 1
Chapter 2
Chapter 3
Chapter 4
Chapter 5
Chapter 6
Chapter 7
Chapter 8
Appendix

COLUMN：Failed　うまくいかないときには

うまくいかないときには、Chapter 4のP.093で紹介したようなポイントを確認してください。
特に、今回のようなオプションと引数が多いコマンド文では、タイプミスや、不要なスペース、改行などでエラーが表示されてしまうことも多いです。
また、ユーザー名やパスワードをオリジナルの設定にした場合は、WordPressコンテナと、MySQLコンテナの設定が同一であるかどうかも確認してください。
それでも上手くいかない場合は、WordPressやMySQLの仕様が変わってしまっていることもあります。WordPressのバージョンを5.5、MySQLのバージョンを8で指定※して、本書執筆時と同じバージョンに固定して実行してみてください。
確認画面のURLが「https:」になっていないかも確認しましょう。

MEMO

バージョンを指定する方法については、Chapter 4 P.117を参照。「mysql:8.1」と表記した場合はMySQL8.1が、「mysql:8」と小数点を記述しない場合は、MySQLの8系統で一番新しいバージョンが使用される。他のソフトウェアも同じ

Error establishing a database connection

図5-2-2　エラー画面

SECTION 03

コマンド文を書けるようになろう

ここからは、WordPress以外のソフトを使って、コンテナに環境を作る練習をしてみましょう。どんなコマンドを入力すればよいか、ここまでの内容を振り返りながら考えてみてください。

ソフトウェアとデータベースの関係

WordPressを使うには、WordPress本体以外に、ApacheとPHPの実行環境、MySQLが必要であるとお話しましたが、このような形式のWebシステムは多いです。

特に、Apache、PHP、MySQLにLinuxを加えた組み合わせを「LAMP環境」と言ったりもします。今回もLinuxを使っているので、まさにLAMP環境ですね。

ソフトウェアの隆盛により、Apacheがnginxに変わったり、MySQLが、MariaDBやPostgreSQLに変わったりする組み合わせもありますが、「Linux＋Webサーバ＋プログラム言語の実行環境＋データベース」であることには変わりありません。

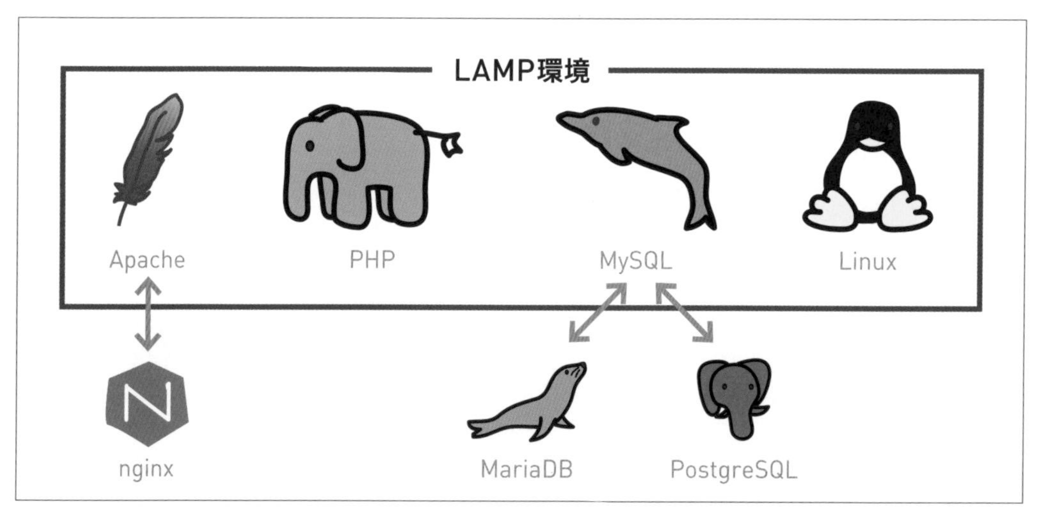

図5-3-1　LAMP環境

ゆえに、コンテナもWordPressと同じような「プログラム本体＋プログラム実行環境＋Webサーバ」コンテナと、「データベース」コンテナで運用するケースをよく見かけます。

なので、WordPressを勉強すると、他のソフトウェアの参考になるわけです！

この節では、せっかくなので、他のソフトウェアの組み合わせで練習をしてみましょう。「run」コマンドの内容は、WordPress＋MySQLのときとほとんど変わりません。コンテナ名やポート番号を変える程度です。

ですから、今回は「設定からコマンド文を書く」練習も行います。いずれ、自分でDockerを使っていくときに、コマンド文の例があるとは限りません。自分で書けるようにしておきましょう。

なお、このChapter 5-03と次のChapter 5-04は練習ですので、不要ならスキップして次のChapter 6へ進んで構いません。

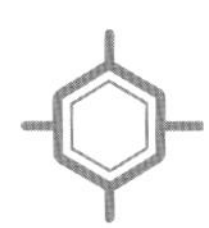

「run」コマンドを自分で書けるようにしよう

まず、すでに実行したコマンド文で練習してみましょう。Chapter 5-02で実行したWordPressとMySQLのコマンド文です。最初から書くのは大変だと思うので、まずは、以下の情報から、コマンド文の穴埋めをしてみましょう。空欄になっている部分に、オプションの値を書いていくだけです。

暗記するようなものではないので、オプションの表を見ながら埋めてください。

[問題①] MySQLのオプションの値を書き込もう

MySQLのrunコマンド文

```
docker run --name [        ] -dit --net=[          ] -e MYSQL_ROOT_PASSWORD=[        ]
-e MYSQL_DATABASE=[          ] -e MYSQL_USER=[          ] -e MYSQL_PASSWORD=[        ]
mysql --character-set-server=utf8mb4 --collation-server=utf8mb4_unicode_ci
--default-authentication-plugin=mysql_native_password
```

使用するMySQLのオプション

項目	オプション	値
ネットワーク名	--net	wordpress000net1
MySQLのコンテナ名	--name	mysql000ex11
実行オプション	-dit	（なし）
MySQLのルートパスワード	-e MYSQL_ROOT_PASSWORD	myrootpass
MySQLのデータベース領域名	-e MYSQL_DATABASE	wordpress000db
MySQLのユーザー名	-e MYSQL_USER	wordpress000kun
MySQLのパスワード	-e MYSQL_PASSWORD	wkunpass

[解答①]

解答です。書いたものと合っていたでしょうか。

```
docker run --name mysql000ex11 -dit --net=wordpress000net1 -e MYSQL_ROOT_
PASSWORD=myrootpass -e MYSQL_DATABASE=wordpress000db -e MYSQL_USER=wordpress000kun
-e MYSQL_PASSWORD=wkunpass mysql --character-set-server=utf8mb4 --collation-
server=utf8mb4_unicode_ci --default-authentication-plugin=mysql_native_password
```

続いて、今度はオプションを全部自分で書いてみましょう。

今度は、WordPressのrunコマンドです。オプションの表から自分で記述してみてください。

[問題②] WordPressのオプションを書き込もう

WordPressのrunコマンド文

```
docker run □ □ □ □
□ □
□ □ wordpress
```

使用するWordPressのオプション

項目	オプション	値（任意の名前や指定の値）
ネットワーク名	--net	wordpress000net1
WordPressのコンテナ名	--name	wordpress000ex12
実行オプション	-dit	（なし）
ポート番号を指定	-p	8085:80
データベースのコンテナ名	-e WORDPRESS_DB_HOST	mysql000ex11
データベース領域名	-e WORDPRESS_DB_NAME	wordpress000db
データベースのユーザー名	-e WORDPRESS_DB_USER	wordpress000kun
データベースのパスワード	-e WORDPRESS_DB_PASSWORD	wkunpass

［解答②］

WordPressコンテナの作成・起動

```
docker run --name wordpress000ex12 -dit --net=wordpress000net1 -p 8085:80
-e WORDPRESS_DB_HOST=mysql000ex11 -e WORDPRESS_DB_NAME=wordpress000db
-e WORDPRESS_DB_USER=wordpress000kun -e WORDPRESS_DB_PASSWORD=wkunpass wordpress
```

こうして書いてみると、ハイフンが1つだったり、2つだったり、イコールがあったりなかったりするのがよくわかるのではないでしょうか。P.077に書いたとおり、これらの記号に法則はないので、コマンド文を記述する書式は、書籍や、公式ドキュメントを確認すると良いでしょう。調査するのもエンジニアにとって大事なスキルです。

・公式ドキュメント

https://docs.docker.com/reference/

このように練習しましたが、Dockerを使い慣れた人であっても、コマンド文を1から書くのは難しいです。有名なコマンドやよく使うコマンドならばともかく、そうでないものは、書式や取るべきオプション・引数がわからないからです。

イメージの配布元資料や、インターネット上の情報を探して、自分でコマンド文を組み立てます。

皆さんも、いずれ本書に載っていないコマンド文が必要になったときには、そのように情報を探してコマンド文を書きましょう。

COLUMN : Level ★★★ [for beginners]　パスワードやユーザー名を自分で決めてみよう

本書では、学習のため、パスワードやユーザー名をあらかじめ指定して、その内容でコンテナを作っています。

しかし、本来Dockerを使うときには、誰かが決めてくれるのではなく、自分で決めなければなりません。また、オプションの書き方も自分で調べる必要があります。余力のある人は、その練習もしておきましょう。以下の表を埋めて、それに従ってコマンド文を作成してみてください。

作成できたら、実際にコマンドを打って、実行してみましょう。その場合に、後始末を忘れないようにしてください。なお、MySQLの引数は難しいので、Chapter 5-02の内容をそのまま使ってください。WordPressの引数は無しで構いません。

MySQLを実行するコマンド文

```
docker run オプション mysql 引数
```

▶次ページに続く

使用するMySQLのオプション

項目	オプション	値（自分で決めて良い）
MySQLのコンテナ名		
実行オプション		
MySQLのルートパスワード		
MySQLのデータベース領域名		
MySQLのユーザー名		
MySQLのパスワード		

WordPressを実行するコマンド文

```
docker run オプション wordpress 引数
```

使用するWordPressのオプション

項目	オプション	値（自分で決めて良い）
WordPressのコンテナ名		
実行オプション		
ポート番号を指定		:80
データベースのコンテナ名		
データベース領域名		
データベースのユーザー名		
データベースのパスワード		

SECTION 04

RedmineのコンテナとMariaDBのコンテナを作成し、練習してみよう

今度はWordPressではないソフトを使って練習してみましょう。チケット管理システムである「Redmine」のコンテナを作ります。データベースとしてはMySQLとMariaDBを使います。

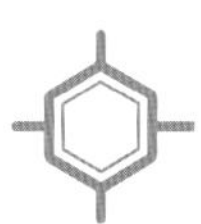

RedmineとMySQLのコンテナを作ろう

WordPressとMySQLの組み合わせを一回作っただけでは、ちょっと練習が足りないでしょうから、実際に手を動かす練習もしておきましょう。

最初は、Redmineです。Redmineは「チケット」と呼ばれる「誰が何をするのかを示したToDo」を管理するソフトウェアで、よく開発現場で使われているため、触ったことのある人も多いのではないでしょうか。

RedmineもWordPressとほぼ同じ構成です。ポート番号が違うくらいです。ただ、オプションの名前が違う点は注意してください。コンテナを作る手順も同じなので、細かい手順は記載しません。コマンドのみ載せておくので、自分で考えながらやってみましょう。

今回行うこと

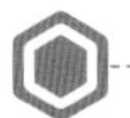

作成するネットワーク・コンテナの情報

項目	値
ネットワーク名	redmine000net2
MySQLコンテナ名	mysql000ex13
MySQLイメージ名	mysql
Redmineコンテナ名	redmine000ex14
Redmineイメージ名	redmine

使用するコマンドのオプション、対象、引数

ネットワークの作成

```
docker network create redmine000net2
```

MySQLコンテナの作成・起動

```
docker run --name mysql000ex13 -dit --net=redmine000net2 -e MYSQL_ROOT_
PASSWORD=myrootpass -e MYSQL_DATABASE=redmine000db -e MYSQL_USER=redmine000kun -e
MYSQL_PASSWORD=rkunpass mysql --character-set-server=utf8mb4 --collation-
server=utf8mb4_unicode_ci --default-authentication-plugin=mysql_native_password
```

MySQLコンテナの作成・起動のオプション項目

項目	オプション	値
MySQLのコンテナ名	--name	mysql000ex13
MySQLのrootパスワード	-e MYSQL_ROOT_PASSWORD	myrootpass
MySQLデータベース領域名	-e MYSQL_DATABASE	redmine000db
MySQLユーザー名	-e MYSQL_USER	redmine000kun
MySQLパスワード	-e MYSQL_PASSWORD	rkunpass

表記のない項目は、Chapter 5-01のP.125と同じです

MySQLコンテナの作成・起動の引数

・Chapter 5-01のP.125と同様

Redmineコンテナの作成・起動

```
docker run -dit --name redmine000ex14 --network redmine000net2 -p 8086:3000 -e 
REDMINE_DB_MYSQL=mysql000ex13 -e REDMINE_DB_DATABASE=redmine000db -e REDMINE_DB_
USERNAME=redmine000kun -e REDMINE_DB_PASSWORD=rkunpass redmine
```

Redmineコンテナの作成・起動のオプション項目

項目	オプション	値（任意の名前や指定の値）
Redmineのコンテナ名	--name	redmine000ex14
実行オプション	-dit	（なし）
ポート番号を指定	-p	8086:3000
データベースのコンテナ名	-e REDMINE_DB_MYSQL	mysql000ex13
データベース領域名	-e REDMINE_DB_DATABASE	redmine000db
データベースのユーザー名	-e REDMINE_DB_USERNAME	redmine000kun
データベースのパスワード	-e REDMINE_DB_PASSWORD	rkunpass

Redmineの確認方法

ブラウザで「http://localhost:8086/」にアクセスし、Redmineの初期画面を表示させましょう。もし、エラーが表示された場合は、タイプミスなどを確認してみましょう。余力がある場合は、実際にログインしてRedmineが使えることを確認してみると良いです（本書の主旨から外れるので、Redmineの使い方については説明しません）。

Redmineは起動時にデータベースに接続できないときはコンテナが終了してしまいます。もしうまくいかないときは、一度、docker stop、docker rmでRedmineのコンテナだけを削除したあと、もう一度、docker runすると、うまくいくことがあるので試してください。それでもうまくいかない場合は、サポートサイトもご確認ください。

図5-4-1　Redmine初期画面

RedmineとMariaDBのコンテナを作ろう

Redmineのコンテナは上手くできたでしょうか。今度は、データベースの方を変えてみましょう。RedmineとMariaDBという組み合わせのコンテナを作成します。

MariaDBは、MySQLの作成者が作っているだけあって、大変よく似ています。また、お互いに似せ合う傾向にあるため、機能も共通しているものがほとんどです。

また、ちょっと特殊な事情として、MariaDBのコンテナであっても、「MYSQL_ROOT_PASSWORD」「MYSQL_DATABASE」など、オプション名は、「MYSQL」と記述します。別のソフトウェアなのに、奇妙な感じがしますが、こういうものなのです。誤植ではないので、注意してください。これは、MySQLとMariaDBだけの特殊な関係※5であり、PostgreSQLなど他のデータベースの場合は、このようなことはありません。

手順はもちろん、MySQLと変わらない順序で作成できます。

この組み合わせも、コンテナを作る手順が同じなので、細かい手順は記載しません。コマンドのみ載せておくので、自分でやってみましょう。

今回行うこと

作成するネットワーク・コンテナの情報

項目	値
ネットワーク名	redmine000net3
MariaDBコンテナ名	mariadb000ex15
MariaDBイメージ名	mariadb

※5 MySQLとMariaDBは、どちらも開発者であるミカエル・ウィデニウスの娘の名前が付けられている。Myは長女、Mariaは次女の名前が由来で、名前通りMySQLとMariaDBは、姉妹のような関係である

Redmineコンテナ名	redmine000ex16
Redmineイメージ名	redmine

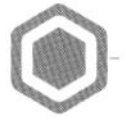

使用するコマンドのオプション、対象、引数

ネットワークの作成

```
docker network create redmine000net3
```

MariaDBコンテナの作成・起動

```
docker run --name mariadb000ex15 -dit --net=redmine000net3 -e MYSQL_ROOT_
PASSWORD=mariarootpass -e MYSQL_DATABASE=redmine000db -e MYSQL_USER=redmine000kun
-e MYSQL_PASSWORD=rkunpass mariadb --character-set-server=utf8mb4 --collation-
server=utf8mb4_unicode_ci --default-authentication-plugin=mysql_native_password
```

MariaDBコンテナの作成・起動のオプション項目

項目	オプション	値
MariaDBのコンテナ名	--name	mariadb000ex15
実行オプション	-dit	（なし）
MariaDBのrootパスワード	-e MYSQL_ROOT_PASSWORD	mariarootpass
MariaDBのデータベース領域名	-e MYSQL_DATABASE	redmine000db
MariaDBのユーザー名	-e MYSQL_USER	redmine000kun
MariaDBのパスワード	-e MYSQL_PASSWORD	rkunpass

MariaDBのコンテナであるにも関わらず、「MYSQL～」となっているのは、誤植ではなく、MariaDBの特殊な事情によるもの

MariaDBコンテナの作成・起動の引数

項目	引数	値
文字コード	--character-set-server=	utf8mb4
照合順序	--collation-server=	utf8mb4_unicode_ci
認証方式	--default-authentication-plugin=	mysql_native_password

Redmineコンテナの作成・起動

```
docker run -dit --name redmine000ex16 --network redmine000net3 -p 8087:3000 -e
REDMINE_DB_MYSQL=mariadb000ex15 -e REDMINE_DB_DATABASE=redmine000db -e REDMINE_DB_
USERNAME=redmine000kun -e REDMINE_DB_PASSWORD=rkunpass redmine
```

Redmineコンテナの作成・起動のオプション項目

項目	オプション	値（任意の名前や指定の値）
Redmineのコンテナ名	--name	redmine000ex16
ポート番号を指定	-p	8087:3000
データベースのコンテナ名	-e REDMINE_DB_MYSQL	mariadb000ex15

表に記載のない項目は、P.141と同じです

 Redmineの確認方法

ブラウザで「http://localhost:8087/」にアクセスし、Redmineの初期画面を表示させましょう。P.141の**図5-4-1**の画面が表示されます。もし、エラーが表示された場合は、タイプミスなどを確認してみましょう。

COLUMN：Level ★★★ WordPressとMariaDBの組み合わせも挑戦してみよう

もう少し練習したいという場合は、WordPressとMariaDBの組み合わせをやってみると良いでしょう。コマンドだけ載せておくので、挑戦してみてください。

作成するネットワーク・コンテナの情報

項目	値
ネットワーク名	wordpress000net4
MariaDBコンテナ名	mariadb000ex17
MariaDBイメージ名	mariadb

WordPressコンテナ名	wordpress000ex18
WordPressイメージ名	wordpress
WordPressのポート番号	8088:80

ネットワークの作成

```
docker network create wordpress000net4
```

MariaDBコンテナの作成・起動

```
docker run --name mariadb000ex17 -dit --net=wordpress000net4 -e MYSQL_ROOT_PASSWORD=mariarootpass -e MYSQL_DATABASE=wordpress000db -e MYSQL_USER=wordpress000kun -e MYSQL_PASSWORD=wkunpass mariadb --character-set-server=utf8mb4 --collation-server=utf8mb4_unicode_ci --default-authentication-plugin=mysql_native_password
```

WordPressコンテナの作成・起動

```
docker run --name wordpress000ex18 -dit --net=wordpress000net4 -p 8088:80 -e WORDPRESS_DB_HOST=mariadb000ex17 -e WORDPRESS_DB_NAME=wordpress000db -e WORDPRESS_DB_USER=wordpress000kun -e WORDPRESS_DB_PASSWORD=wkunpass wordpress
```

後始末をしよう

コンテナを作成したら、後始末をすることを癖にしましょう。特に、デスクトップ版の場合、リソースを食ってしまうことが多いです。今回のように繰り返し同じイメージを使うのなら良いのですが、そうでないときは、イメージも消してしまいましょう。どんなコンテナ・イメージがあったのか忘れてしまったときは、「docker ps」「docker image ls」コマンドが役立ちます。

後始末に必要なコマンドを載せておきますので、消し忘れがないか時々確認してください。

コンテナの後始末

コンテナ一覧の表示	docker ps -a
コンテナの停止	docker stop コンテナ名
コンテナの削除	docker rm コンテナ名

イメージの後始末

イメージ一覧の表示	docker image ls
イメージの削除	docker image rm イメージ名

ネットワークの後始末

ネットワーク一覧の表示	docker network ls
ネットワークの削除	docker network rm ネットワーク名

ボリュームの後始末

ボリューム一覧の表示	docker volume ls
ボリュームの削除	docker volume rm ボリューム名

ボリュームについては次のChapter 6で扱うので、ここでは操作は不要です。

この段階で削除していない可能性のあるコンテナは以下の通りです。一覧で確認して残っていたら削除しましょう。

- wordpress
- mariadb
- redmine
- mysql

応用的なコンテナの使い方を身に付けよう

CHAPTER

6

Chapter 6以降では少し応用的な話をしていきます。職務によって必要な知識は異なるので、最初のSection 01で、自分に必要な知識を整理してから読み進めてください。
ボリュームのマウントは、最初はやや理解しにくいかもしれませんが、まずはバインドマウントができるようになっておけば良いでしょう。

SECTION 01

自分に必要な技術を整理しよう

Chapter 6からは、少し応用的な内容に入っていきます。ここから先に掲載してある内容が、それぞれどんな人に必要なのかをまとめますので、ご自分に必要な知識をここでいったん整理してみてください。

使う人と作る人が知るべき技術は異なる

これまでいくつかコンテナを作ってきました。少しは慣れてきたでしょうか。コマンド自体は簡単なので、忘れてしまったなと思ったら、繰り返しやってみると良いでしょう。

ここまでで学習した内容は、Dockerを使う上での基本編です。つまり、これまでの内容ができるようになっていれば、かなり基礎ができてきたということです！

今まで扱ったことの無いコンテナであっても、業務や趣味ですでに馴染みのある[※1]ソフトウェア（オプションが判断しやすいもの）であれば、作れるようになっているはずなので、自信を持ってください。

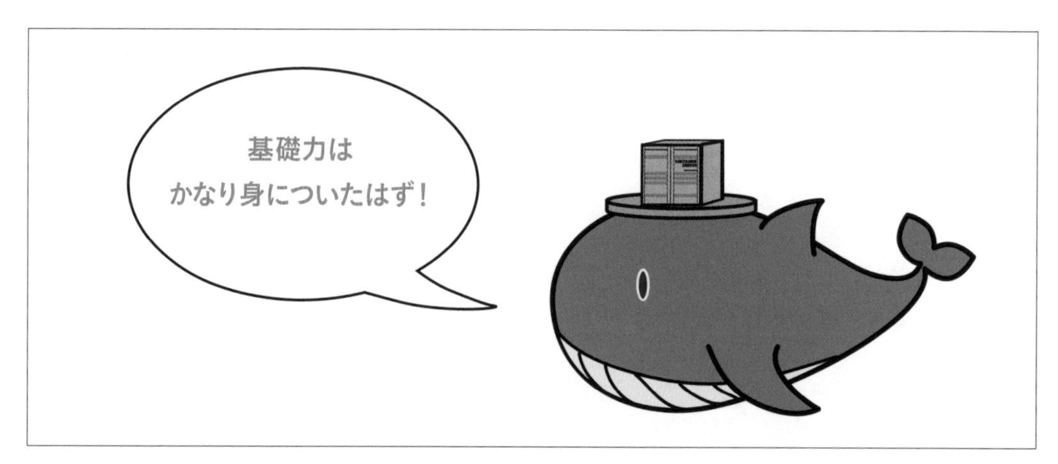

図6-1-1　ここまでの学習をふまえて

これより先は、やや応用の範囲に入っていきます。そのため、この後解説する技術が、必須な方と、そこまででもない方がいらっしゃるでしょう。必要・不要に関わらず、技術を学び、習得することは、楽しいことではありますが、時につまずくこともあります。いずれ、将来は必要であっても、すぐさま必要でない知識を 無理に背伸びして学習し

※1　オプションをどう選択して良いかわからない場合は、コンテナのオプション自体よりも、そのソフトウェアの構築環境に対する理解が浅いことが多いので、その点も留意して調べると良い

ても、時間ばかりが経ってしまって、上手く進められない場面も出てくるでしょう。

そのような苦戦する学習に時間を割くよりは、今必要なことを、繰り返し繰り返し練習して身につけたほうが実践で使えるようになるので、これから先で「ちょっと今の自分には難しそうだぞ」「わからないことが多いぞ」と感じたときには、あまり無理をせず、概要の部分だけ読んで、ハンズオンはスキップしてしまっても構いません。

応用編の内容が必要になったときには、もっとDockerの基礎知識が増えて、この本の内容もスラスラわかるようになっていますから、そのときに戻ってくるのでも十分なのです。解説する知識が必要な方は、頑張って付いてきて欲しいのですが、そうでない場合は自分の楽しさと相談で進めてください。

図6-1-2　これから先の学習内容

さて、必要・不要はどのように考えれば良いでしょうか。それは、自分の職務によって大きく違います。

例えば、サーバエンジニアやセキュリティエンジニアであれば、Dockerの知識はしっかりと身につけて欲しいです。これはあくまで入門書ですから、さらに深い内容を記した書籍や、公式ドキュメントを読み込みましょう。

一方、プログラマやデザイナ、プロジェクトマネージャーやSE、情報システム管理者など、サーバ管理者以外の職種の人であれば、コンテナを使うことはあっても、それ以上の作業を求められることは少ないでしょう。

これはどのような技術でも同じですが、使うことと作ることは違います。Dockerで言えば、コンテナが使えれば良いということであれば、これまでの技術でおおよそ事足ります。しかし、作るとなるともう少し必要です。

ただ、必要でなくても、技術の概要を知っておくことで、サーバエンジニアやセキュリティエンジニアとの会話もスムーズになりますし、意図を読み取りやすくなります。

この後解説する技術について、おおよそのロードマップを示しておきますから、随時自分に必要かどうかを判断し、少し辛いなあと思うことがあるのであれば、使わない技術はざっと目を通すに留めて、次へ進んでください。

この後に登場するDockerの技術

この後は、以下のような技術が登場します。用語がわからないものがあると思いますが、それぞれの登場箇所で説明しているので、「どうやらそんなものが登場するらしい」程度に思っておいてください。

わざわざ書いていない項目もありますが、サーバエンジニアとセキュリティエンジニアは、全項目必須です。

また、職種は会社によって呼び名が違ったり、範囲が違ったりするものなので、絶対というものではないです。専門のサーバエンジニアがいなくて、プログラマが全部やっている会社もあるでしょう。おおよその範囲と考えてください。

•6-2　コンテナとホスト間でファイルをコピーする

コンテナからホストへ、ホストからコンテナへファイルをコピーする方法を学びます。ファイルのコピーは、Dockerを使う場合に、よく使う技術です。初心者であっても、これは全員ができた方が良いでしょう。

•6-3　ボリュームのマウント

バインドマウントとボリュームマウントを説明します。

バインドマウントは、使えないと、コンテナとファイルの連携が難しくなるので、できるだけ全員身につけましょう。WordPressなどのLAMP環境を実用的に使うときにも必須と言って良いです。

ボリュームマウントは、必須ではないですが、知っておくと、どのOSでも同じようにデータを使えます。サーバエンジニア以外に、プログラマや保守運用を担当する人、情報システム管理者は知っておくと良いでしょう。

•6-4　コンテナのイメージ化

コンテナを別のパソコンやサーバにコピーしたいときや、コンテナを増産したいときに使います。そのため、サーバエンジニア・保守運用担当者は必須です。また、開発環境から、本番環境へ、コンテナの移行を担当する人もわかっていないとお話になりません。

プログラマも、開発時に同じ環境を増産できるので、知っておくと便利です。

プロジェクトマネージャーやSEは、実際のコマンドを覚える必要はないですが、どういうことができるかは知っておきましょう。

•6-5　コンテナの改造

コンテナの改造は、サーバを準備する人に必須です。また、これを行うには、Dockerの知識以外に、Linuxの知識が必要なので、挑戦したい人は本書以外にLinuxについてよく学んでおいてください。自社のシステムなどのコンテナ化を担当する人は、できないといけません。リードプログラマの人は、開発チームに開発環境を配るときにできると良いです。メンテもしやすくなるでしょう。

配られる側の人は、少し難しい話なので、専門家に任せましょう。

•6-6　Docker Hubへの登録

自分の作ったコンテナを一般に公開したい人が使うのが、Docker Hubです。そのため、公開する予定でないならば、あまり必要のない知識です。

自社のレジストリについては、本書では詳しくやりませんが、必要な場合は、社内にレジストリを作っている人が必ず存在すると思うので、その人に流儀を聞くと良いでしょう。基本的な使い方は、Docker Hubと同じです。

・Chapter 7　Docker Compose

Docker Composeは、必須ではありませんが、便利なツールです。

データベースとアプリを一緒に起動したいときや、環境を大量に作成したいときに、頼りになります。テキストファイルとしてやったことが残せるのは管理にも便利でしょう。

ただし、コンテナと周辺環境をまとめて作る・止める・消す以外のことは基本的にできません。

サーバエンジニアは知っておくと時短になります。残業をしたくないのであれば、知っておきましょう。保守運用担当者も、使うことがあるでしょう。

リードプログラマも、開発チームに開発環境を配るときにできると良いです。イメージをわざわざ作る必要のないときに有用です。

プロジェクトマネージャーやSEは、どういうことができるかは知っておきましょう。

・Chapter 8　Kubernetes

Kubernetesも必須ではありません。Kubernetesは複数台のサーバでコンテナを動かすときに使う「オーケストレーションツール」です。大規模な使い方をすることが多いので、一般的なプログラマは、まず使うことはありません。

ただ、大規模案件を扱う際や、スケーリングしたいときには、ないとお話になりません。アクセス数が多い場面で使うときには、サーバエンジニアや保守担当者にとって必須事項なのです。その性質から、クラウドサービスと組み合わせて使うことも多いです。

サーバエンジニアは、自社のシステムが小規模であっても、何ができるかは、知っておくと良いでしょう。

また、プロジェクトマネージャーやSE、情報システム担当者も、どういうことができるかは知っておくべきでしょう。

SECTION 02

コンテナとホスト間でファイルをコピーする

この節では、コンテナとホスト（土台となるPC）の間でファイルをコピーする方法を学びます。ファイルのやり取りはよく行う操作ですので、どのような立場の方でも、身に付けておきましょう。

ファイルのコピーをする

多くのシステムは、プログラムだけで構成されているわけではありません。

Chapter 5で説明したとおり、プログラムの他に、プログラム言語の実行環境や、Webサーバ、データベースなどで構成されています。

これらは、システムを動かすのに必要なものですが、この他に、画面を作るための素材や、入力されるデータ本体などもあります。WordPressの例ならば、Webページを構成するHTMLファイルや、CSSファイル、個々の記事のテキストや画像などが存在します。

こうしたファイルは、WordPress上での操作によってサーバに保存されていきますが、時にはソフトウェアを介さずにサーバと自分のパソコンとでファイルのやりとりをしたいことがあるでしょう。そのために、コピー操作を覚えておきましょう。

コピーは、コンテナからホスト（土台となるパソコン）、ホストからコンテナのどちらも可能です。ホスト側は、どこに置いたファイルでも構いませんし、コンテナ側も、コンテナ内のどの場所に置くかを指定できます。

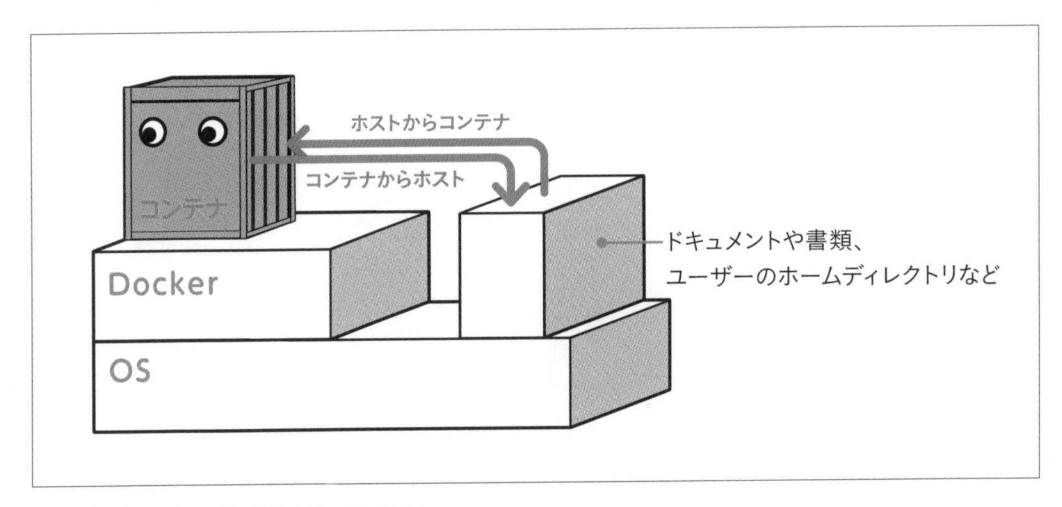

図6-2-1　ホストとコンテナ間でのファイルのコピー

コピーするコマンドdocker cp (docker container cp)

ファイルをコピーするのに、WindowsやMacでは、ドラッグ&ドロップしますが、Dockerではコマンドで行います。

コンテナへコピーする記述例（ホスト→コンテナ）

```
docker cp ホスト側パス コンテナ名：コンテナ側パス
```

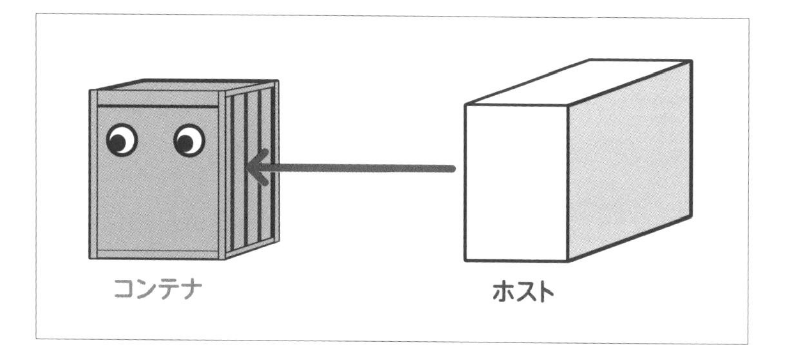

コンテナからコピーする記述例（コンテナ→ホスト）

```
docker cp コンテナ名：コンテナ側パス ホスト側パス
```

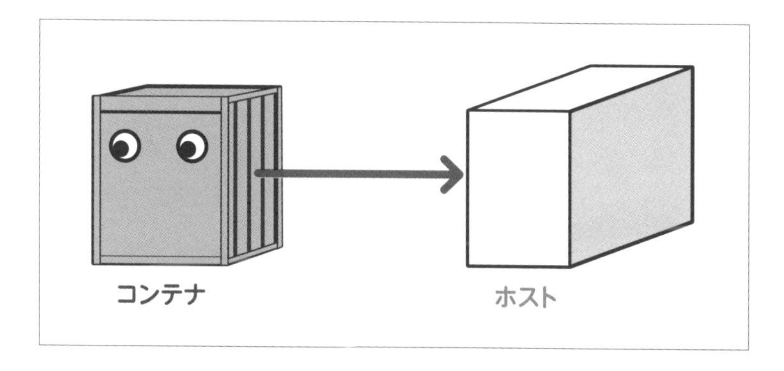

これを見るとわかるように、「cp」コマンドに続いて「コピー元 コピー先」の順番で記述します。

コピーするコマンド文

```
docker cp コピー元 コピー先
```

ホスト側パスの記述例

ホスト側（土台となるパソコン側）は、どこにファイルを置いても構いません。

ファイルを置いた場所は、「パス」で記述します。パスは、ファイルやフォルダ（ディレクトリ）のパソコン内での住所を表したものです。

例えば、「ドキュメント」フォルダ（Windows）や「書類」ディレクトリ（Mac)、ユーザーのホームディレクトリ（Linux）に置くと、以下のようなパスになります。

パスの例

項目	値
Windowsの「ドキュメント」	C:¥Users¥ユーザー名¥Documents¥ファイル名
Macの「書類」	/Users/ユーザー名/Documents/ファイル名
Linuxのホームディレクトリ	/home/ユーザー名/ファイル名

index.htmlファイルを作る

題材とするコンテナは、Apacheを使います。

Apacheは、アクセスすると初期画面を表示させますが、「index.html」ファイルを置くと、そちらが優先して表示されます。

コピーをするハンズオンに入る前に、コピーに使うindex.htmlファイルを作成しておきましょう。なお、このファイルは、Chapter 6-03の「ボリュームのマウント」でも使用するので、このハンズオンが終わっても削除しないでください。

［事前準備］index.htmlファイルを作成する

メモ帳などのテキストエディタでindex.html※2ファイルを作成しておきます。Linuxの場合は、nanoエディタ※3などで作成しましょう。

以下のとおりのファイルを「index.html」という名前で保存します。「.html」の部分は、拡張子です。保存時にhtmlを選択※4もしくは、ファイル名として命名して作成します。ファイル作成後にファイル名を変更することでも対応できます。

「メザシおいしい！」の部分は、好きなメッセージで構いませんし、HTMLがわかるのであれば、自由に作って良いです。

※2　次ページコラム参照

※3　Appendix 参照

※4　メモ帳の場合は、ファイルの種類で「すべてのファイル」を選択し、「index.html」という名前で保存すると、「.html」が拡張子として保存される

保存時には、文字コードが「UTF-8」になっていることを確認してください。作成したファイルは、ドキュメント（Windows）や書類（Mac）、ユーザーのホームディレクトリ（Linux）に置いてください。直下に置きたくないのなら、フォルダ／ディレクトリを作ってそこに格納しても良いですが、その場合は、パスを調整してください。

index.html

```
01 <html>
02 <meta charset="utf-8"/>
03 <body>
04 <div>メザシおいしい！</div>
05 </body>
06 </html>
```

COLUMN：Level ★★★ [for beginners]

HTMLとindex.htmlファイル

本書の主旨からずれるため、詳しくは説明しませんが、HTMLについて軽く書いておきましょう。
Webサイトは、HTMLファイルで構成されています。HTMLは、<html>のようなタグでくくられているのが特徴で、<html>～</html>で囲み、<body>～</body>の間に記述された内容が、Webページとして表示されます。

HTMLで記述されたファイルは、「.html」もしくは「.htm」の拡張子で保存します。拡張子とはファイル形式を表したものです。
Webサイトのトップページは、「index.html」ファイルを使うことが多く、このファイルを置くことで、Apacheは初期画面に替えて「index.html」に記載された内容を表示します。

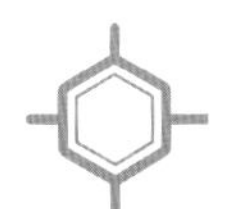

［手順］ホストからコンテナの中にファイルのコピーをしてみよう

Apacheのコンテナに、index.htmlファイルをコピーします。
この状態でApacheにアクセスすると、いつもの初期画面ではなく、index.htmlの内容が表示されます。

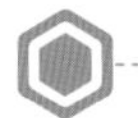

作成するコンテナの情報

項目	値
コンテナ名	apa000ex19
イメージ名	httpd
ポートの設定	8089:80

使用するコマンドのオプション、対象、引数

今回、index.htmlファイルは、ホスト側の、「ドキュメント」（Windows）／「書類」（Mac）／ユーザーのホームディレクトリ（Linux）に置くという前提で進めます。

コピーするコマンド

```
docker cp コピー元パス コピー先のコンテナ名：コンテナ側パス
```

項目	値
Windowsのコピー元パス	C:¥Users¥ユーザー名¥Documents¥index.html※5
Mac のコピー元パス	/Users/ユーザー名/Documents/index.html
Linuxのコピー元パス	/home/ユーザー名/index.html
コピー先のコンテナ内のディレクトリ	/usr/local/apache2/htdocs/

STEP 0 Apacheコンテナを作成しておく

題材とするコンテナは、Apacheを使います。Apacheについて忘れてしまった人は、Chapter 4も確認してください。Chapter 4-04を参考に通信できるApacheコンテナを作っておきます。コンテナ名は「apa000ex19」、ポート番号は「8089」としてください。

入力するコマンド

```
docker run --name apa000ex19 -d -p 8089:80 httpd
```

※5　Docker Engine のバージョンによっては、「C:」を省略しないと上手くいかないことがある。それでも失敗するときは、変更があったかもしれないので本書サポートページを確認のこと

STEP 1 ブラウザでApacheにアクセスして初期画面を確認する

ブラウザで「http://localhost:8089/」にアクセスし、Apacheの初期画面を表示させます。
現在は、Apacheに対して何もしていないので、初期画面のままです。

It works!

図6-2-2　表示されるApacheの初期画面

STEP 2 「cp」コマンドを実行して、ホストからコンテナへファイルをコピー

「cp」コマンドで、ホストからコンテナに「index.html」ファイルをコピーします。

コピーするコマンド（Windows）

```
docker cp C:¥Users¥ユーザー名¥Documents¥index.html apa000ex19:/usr/local/apache2/
htdocs/
```

コピーするコマンド（Mac）

```
docker cp /Users/ユーザー名/Documents/index.html apa000ex19:/usr/local/apache2/
htdocs/
```

コピーするコマンド（Linux）

```
docker cp /home/ユーザー名/index.html apa000ex19:/usr/local/apache2/htdocs/
```

STEP 3 index.htmlに変わったことを確認する

ブラウザで「http://localhost:8089/」にアクセスします。もし、ブラウザでページを開いたままであった場合は、リロードボタンをクリックするか、[F5] キーを押し、ページを再読込しましょう。「index.html」ファイルの中身が表示されたら成功です。なお、index.htmlの<div> ～ </div>で囲まれた内容が表示されます。

図6-2-2　表示されるApacheの初期画面

STEP 4 後始末を行う

次のハンズオンでも同じコンテナを使うので、削除は行わなくて構いません。

［手順］コンテナからホストにファイルのコピーをしてみよう

今度は逆をやります。前回コピーしたApacheのコンテナにあるindex.htmlファイルを、ホスト側にコピーします。

新しくコピーしたものかどうか区別がつかないので、今、ホスト側に存在するファイルは、「index2.html」と名前を変えるか、削除してください。

Linuxの場合は、以下のコマンドでファイル名の変更、ファイルの削除ができます。

Linuxでファイル名を変更する（index.html→index2.html）

```
mv /home/ユーザー名/index.html /home/ユーザー名/index2.html
```

Linuxでファイルを削除する

```
rm /home/ユーザー名/index.html
```

今回行うこと

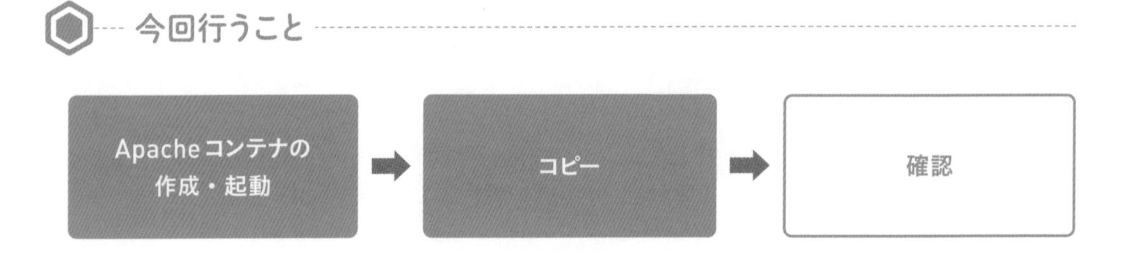

作成するコンテナの情報

前節で使用したコンテナ「apa000ex19」をそのまま使います。

使用するコマンドのオプション、対象、引数

ホスト側のコピー先フォルダ（ディレクトリ）は、前節と同じく「ドキュメント」（Windows）／「書類」（Mac）／ユーザーのホームディレクトリ（Linux）として記述しましょう。

コピーするコマンド（Windows）

```
docker cp apa000ex19:/usr/local/apache2/htdocs/index.html C:¥Users¥ユーザー名
¥Documents¥
```

コピーするコマンド（Mac）

```
docker cp apa000ex19:/usr/local/apache2/htdocs/index.html /Users/ユーザー名/
Documents/
```

コピーするコマンド（Linux）

```
docker cp apa000ex19:/usr/local/apache2/htdocs/index.html /home/ユーザー名/
```

項目	値
Windowsのパス	C:¥Users¥ユーザー名¥Documents¥
Macのパス	/Users/ユーザー名/Documents/
Linuxのパス	/home/ユーザー名/
コンテナ内のファイルのパス	/usr/local/apache2/htdocs/index.html

自分の環境のOSに合わせてコマンドを選択すること

STEP 0 Apacheコンテナを作成しておく

題材とするコンテナは、前節で使用した「apa000ex19」を引き続き使います。削除してしまった場合は、作成しておきましょう。また、前節で使用したホスト側の「index.html」ファイルの名前を変更するか、削除していることを確認しておきましょう。

STEP 1 「cp」コマンドを実行して、コンテナからホストへファイルをコピー

「cp」コマンドで、コンテナからホストに「index.html」ファイルをコピーします。

コピーするコマンド（Windows）

```
docker cp apa000ex19:/usr/local/apache2/htdocs/index.html C:¥Users¥ユーザー名
¥Documents¥
```

コピーするコマンド（Mac）

```
docker cp apa000ex19:/usr/local/apache2/htdocs/index.html /Users/ユーザー名/
Documents/
```

コピーするコマンド（Linux）

```
docker cp apa000ex19:/usr/local/apache2/htdocs/index.html /home/ユーザー名/
```

STEP 2 ホスト側にindex.htmlファイルがコピーされたことを確認する

該当のフォルダ（ディレクトリ）を開き、ホスト側にindex.htmlファイルがコピーされたことを確認しましょう。WindowsやMacの場合は、通常通り、フォルダを開く操作で確認します。Linuxの場合は、「ls」コマンドで確認します。

STEP 3 後始末を行う

納得がいったら、コンテナを停止し、削除しましょう。イメージおよび、index.htmlファイルは、次のハンズオンでも使うので、そのままで構いません。コンテナ後始末のコマンドは、Chapter 5のP.145を参考にしてください。

SECTION 03

ボリュームのマウント

この節では、ボリュームのマウントについて解説します。マウントをすると、コンテナの一部分を土台の一部分のように扱えて便利です。マウントには2つの方法があり、少し難しいのでじっくり取り組んでみてください。

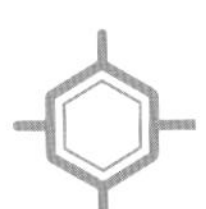

ボリュームとマウント

この節では、ボリュームマウントについて扱いますが、「ボリュームって何？」「マウントって何？」と思われる方も多いでしょう。

ボリュームとは、ストレージの1領域を区切ったものを言います。簡単に言えば、ハードディスクやSSDの区切られた1領域です。長いカステラの一部分[※6]のような感じでしょうか。

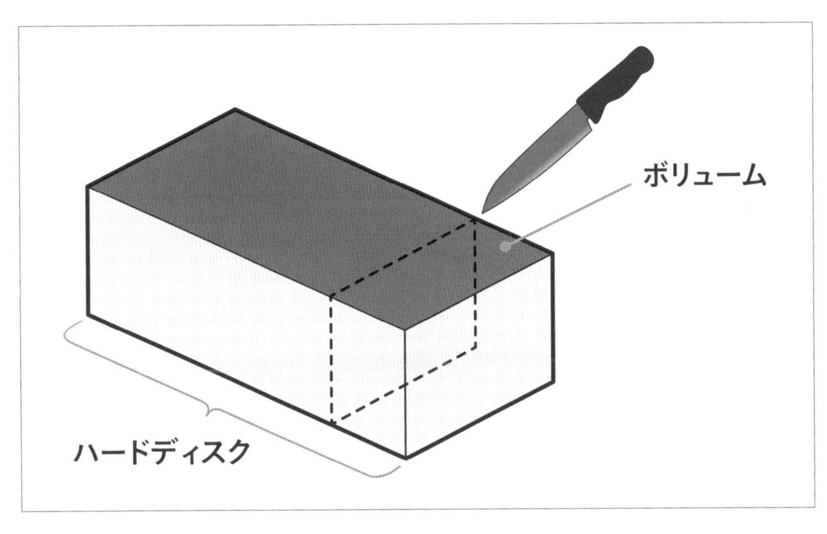

図6-3-1　ボリュームとは

マウントとは、「取り付ける」の意味どおり、対象を接続して、OSやソフトウェアの支配下に置くことです。

イメージとして一番わかりやすいのは、USBメモリをパソコンに差すと、ピロンと音がして、フォルダを開けるようになりますが、あれもUSBメモリをパソコンにマウントしているわけです。

※6　1つのストレージを1つのボリュームとして運用することも多い

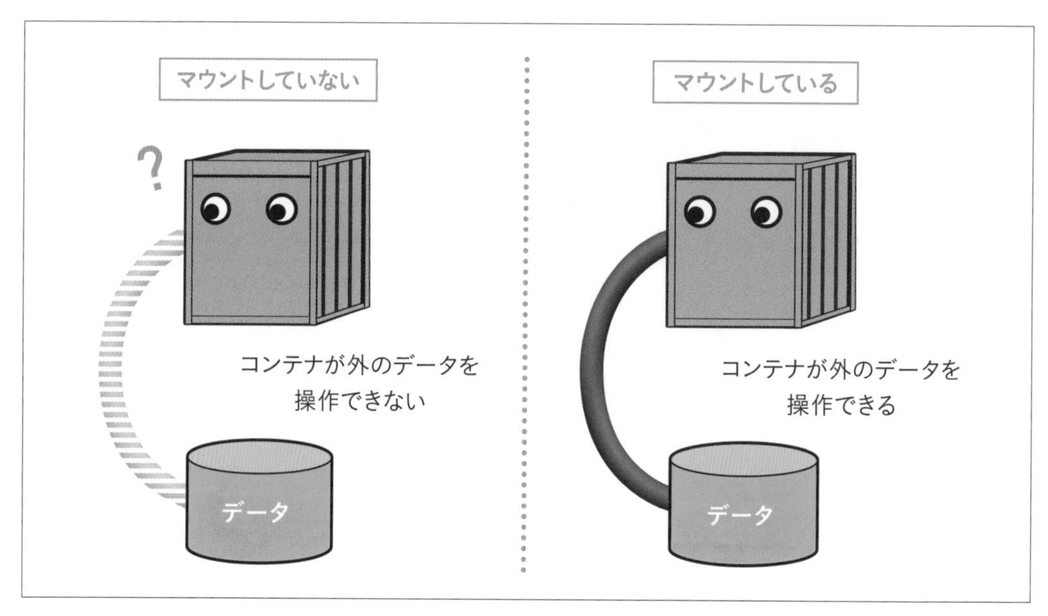

図6-3-2　マウントするとどうなるか

これまで、コンテナを作っては削除してきましたが、実際にコンテナを使いたいのであれば、記憶領域のマウントが必要です。なぜなら、そこにデータを置くからです。

コンテナは、停止しても消えることはありませんが、「作っては壊す」という性質上、ソフトウェアのバージョンアップに伴って、削除する日が来ます。つまり近い将来、消してしまうものです。

そうしたときに、コンテナ内にデータを置いていると、コンテナと一緒にデータが消滅[※7]してしまいます。コンテナのデータと言われてもピンと来ないかもしれませんが、例えば、パソコンやスマートフォンを買い替えたときに、データが引き継げなかったら困ってしまいますね。大概は、USBメモリやSDカード、外付けHDDに保存して移し変えるのではないでしょうか。

それと同じで、コンテナの場合も外部にデータを逃がします。ただ、コンテナは、頻繁に作っては壊すので、いちいち移し変えずに、最初から外に保存して、そのままアクセスして使うのが一般的です。これをデータの永続化（えいぞくか）と言います。このデータを置く場所が、マウントした記憶領域です。

「記憶領域のマウント」は、ややまどろっこしいので、エンジニアは慣例的に「ボリュームのマウント」という言葉を使いますが、マウントする記憶領域はボリュームだけに限らず、ディレクトリやファイル、メモリの場合もあります。

記憶領域のマウントの種類

Dockerに記憶領域をマウントするには、2種類の方法があります。
ボリュームマウントと、バインドマウントです。

※7　MySQLなどのデータベースの場合は、データが消滅するイメージがわかりやすいが、WordPressなどのデータベース以外のコンテナでも、設定ファイルやアップロードした画像などが存在する

①ボリュームマウント

ボリュームマウントは、Docker Engineが管理している領域内にボリュームを作成し、ディスクとしてコンテナにマウントします。

名前だけで管理できるので、手軽に扱える半面、ボリュームに対して、直接操作しづらいので、「仮で使いたい場合」や、「滅多に触らないが、消してはいけないファイル」を置くのに使うことが多いです。

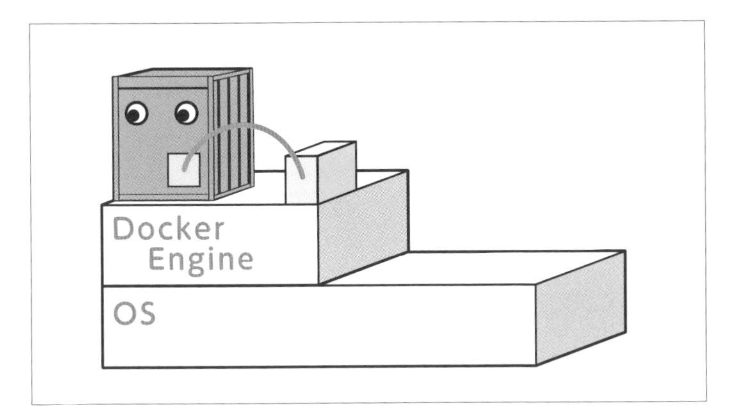

図6-3-3　ボリュームマウント

②バインドマウント

バインドマウントは、Dockerをインストールしたパソコンのドキュメントやデスクトップなど、Docker Engineの管理していない場所の既に存在するディレクトリ[※8]をコンテナにマウントします。ディレクトリだけでなく、ファイル単位でマウントすることもできます。

フォルダ（ディレクトリ）に対して直接ファイルを置いたり開いたりできるため、頻繁に触りたいファイルは、ここに置きます。

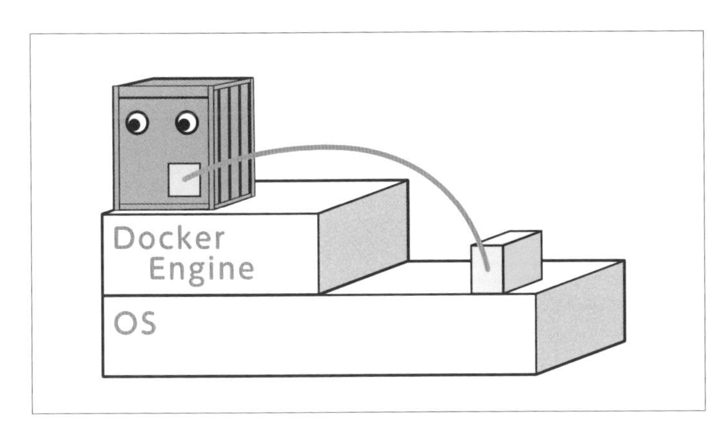

図6-3-4　バインドマウント

※8　慣例的にWindowsではフォルダと言うが、Linuxではディレクトリと呼ぶ

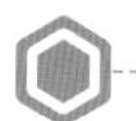

2つのマウント方法の違い

2つのマウント方法の違いは、「簡単かどうか」「親となるパソコンから操作したいかどうか」「環境依存を排除したいか」の3点がポイントです。

ボリュームマウントの場合は、Docker Engineの管理下[※9]にあるので、ユーザーがファイルの場所を意識する必要がありません。「デスクトップにヒョイと置いてあったから、誤って消してしまった！」ということもないわけです。

また、OSによってコマンドが変わるなどの依存もありません。例えば、Windows、Mac、Linuxそれぞれ、ディレクトリの指定方法（パス）が違うため、Linuxユーザーが作成したコンテナを、WindowsユーザーやMacユーザーに配る場合、その部分（パス）を書き換えなければなりませんが、ボリュームマウントであれば、その作業は不要です。環境によってパスが変わるということがありません。

つまり、ボリュームマウントは、慣れればとにかく手軽なのです。Docker社はこちらを推奨しています。

ただ、ボリュームマウントでは、Dockerコンテナを経由せずに、直接ボリュームにアクセスすることはできません。無理に変更を加えると、ボリュームが壊れる恐れがあります。バックアップしたい場合でも、単純なコピーではなく、複雑な手順[※10]が必要になります。

一方、バインドマウントの場合は、Dockerの管理外の好きな場所に置けるので、普通のファイルと同じように取り扱えますし、他のソフトウェアで気軽に編集できます。Docker Engineとは関係なく扱えます。

そのため、WordPressのようなファイルを頻繁に編集したいケースの場合は、バインドマウントでないと仕事になりません。

このように、手軽さとできることの違いがあるので、中のファイルを編集することが多い場合は、バインドマウントを、そうでない場合はボリュームマウントを選ぶと良いでしょう。

ボリュームマウントとバインドマウントの違い

項目	ボリュームマウント	バインドマウント
記憶領域	ボリューム	ディレクトリやファイル
マウント場所	Docker Engine管理下	どこでも可能
マウント時の動作	ボリュームを作成してマウント	既存のファイルやフォルダをマウント
内容の編集	Dockerコンテナを経由して行う	普通のファイルとして扱う
バックアップ	複雑な手順	普通のファイルとして扱う

ただし、ボリュームマウントのボリュームは事前に作っておくことが推奨されている

※9　Linuxの場合は、/var/lib/docker/volumes/以下。デスクトップ版の場合は、Docker Engine管理下の類似した場所だが、ここにあるファイルを直接、ホストから読み書きすると壊れるので注意

※10　Linux OSのみ入った別のコンテナに対しても該当のボリュームをマウントし、そこでバックアップ操作を行う必要がある

COLUMN : Level ★★★　一時メモリ（tmpfs）マウント

本当は、マウント方法は、もう1つあります。一時メモリ（tmpfs）マウントです。
一時メモリマウントの場合、ディスクではなくメモリをマウント先に指定します。ディスクを使用するよりも高速に読み書きできるため、アクセスを速くする目的で行われますが、Docker Engineの停止やホストの再起動などで消滅します。

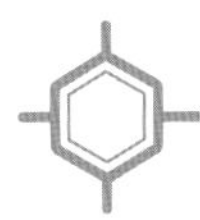

記憶領域をマウントするコマンド

どちらのマウント方法でも、記憶領域のマウントは、「run」コマンドにオプションとして指定します。

マウントしたい記憶領域の場所（パス）を、コンテナの特定の場所であるように設定することでマウントします。ちょっとピンとこないかもしれないですね。

わかりやすい例え話をすると、デスクトップにソフトウェアのショートカットを作ることがあると思いますが、ソフトウェアを実行する本体のプログラムは別の場所にあります。しかし、ショートカットを作ることで、まるでそこに本体があるかのように見えます。

記憶領域のマウントも同じで、マウントしたい記憶領域は、本当は別の場所にあるのですが、まるでコンテナ内の場所であるかのように設定するというわけです。デスクトップ例で言えば、コンテナ内にショートカットを作るようなイメージです。

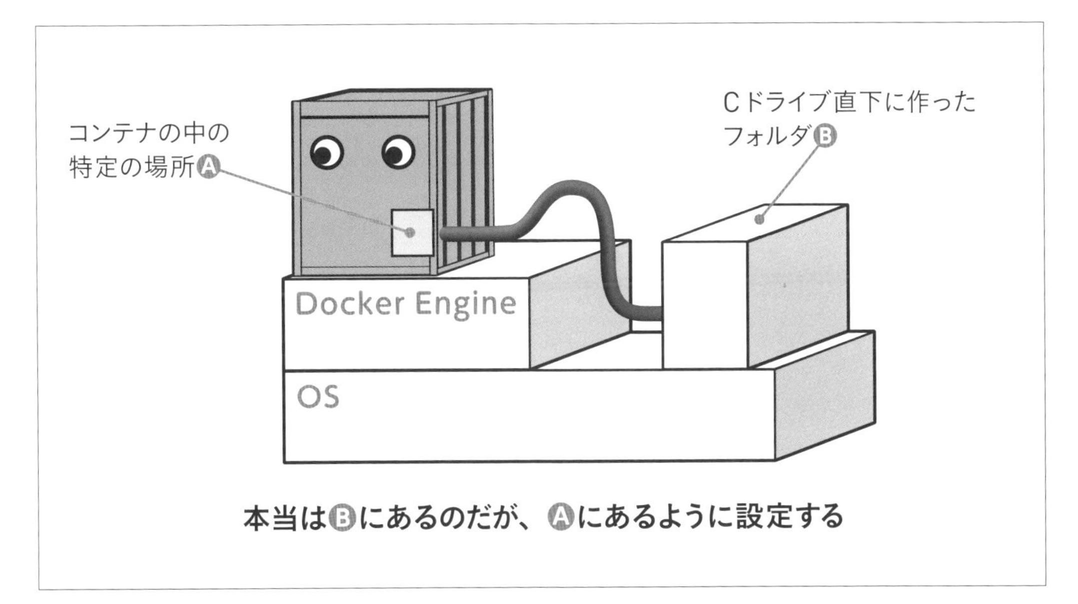

図6-3-5　マウントはショートカットのようなもの（バインドマウントの例）

マウント元の記憶領域の場所（**図6-3-5**の**Ⓑ**）と、マウント先の場所（**図6-3-5**の**Ⓐ**）は、パスで指定します。例えば、Windowsのデスクトップ※11にある「mezashi」というフォルダをマウント元にするなら、「C:¥Users¥ユーザー名¥Desktop¥mezashi※12」と指定します。

マウント先の記憶領域の場所（コンテナ内の場所）は、そのソフトウェアが、コンテンツを保存する場所をマウントするケースが多いです。例えばApacheなら、「/usr/local/apache2/htdocs」ですし、MySQLなら「/var/lib/mysql」です。

どこにデータが置かれているのかなどは、Dockerイメージのドキュメントで調べられます。

記憶領域をマウントする手順

記憶領域をマウントする場合、先にその記憶領域を作成しておきます。

ボリュームマウントの場合は、作っておかなくても、マウント時にボリューム（記憶領域）が存在しなければ、自動で作られますが、この方法は推奨されていません。先に作っておく方が良いでしょう。

記憶領域を作る ➡ コンテナを作る（マウントする）

記憶領域の作り方

バインドマウントの場合、記憶領域を作るには、フォルダ（ディレクトリ）や、ファイルを用意します。通常行っている手順※13でフォルダを作ってください。場所は、どこでも良いですが、ドキュメントの下やCドライブ直下など、迂闊に触らない場所が良いでしょう。

ボリュームマウントの場合は、ボリューム系コマンドで作成します。

ボリューム作成（ボリュームマウント）

```
docker volume create ボリューム名
```

ボリューム削除（ボリュームマウント）

```
docker volume rm ボリューム名
```

※11　デスクトップにあるフォルダをどれか開き、エクスプローラーのアドレス欄をクリックすると、そのフォルダのパスがわかる。デスクトップ自体は何故かパスが表示されない

※12　本来は「\」で区切られるのだが、日本語環境の場合、「¥」で表記される

※13　Windowsなら右クリックして新規作成。Macなら［control］＋クリックでメニューを出すか、[Shift] ＋［command］＋［N］で作成する。Linuxの場合は、mkdirコマンド

主な副コマンド

コマンド	内容	省略	主なオプション
create	ボリュームを作る	不可	あまり指定しない
inspect	ボリュームの詳細情報を表示する	不可	あまり指定しない
ls	ボリュームの一覧を表示する	不可	あまり指定しない
prune	現在マウントされていないボリュームをすべて削除する	不可	あまり指定しない
rm	指定したボリュームを削除する	不可	あまり指定しない

記憶領域をマウントするコマンド

「-v」オプションに続いて、「実際の記憶領域パス」もしくは「ボリューム名[※14]」、「コンテナの記憶領域パス」の順で記述します。これらのパスは「:」コロンで区切ります。

バインドマウントの場合、マウントするのは「ボリューム」ではないのですが、指定するオプションは、バインドマウントと同じく「-v」オプションを使います。

バインドマウントのよく使う記述例

```
docker run (省略) -v 実際の記憶領域パス:コンテナの記憶領域パス (省略)
```

ボリュームマウントのよく使う記述例

```
docker run (省略) -v ボリューム名:コンテナの記憶領域パス (省略)
```

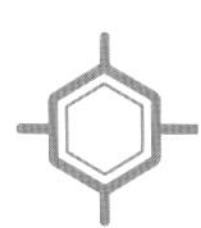

[手順] バインドマウントしてみよう

バインドマウントの練習をしてみましょう。

作成するコンテナは、コピーに引き続きApacheを使います。

バインドマウントなので、事前に普通のフォルダ（ディレクトリ）を作っておき、コンテナ作成時にオプションでマウントします。フォルダ（ディレクトリ）の中のファイルを変更することで、マウントが成功しているか確認できます。

今回は、「index.html」ファイルを置き、ブラウザでアクセスしたときに、Apacheの初期画面から「index.html」ファイルの表示に置き換わっていることを確認します。

※14　ボリュームの作り方次ページ参照

今回行うこと

作成するコンテナの情報

項目	値
コンテナ名	apa000ex20
イメージ名	httpd
ポート番号	8090

「-v」オプションの設定内容

項目	値
コンテナ内の記憶領域パス（マウント先）	/usr/local/apache2/htdocs
実際のフォルダ名/ディレクトリ名（マウント元）	apa_folder
Windowsの実際の記憶領域パス	C:¥Users¥ユーザー名¥Documents¥apa_folder
Macの実際の記憶領域パス	/Users/ユーザー名/Documents/apa_folder
Linuxの実際の記憶領域パス	/home/ユーザー名/apa_folder

自分の環境のOSに合わせてコマンドを選択すること

-vオプション（Windowsの場合）

```
-v C:¥Users¥ユーザー名¥Documents¥apa_folder:/usr/local/apache2/htdocs
```

-vオプション（Macの場合）

```
-v /Users/ユーザー名/Documents/apa_folder:/usr/local/apache2/htdocs
```

-vオプション（Linuxの場合）

```
-v /home/ユーザー名/apa_folder:/usr/local/apache2/htdocs
```

STEP 1 マウントするフォルダ／ディレクトリを作成する

マウントする予定のフォルダ／ディレクトリを「apa_folder」という名前で作成します。

Windowsの場合はドキュメントの中、Macの場合は書類（Documents）の中、Linuxの場合は、ユーザーのホームディレクトリに「mkdir フォルダ名」※15コマンドで作ります。

STEP 2 「run」コマンドでApacheコンテナを起動する

Apacheのイメージ（httpd）から「apa000ex20」という名前のコンテナを作成・起動するコマンド文を入力します。OSによってファイルのパスが異なるので注意してください。コンテナが実行されているか、「ps」コマンドで確認しておくとよいでしょう。

入力するコマンド（Windows）

```
docker run --name apa000ex20 -d -p 8090:80 -v C:¥Users¥ユーザー名¥Documents¥apa_
folder:/usr/local/apache2/htdocs httpd
```

入力するコマンド（Mac）

```
docker run --name apa000ex20 -d -p 8090:80 -v /Users/ユーザー名/Documents/apa_
folder:/usr/local/apache2/htdocs httpd
```

入力するコマンド（Linux）

```
docker run --name apa000ex20 -d -p 8090:80 -v /home/ユーザー名/apa_folder:/usr/
local/apache2/htdocs httpd
```

STEP 3 ブラウザでApacheにアクセスして初期画面を確認する

ブラウザで「http://localhost:8090/」にアクセスし、Apacheの初期画面を表示させます。現在は、何もファイルを置いていないので、「Index of /」と表示されます。通常、何もファイルがないときは「It's Works」と表示されますが、フォルダのみ存在するときには、「Index of /」と表示されます。

※15 具体的には「mkdir /home/ユーザー名/apa_folder」となる

図6-3-6　表示されるApacheの初期画面

STEP 4 マウントしたフォルダ／ディレクトリにindex.htmlを置く

「apa_folder」の中に「index.html」ファイルを入れます。WindowsやMacは、いつもどおりドラッグ&ドロップすれば良いです。Linuxは「cpコピー元　コピー先」[※16]コマンドでファイルをコピーします。

STEP 5 index.htmlに変わったことを確認する

ブラウザで「http://localhost:8090/」にアクセスしてみましょう。もし、ブラウザでページを開いたままであった場合は、リロードボタンをクリックするか、[F5] キーを押し、ページを再読込します。「index.html」ファイルの中身が表示されたら成功です。

図6-3-7　表示されるindex.html

STEP 6 後始末を行う

納得がいったら、コンテナを停止し、削除します。イメージはそのままにしておきましょう。コンテナ後始末のコマンドは、P.145コラムを参考にしてください。

※16　具体的には「cp /home/ユーザー名/index.html /home/ユーザー名/apa_folder」コマンドとなる

[手順：応用] ボリュームマウントしてみよう

ボリュームマウントは、少し難しいので、よくわからないのであれば、スキップしてしまって構いません。

また、確認方法が難しいので、「volume inspect」コマンドでの確認に留めます。手順は、バインドマウントと基本的には同じです。

今回行うこと

作成するコンテナの情報

項目	値
コンテナ名	apa000ex21
イメージ名	httpd
ボリューム名	apa000vol1 （末尾は小文字のエルの後に数字のイチ）
ポート番号	8091

使用するコマンドのオプション、対象、引数

ボリューム作成

```
docker volume create apa000vol1
```

ボリューム詳細情報の表示

```
docker volume inspect apa000vol1
```

ボリューム削除

```
docker volume rm apa000vol1
```

-vオプション

```
-v apa000vol1:/usr/local/apache2/htdocs
```

マウント元とマウント先の情報

項目	値
マウント先のコンテナ内の記憶領域パス	/usr/local/apache2/htdocs
マウント元のボリューム	apa000vol1

STEP 1 マウントするボリュームを作成する

マウントする予定のボリュームを「apa000vol1」という名前で作成しましょう。ボリュームを作成する場所は、Docker Engineが適切に設定してくれるので、気にしなくて良いです。

入力するコマンド

```
docker volume create apa000vol1
```

STEP 2 「run」コマンドでApacheコンテナを起動する

Apacheのイメージ（httpd）から「apa000ex21」という名前のコンテナを作成・起動するコマンド文を入力します。コンテナの実行があっているかどうか、「ps」コマンドで確認しておくとよいでしょう。-vオプションで、さきほど作成したボリュームと、マウント先のコンテナ内の記憶領域を指定します。

入力するコマンド

```
docker run --name apa000ex21 -d -p 8091:80 -v apa000vol1:/usr/local/apache2/htdocs
httpd
```

STEP 3 「volume inspect」コマンドでボリュームの詳細情報を表示

「volume inspect」コマンドでボリュームの詳細情報を表示しましょう。またマウントされているかどうかを「container inspect」コマンドで調べましょう。

入力するコマンド

```
docker volume inspect apa000vol1
```

コマンドを実行した結果

```
[
    {
        "CreatedAt": "2020-09-01T12:36:51Z",
        "Driver": "local",
        "Labels": {},
        "Mountpoint": "/var/lib/docker/volumes/apa000vol1/_data",
        "Name": "apa000vol1",
        "Options": {},
        "Scope": "local"
    }
]
```

入力するコマンド

```
docker container inspect apa000ex21
```

コマンドを実行した結果

```
[
…略…
        "Mounts": [
            {
                "Type": "volume",
                "Name": "apa000vol1",
                "Source": "/var/lib/docker/volumes/apa000vol1/_data",
                "Destination": "/usr/local/apache2/htdocs",
                "Driver": "local",
                "Mode": "z",
                "RW": true,
                "Propagation": ""
            }
        ],
…略…
]
```

STEP 4 後始末を行う

納得がいったら、コンテナを停止し、削除します。イメージとボリュームも削除しましょう。削除してないとエラーが出ます。コンテナとイメージの後始末のコマンドは、P.145を参考にしてください。

ボリュームを削除するコマンド

```
docker volume rm apa000vol1
```

COLUMN：Level ★★★ 強者コラム

ボリュームマウントの確認方法

難しいよと言われても、ボリュームマウントの確認方法を知りたい方もいらっしゃるでしょう。そうした方のためにいくつか方法を提示しておきます。

ボリュームマウントの確認方法が難しい理由は、コンテナ経由以外で、ボリュームの中に入ることができないからです。バインドマウントのように「ここにファイルがありますね」などと、簡単にはいきません。

ですから、ボリュームがマウントされたかどうかの確認は、上のハンズオンで行ったように、「volume inspect」コマンドや「container inspect」コマンドを使うのですが、しかし、それでも実際に読み書きできるのかどうか確認したいときには、以下の方法を検討してください。

(1) 実際の運用で確認したい場合

実際の運用で確認したい場合は、そのボリュームに、別のコンテナからマウントして中身を見ます。例えば、WordPressのコンテナであれば、WordPressでデータを更新したら、画像ファイルがボリュームに保存されるはずです。これに対して、Linuxのみ※入ったコンテナをこのボリュームにつなぎ、ボリュームのファイル一覧を表示させれば、本当にWordPressがボリュームに書き込んでいるかどうかわかります。

MEMO

Ubuntuのみ、CentOSのみなどどんなディストリビューションでも良いが、busyboxが軽量で使いやすい

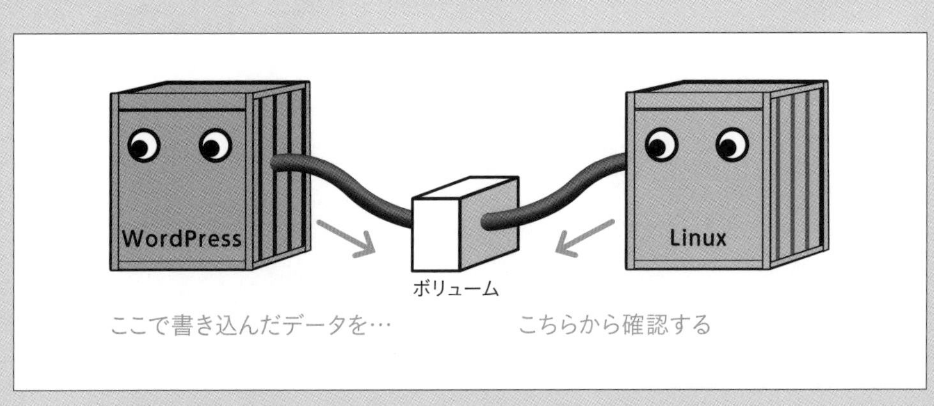

図6-3-8　別のコンテナからマウントして確認する

(2)学習として確認したい場合

学習として確認したい場合は、もっと簡単です。
ボリュームとコンテナは別々のものであり、コンテナを破棄してもボリュームを残すのがボリュームマウントです。確認する場合は、コンテナ構築後にWordPressやMySQLでデータを更新します。何か書き込んだら、コンテナを削除し、もう一度同じボリュームをマウントして、WordPressコンテナやMySQLコンテナを作成します。
最初のコンテナにちゃんとボリュームが結びついているのであれば、二回目のコンテナでも同じデータが使えるはずです。

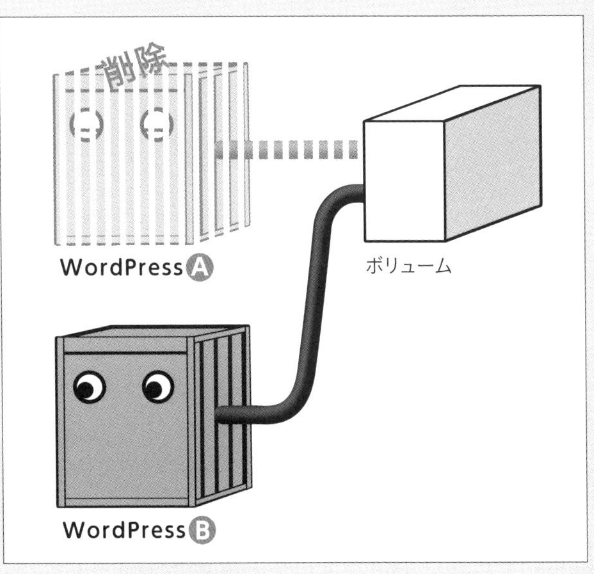

図6-3-9
コンテナを削除したのち、別のコンテナから同じボリュームをマウントする

COLUMN : Level ★★★ 強者コラム

ボリュームのバックアップ

バインドマウントの場合は、ファイルをコピーしておけば済みますが、ボリュームマウントの場合は、バックアップも難しいです。
ボリューム自体はコピーできないので、確認方法のときと同じように別のLinuxコンテナをつないで圧縮し、保存します。ただ、注意したいのが、コンテナ作成(run)時と同時にtarコマンド※でバックアップを取るということです。しかも、圧縮したファイルを外に保存します。
ちょっとわかりづらいですね。作業の流れは以下のようになります。

MEMO

tarコマンド：
ファイルを圧縮するコマンド。
zipのようなもの

メインのコンテナの停止を確認

Linuxのみコンテナを作りつつ
tarコマンドでバックアップ

▶次ページに続く

Chapter 1
Chapter 2
Chapter 3
Chapter 4
Chapter 5
Chapter 6
Chapter 7
Chapter 8
Appendix

ボリュームバックアップの記述例

```
docker run --rm -v ボリューム名:/moto -v バックアップ先のフォルダ名:/saki busybox
tar czvf /saki/バックアップファイル名.tar.gz -C /moto .
```

コマンド文の説明をしておくと、runコマンドでLinuxのみのコンテナ（busybox）を実行しています。そのときに、「作ってすぐに消す」予定なのでオプションとして「--rm」をつけています。

-vオプションと引数を省略した記述例

```
docker run --rm（オプション）busybox（引数）
```

オプション部分を見ていきましょう。ここでは、2つ記憶領域のマウントをしています。
1つは、ボリュームをbusyboxコンテナ（/moto）にマウントしています。これはいつものボリュームマウントですね。
もう1つは、バックアップ先にしたいパソコンのフォルダを、やはりbusyboxコンテナ（/saki）にマウントします。なんと、こちらはバインドマウントしているのです！
これは、/motoに一旦マウントしたボリュームを、/sakiに書き出すことで、コンテナの外にデータを保存させるためです。なお、「/moto」、「/saki」は、説明がわかりやすいように作ったディレクトリ名なので、好きな命名※をしてもらって構いません。

一般的には、「src」「dest」がよく使われる

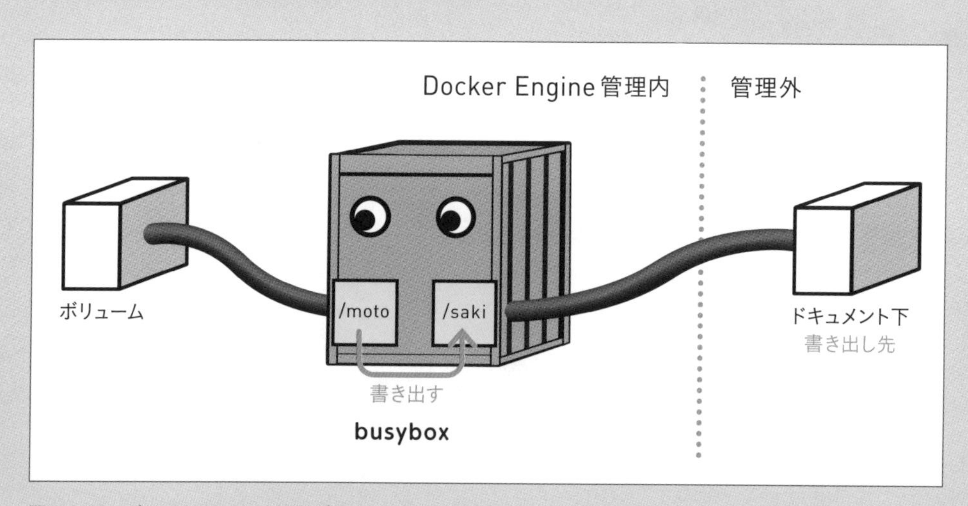

図6-3-10　ボリュームのバックアップ

ボリュームをbusyboxコンテナの「/moto」にマウント

```
-v ボリューム名:/moto
```

バックアップ先となるパソコンのフォルダをbusyboxコンテナの「/saki」にマウント

```
-v バックアップ先のフォルダ名:/saki
```

引数部分を見ていきましょう。ここでは、「圧縮すること」と、ファイル名を表しています。「tar」がtar形式を使うコマンド、「czvf」「-C」が作成時のオプション、「バックアップファイル名.tar.gz」がファイル名です。/motoを/saki内の「バックアップファイル名.tar.gz」というファイルとして圧縮保存するという意味です。なお、最後のスペースとドットを忘れないようにしてください。

引数

```
tar czvf /saki/バックアップファイル名.tar.gz -C /moto .
```

これを右の情報に従ってコマンド文にしてみます。

項目	値
ボリューム名	apa000vol1
バックアップ先のフォルダ名	C:¥Users¥ユーザー名¥Documents
busybox内の受け取るディレクトリ名	/moto
busybox内の書き出すディレクトリ名	/saki
バックアップファイル名	backup_apa

上記設定に沿った記述

```
docker run --rm -v apa000vol1:/moto -v C:¥Users¥ユーザー名¥Documents:/saki
busybox tar czvf /saki/backup_apa.tar.gz -C /moto .
```

アーカイブ化するときには、そのボリュームをメインで使っているコンテナが停止している、もしくは存在しないことを確認してください。
この方法は、複雑なようですが、Docker社の推奨している方法を元にしています。つまり、これがよく使われる方法なので、必要な人は覚えておきましょう。
なお、本書は入門者向けの書籍であるため、リストアまではやりませんが、コマンド例は載せておくので参考にしてください。なお「xzvf」は、解凍のときのオプションです。

よく使う記述例（リストア）

```
docker run --rm -v apa000vol2:/moto -v C:¥Users¥ユーザー名¥Documents:/saki
busybox tar xzvf /saki/backup_apa.tar.gz -C /moto
```

コンテナのイメージ化

SECTION 04

この節では、コンテナをイメージにする方法について説明します。コンテナを別の環境にコピーしたいときなどに使いますので、サーバエンジニアは必須の知識です。

コンテナのイメージを作る

これまで、公式の提供するイメージを使ってきましたが、既にあるコンテナを利用すれば、誰でも簡単に※17イメージを作ることができます。

オリジナルのイメージを作成することで、同じ構成のコンテナを量産できますし、他のパソコンやサーバに移動※18させることもできます。

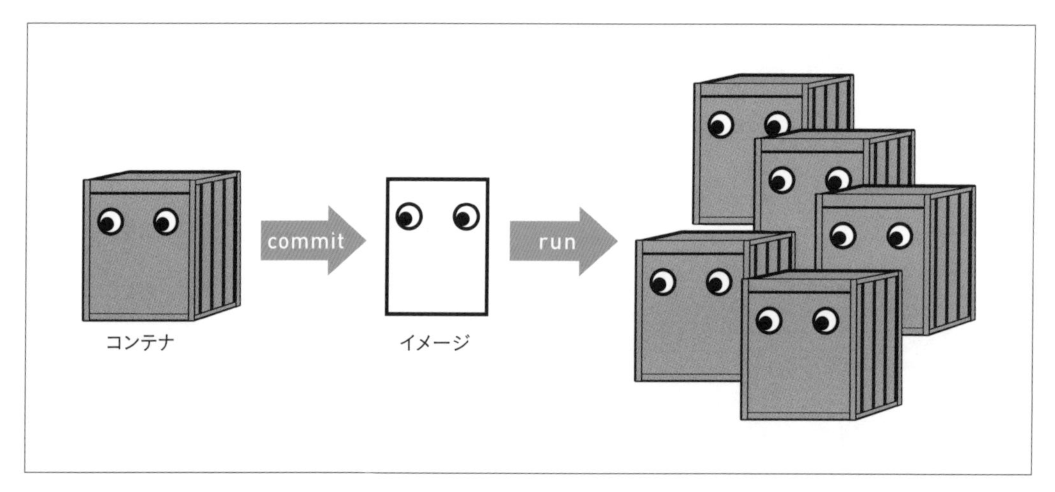

図6-4-1 コンテナを量産できる

※17 本当に一からスクラッチでイメージを作るのは、プロでも難しい。雲の上の世界の話だが、興味がある人は挑戦してみよう

※18 コンテナをそのままコピーすることはできない。docker commit コマンドで一度イメージに書き出して、更に docker save コマンドでイメージをファイルにすることでコピーする

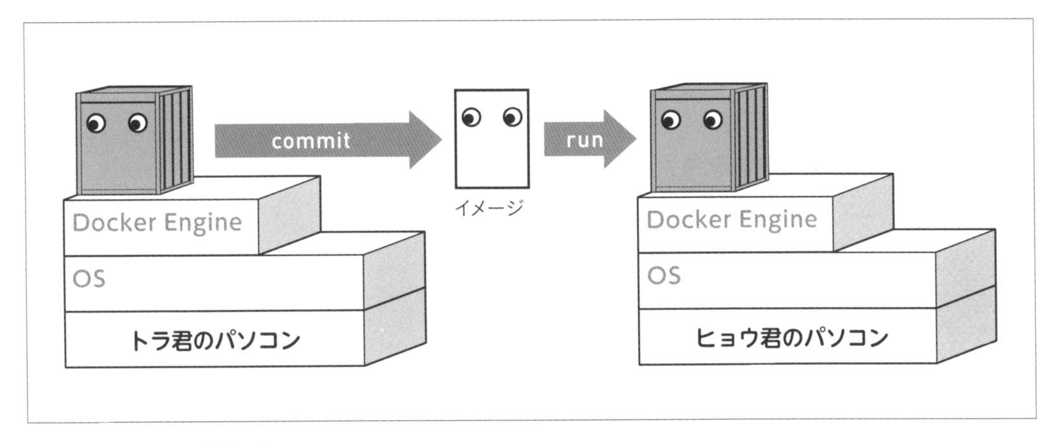

図6-4-2　コンテナを移動できる

イメージの作成方法は2つあります。
すでにあるコンテナを「commit」でイメージの書き出しをする方法と、「Dockerfile」でイメージを作る方法です。

①commitでイメージを書き出す

コンテナを用意して、それをイメージに書き出します。コンテナがあれば、コマンド1つで作成できるので、手軽ではありますが、コンテナを作り込む必要があります。すでにあるコンテナを複製したい、移動したいなどの用途に便利です。

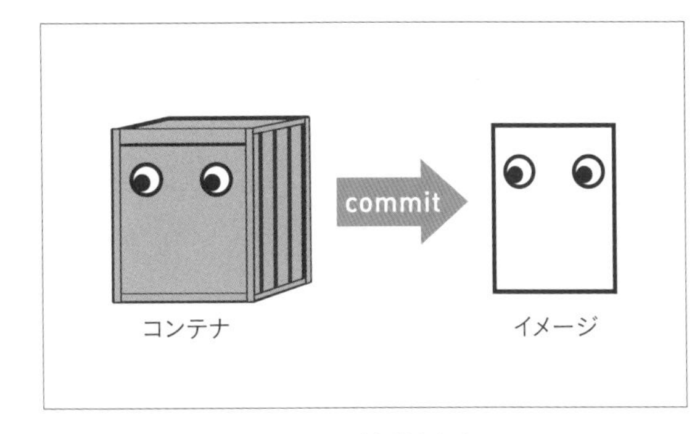

図6-4-3　コンテナからイメージを書き出す

よく使う記述例

```
docker commit コンテナ名 作成するイメージ名
```

②Dockerfileでイメージを作成する

「Dockerfile」という名前のファイルを用意して、それを「build」することでイメージにします。

Dockerfileは、名前からすると、色々なことができそうな印象を受けますが、**イメージを作ることしかできません。** 言わば、「Docker Image File」とでも呼ぶべき存在です。

Dockerfileには、元となるイメージや、実行したいコマンドなどを記載します。編集はメモ帳などのテキストエディタで行います。

このファイルは、ホスト（土台となるパソコン）の適当な場所に作った材料フォルダに入れます。材料フォルダには、他にコンテナ内部に入れたいファイルなども置いておきます。実際のコンテナを作る必要はありません。

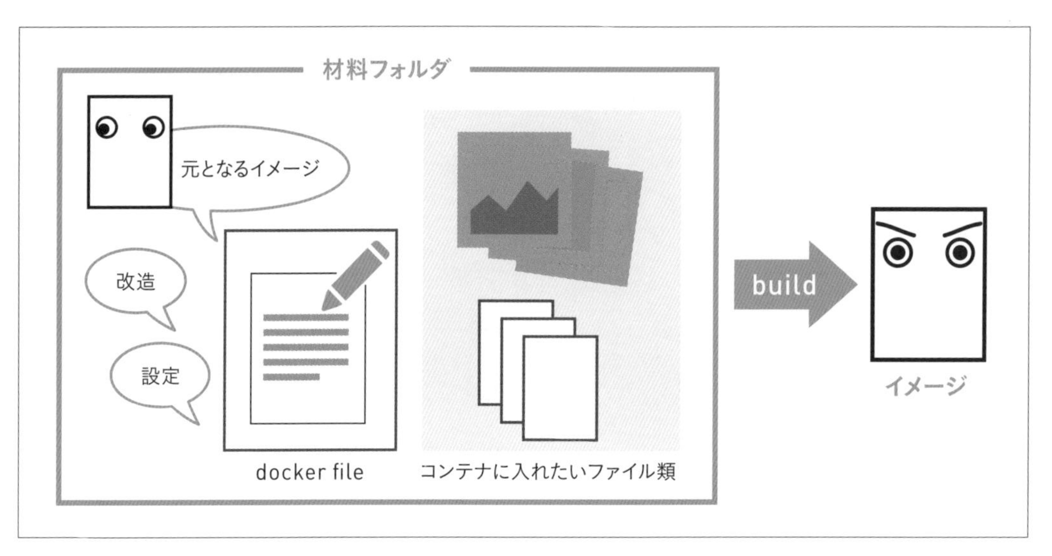

図6-4-4　Dockerfileからイメージを作成する

よく使う記述例

```
docker build -t 作成するイメージ名 材料フォルダのパス
```

Dockerfileの記述例

```
01 FROM イメージ名
02 COPY コピー元パス　コピー先パス
03 RUN Linuxのコマンド
04 ……
```

Dockerfileは、「FROM」に続いてイメージ名を記載し、その後は、コピーやコマンドの実行など、コンテナに対して行いたいことを記述します。

主なDockerfileでのコマンドを記載しておきますが、初心者のうちはとりあえず「FROM」「COPY」「RUN」くらいを押さえておけば十分です。

主なDockerfileコマンド

コマンド	内容
FROM	元にするイメージを指定する
ADD	イメージにファイルやフォルダを追加する

COPY	イメージにファイルやフォルダを追加する
RUN	イメージをビルドするときにコマンドを実行する
CMD	コンテナを起動するときに実行する既定のコマンドを指定する
ENTRYPOINT	イメージを実行するときのコマンドを強要する
ONBUILD	ビルド完了したときに任意の命令を実行する
EXPOSE	通信を想定するポートをイメージの利用者に伝える
VOLUME	永続データが保存される場所をイメージの利用者に伝える
ENV	環境変数を定義する
WORKDIR	RUN、CMD、ENTRYPOINT、ADD、COPYの際の作業ディレクトリを指定する
SHELL	ビルド時のシェルを指定する
LABEL	名前やバージョン番号、制作者情報などを設定する
USER	RUN、CMD、ENTRYPOINTで指定するコマンドを実行するユーザーやグループを設定する
ARG	docker buildする際に指定できる引数を宣言する
STOPSIGNAL	docker stopする際に、コンテナで実行しているプログラムに対して送信するシグナルを変更する
HEALTHCHECK	コンテナの死活確認をするヘルスチェックの方法をカスタマイズする

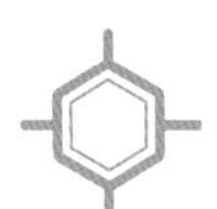

[手順]コンテナをcommitでイメージ化しよう

今回も題材としてApacheコンテナを使用します。ややばかばかしい感じもしますが、練習なので、そのままのApacheをイメージ化します。

ちょっと工夫したい方は、Chapter 6の冒頭で行ったコピーなどをして改造してみると良いでしょう。作成したイメージは、「image ls」コマンドでイメージ一覧を表示させ、存在を確認します。

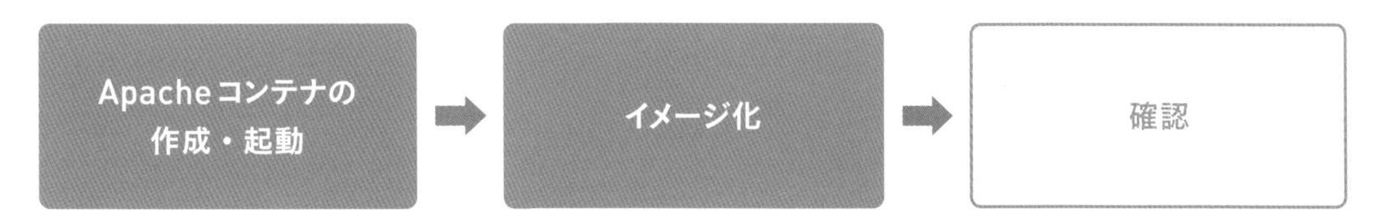

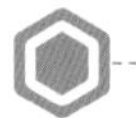

作成するイメージの情報とコマンド

項目	値
コンテナ名	apa000ex22
書き出すイメージ名	ex22_original1 (末尾は小文字のエルの後に数字のイチ)

コンテナをイメージに書き出す

```
docker commit apa000ex22 ex22_original
```

STEP 0 Apacheコンテナを作成しておく

題材とするコンテナは、Apacheを使います。Chapter 4-03のP.089以降を参考に通信できるApacheコンテナを作っておきます。コンテナ名は「apa000ex22」、ポート番号は「8092」とします。

入力するコマンド

```
docker run --name apa000ex22 -d -p 8092:80 httpd
```

STEP 1 コンテナをイメージに書き出す

「apa000ex22」コンテナを「commit」コマンドでイメージに書き出します。イメージ名は、「ex22_original」としてください。

入力するコマンド

```
docker commit apa000ex22 ex22_original1
```

STEP 2 イメージが作成されたことを確認する

イメージが作成されたことを「image ls」コマンドで確認します。

入力するコマンド

```
docker image ls
```

コマンドを実行した結果

```
REPOSITORY        TAG      IMAGE ID       CREATED              SIZE
ex22_original1    latest   2fd1456ac170   About a minute ago   166MB
```

STEP 3 後始末を行う

コンテナと、作成したイメージ「ex22_original」は削除しましょう。Apacheの元イメージ（httpd）は削除せずに残します。コンテナとイメージの後始末のコマンドは、P.145を参考にしてください。

[手順：応用] Dockerfileでイメージを作ろう

引き続き、同じhttpdのイメージを使用します。今回は、ファイルのコピーを使って、httpdのイメージにファイルを追加します。練習なので、Dockerfileの中身がちょっと短いですが、わかる人は色々追加してみましょう（その場合は、UbuntuやCentOSなどのLinuxだけが入ったイメージを元にするとインストールなども組み込めるのでおすすめです）。材料フォルダが必要ですが、こちらは、Chapter 6-03のバインドマウントで作成した「apa_folder」をそのまま流用します。

今回行うこと

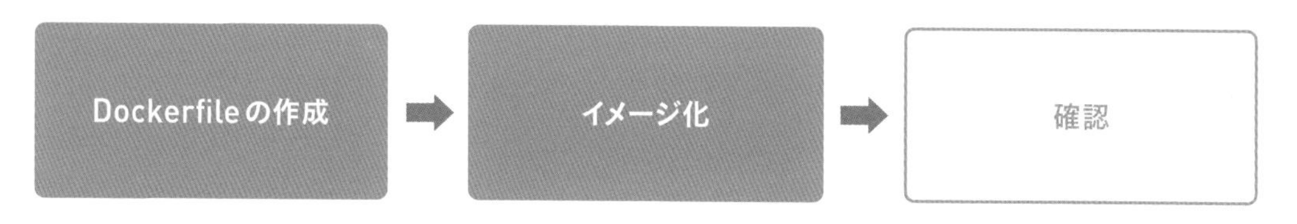

作成するイメージの情報とコマンド

httpdのイメージをそのまま使います。

項目	値
元になるイメージ	httpd
書き出すイメージ名	ex22_original2
Windowsの材料フォルダのパス	C:¥Users¥ユーザー名¥Documents¥apa_folder
Macの材料フォルダのパス	/Users/ユーザー名/Documents/apa_folder
Linuxの材料フォルダのパス	/home/ユーザー名/apa_folder

自分の環境のOSに合わせてコマンドを選択すること

Dockerfileをビルドする

```
docker build -t ex22_original2 材料フォルダのパス
```

Dockerfileに記述する内容

コマンド	値
FROM	httpd
COPY	index.html /usr/local/apache2/htdocs/

コピー元パスは、相対パス※19で記述するので、「C:¥User～」のような絶対パスを書く必要はない。
コピー先として指定しているのはApacheのドキュメントルート

STEP 1 材料フォルダに材料を用意する

材料フォルダとして、ドキュメント（Windows）や書類（Mac）、ユーザーのホームディレクトリ（Linux）に「apa_folder」があることを確認しましょう。フォルダ内には「index.html」ファイルのみ配置します。

STEP 2 Dockerfileを作成する

以下の記述例に従って、メモ帳などのテキストエディタでDockerfileを作成しましょう。

Linuxの場合は、nanoエディタ※20を使うと良いでしょう。ファイル名は、拡張子のない「Dockerfile」とし、「apa_folder」に入れます。Windowsの場合は、一度「.txt」など拡張子のあるファイルを作成してから、エクスプローラー上で拡張子を削除しましょう。

Dockerfileの記述（Windows/Mac/Linux共通）

```
01 FROM httpd
02 COPY index.html /usr/local/apache2/htdocs/
```

STEP 3 「build」コマンドを実行してイメージを作る

「build」コマンドを実行して材料フォルダからイメージを作ります。

入力するコマンド（Windows）

```
docker build -t ex22_original2 C:¥Users¥ユーザー名¥Documents¥apa_folder¥
```

※19 そのディレクトリから見て記述するパスの書き方

※20 Appendixを参考にnanoエディタで「Dockerfile」を作成し、記述する。基本的な操作方法は、index.htmlのときと同じ

入力するコマンド（Mac）

```
docker build -t ex22_original2 /Users/ユーザー名/Documents/apa_folder/
```

入力するコマンド（Linux）

```
docker build -t ex22_original2 /home/ユーザー名/apa_folder/
```

STEP 4 イメージが作成されたことを確認する

イメージが作成されたことを「image ls」コマンドで確認しましょう。余力があるならば、このイメージを使って、実際にApacheコンテナを作成し、初期画面がindex.htmlに変わっていることを確認すると、なお良いでしょう。

入力するコマンド

```
docker image ls
```

コマンドを実行した結果

REPOSITORY	TAG	IMAGE ID	CREATED	SIZE
ex22_original2	latest	32ea92c35c43	About a minute ago	166MB

STEP 5 後始末を行う

コンテナと、作成したイメージ「ex22_original2」は削除しましょう。Apacheの元イメージ（httpd）は削除せず、残しておきましょう。コンテナとイメージの後始末のコマンドは、P.145を参考にしてください。

COLUMN : Level ★★★ 強者コラム

イメージを持ち運ぶには「save」コマンドでtarファイル化する

コンテナはそのままでは移動・コピーできません。いったん自作のイメージにする必要があります。ただ、イメージもそのままではどうにもできないので、Dockerレジストリ（Chapter 4参照）を経由させるか、「save」コマンドで「tar」ファイルにしてDocker支配下から出します。ファイルはホスト側に作られます。ファイルからイメージとして取り込みたいときは「load」コマンドを使います。

tarファイルの作成

```
docker save -o ファイル名.tar 自作イメージ名
```

SECTION 05

コンテナの改造

この節では、コンテナの改造について説明します。Linuxの知識がないと難しい面がありますので、コンテナを使うだけの立場なら、スキップして構いません。サーバの管理をするような立場であるならば、身に付けておきましょう。

コンテナを改造するということ

イメージ化をしたところで、そろそろコンテナの改造の話をしておきましょう。

実際にDockerを使う場面では、自社で開発したシステムを載せることも多いと思います。

また 公式が配布しているソフトウェアも改造したいことがあるでしょう。大きな改造でなくとも、設定ファイルなどを毎回書くのは面倒なものです。

コンテナの方法

では、どのようにコンテナを改造すれば良いかというと、大きく2つの方法があり、両方を併用することがほとんどです。

1つは、Chapter 6-02やChapter 6-03で学んだファイルのやりとりによるものです。ファイルをコピーしたり、記憶領域をマウントしたりしましたね。

もう1つは、コンテナに対して、Linuxのコマンドで命令することです。ソフトウェアのインストールを行ったり、設定を書き換えたりします。

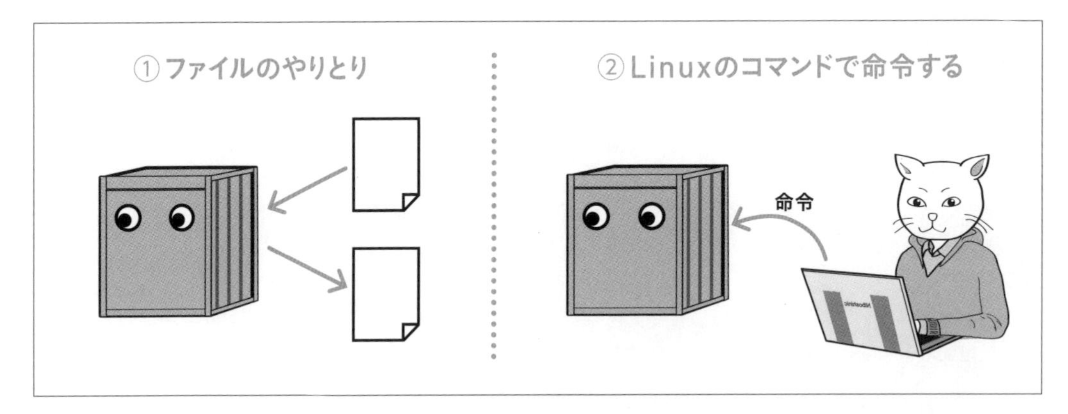

図6-5-1　コンテナを改造する2つの方法

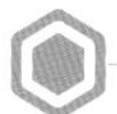

コンテナへの命令には、shell（bash）が必要

コンテナに対して、Linuxのコマンドで命令するには、「shell（シェル）」と呼ばれる我々の命令をLinuxに伝えてくれるプログラムが必要です。

shellには、いくつかの種類[※21]があり、大概のコンテナには、最もポピュラーなshellである「bash（バッシュ）」が入っているので、bashを介して命令します。

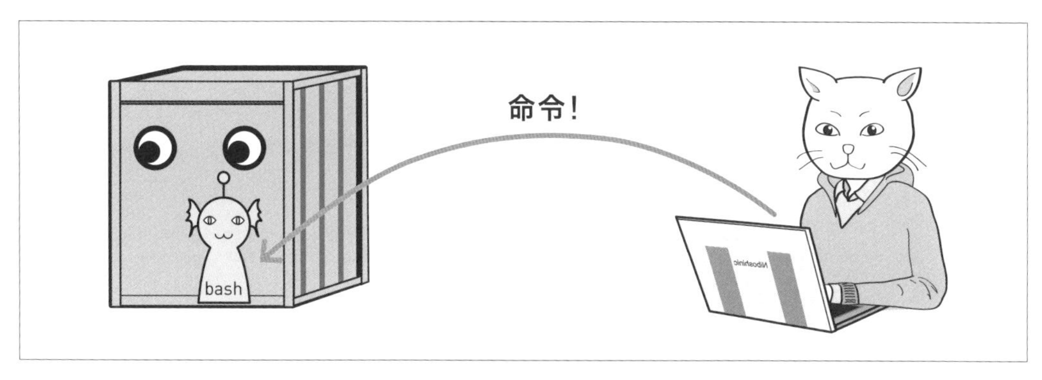

図6-5-2　コンテナに命令する

コンテナは、何も指定せずに起動すると、bashが動いていない状態になります。ですから、bashを起動して、我々の命令を受け取ってもらう必要があります。

bashの起動は、引数で行います。

bashを起動させる引数

```
/bin/bash
```

この引数は、「docker run」コマンドや、「docker exec」コマンドに付けて実行します。

docker execは、コンテナの中でコマンドを実行する命令です。起動中のコンテナに「run」をするわけにはいかないので、こちらを使います。なので、bashを使わずにexecコマンドで、直接ある程度の命令を送ることもできるのですが、その場合、初期設定されていなくて動かないこともあるので、基本的にはシェルを経由して実行します。

docker runに引数を付ける場合、話はやや複雑です。その場合は、コンテナに入っているソフトウェア（例えば、Apache）を動かす代わりにbashを動かすので、コンテナは作られているものの、ソフトウェア（Apache）がスタートしていない状態になります。

bashでの操作が終わった後に、改めて「docker start」コマンドでスタートさせる必要があります。

ただ、このようなときは、あまり「docker run」を使わないでしょうから、「docker exec」コマンドだけを覚えておいても良いと思います。

※21　最古からある「sh」（Bourn Shell）、C言語風のスタイルを取り入れた「csh」（Cシェル）、それを改良した「tcsh」などがある

「exec」コマンドに引数を付けた例

```
docker exec （オプション） コンテナ名 /bin/bash
```

「run」コマンドに引数を付けた例

```
docker run （オプション） イメージ名 /bin/bash
```

例えば、「apa000ex23」というApacheコンテナにbash引数を付けるなら、以下のようになります。

execコマンドに引数を付けた例

```
docker exec -it apa000ex23 /bin/bash
```

Apacheの起動コマンドに引数を付けた例（Apacheは起動しない）※22

```
docker run --name apa000ex23 -it -p 8089:80 httpd /bin/bash
```

bashが起動したら、操作対象は、Docker Engineではなく、該当のコンテナになります。

操作対象が変わります。そのためプロンプトも変わります。Docker Engineと、コンテナは、言わば親子のような関係です。

そのため、親と子が、血がつながっていても、別の人間であるのと同じように、Dockerとコンテナも、血がつながっているものの別の存在です。なので、bashを使ってコンテナ内部をいじっているときには、Dockerコマンドが効きません。他のコンテナへの操作や、該当のコンテナであってもDockerコマンドを使うようなことはできなくなります。

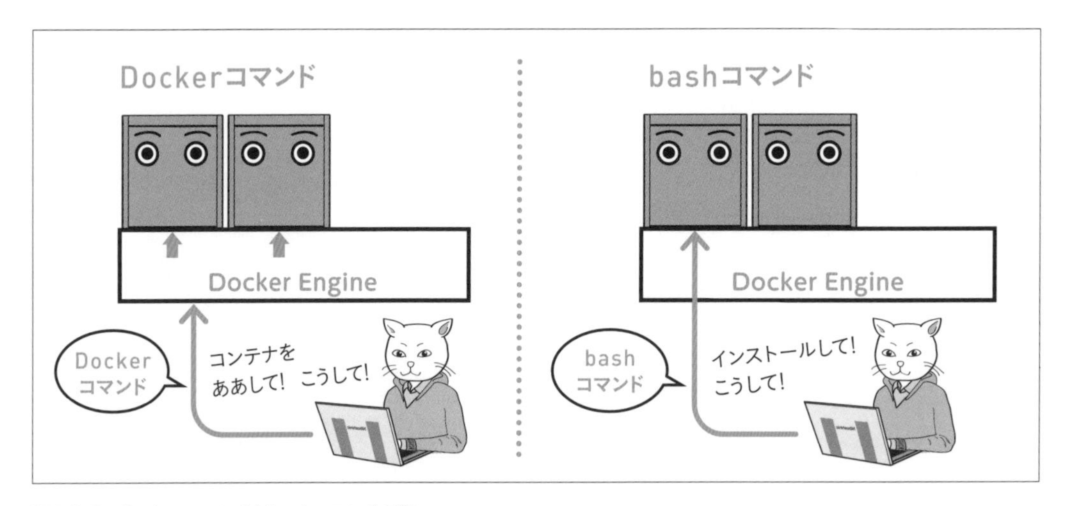

図6-5-3　Dockerコマンドとbashコマンドの違い

※22　runコマンドの場合、Apacheの代わりにbashが起動するので、Apacheは止まっている

ざっくり言うと、コンテナを作ったり削除したりと、コンテナ自体に対する命令はDockerにするのですが、コンテナ内部をいじる場合は、bashで行うということです。

なので、コンテナでやることをやったら、コンテナから抜けて戻る必要があります。戻るコマンドは、「exit」です。Linuxを知っている人には、お馴染みのコマンドですね。これでコンテナ内の操作から、Docker Engineへの命令に切り替えられます。

コンテナ内の操作から出て、Docker Engineへの命令に戻るコマンド

```
exit
```

なお、bashで行う、コンテナ内部に対する命令は、Linuxのコマンドです。

Linuxコマンドについて詳しく解説しませんが、Linuxに慣れている方は、Ubuntu※23のみの入ったコンテナを作り、中にApacheやMySQLをインストールしてみると良いでしょう。

Ubuntuコンテナのコマンド記述例（「Hello World」と表示する例）

```
echo "Hello World"
```

Apacheのインストール（apacheをインストールする例）

```
apt install apache2
```

MySQLのインストール（mysql-serverをインストールする例）

```
apt install mysql-server
```

COLUMN : Level ★★★ なんでbashを動かすとApacheは動かないの？

bashを動かすと、Apacheが動かないのはなぜでしょう。簡単に言うと、Apacheは、ソフトウェアだから動かないのです。

コンテナの中には、OSっぽいものが入っており、Apacheは、その上で動いています。

bashを起動すると、bashというソフトが動いてしまう代わりに、Apacheは動きません。bashが乗っ取ったようなものなのです。

これは、MySQLなどの他のソフトウェアのコンテナでも同じです。

※23　後述する理由により、ここで試す場合は、UbuntuかDebianなどのDebian系をお勧めする。わかる場合は、CentOSでも良い

Dockerでやることと、コンテナの中でやることを親子に模して考える

「コンテナの中でやること」と、Dockerでやることの違いがわかりづらいかもしれませんね。簡単にまとめておきましょう。

Dockerで行う操作とコンテナ内部で行う操作

親のDocker Engineに対して行う操作はDocker Engine自身の開始や終了、ネットワークやディスクの設定、実行中のコンテナ一覧を出すなど、コンテナ全体の管理に関わる操作です。

また、これまでやってきたように、コンテナの作成や起動と停止、コンテナを作るためのイメージのダウンロードなどを行います。命令はdockerコマンドです。

一方、コンテナ内部に入り込んで行う操作は、コンテナの中にソフトウェアを追加したり、内部に含まれるソフトウェアの実行や停止、設定変更、コンテナ内からコンテナ内へのファイルコピーや移動、削除などを行います。

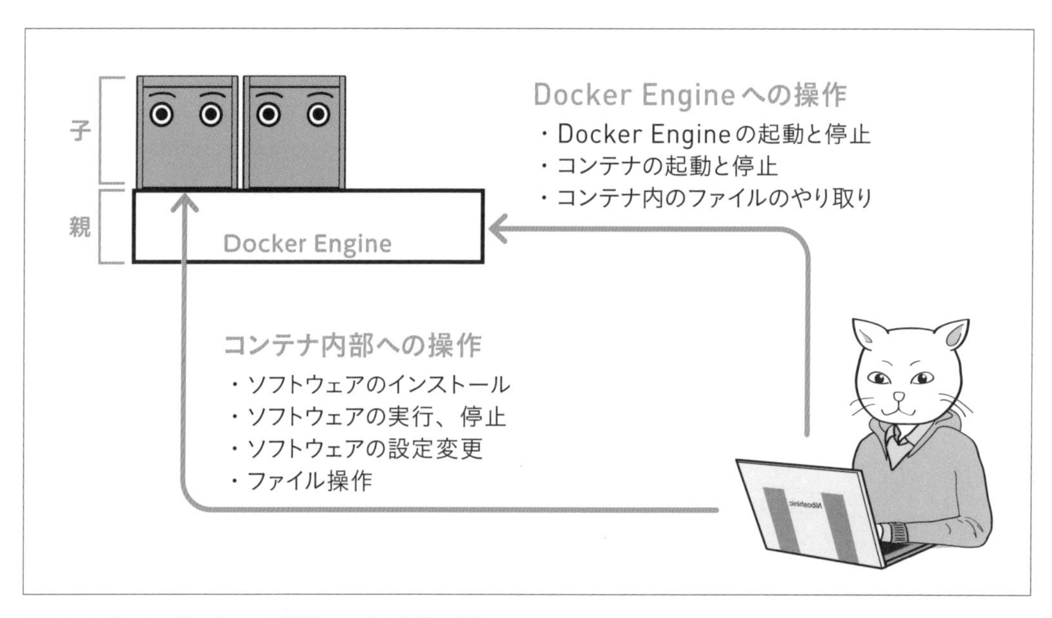

図6-5-4　Docker Engineへの操作とコンテナ内部の操作

Dockerとコンテナは別の流儀（言葉）で話しかけることがある

前述のとおり、Dockerとコンテナは、親と子なのですが、別の人間なので、場合によっては、話す言葉（流儀）が違うこともあります。

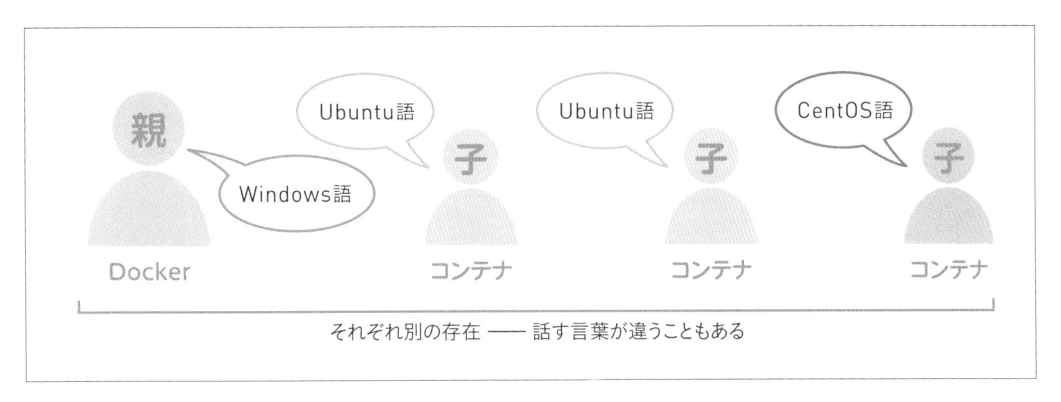

図6-5-5 Dockerとコンテナは話す言葉が違うこともある

これまで、デスクトップ版[※24]を使う場合、親であるDockerへの命令は、WindowsやMacの流儀（言葉）で行ってきました。WindowsでもMacでも、コマンドは一緒だったじゃないか！と思われるかもしれませんが、それはDockerコマンドが共通だからです。

デスクトップ版をインストールするときは、インストーラーが起動するので、内部でどのような命令をしているのか見えません。そのため、わかりづらいですが、本当は、WindowsとLinuxでは、Dockerをインストールする命令は、言い方が違うのです。

しかも、Linuxには、ディストリビューション[※25]という種類があって、CentOSやUbuntuなど、ディストリビューションごとに、更に言い方が分かれます。特にインストールのコマンド[※26]などいくつかは、Red Hat系[※27]と、Debian系[※28]ではっきり違います。

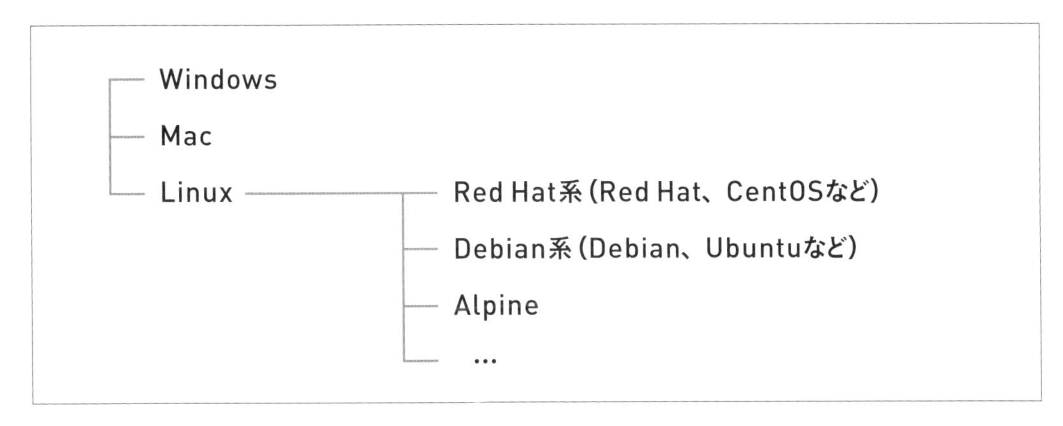

図6-5-6 流儀（言葉）の種類

※24 Desktop版の前身であるToolbox版の場合は、Docker社の提供する仮想環境を使うため、流儀もLinux流儀であり、命令はコマンドプロントやターミナルから行わない

※25 Chapter 3-01 の P.050 のページコラム参照

※26 ソフトウェアを管理しているパッケージマネージャーが異なるため

※27 Red Hat Enterprise Linux、CentOS など

※28 Debian 、Ubuntu など

これが、コンテナにどう関係してくるかというと、コンテナにはOSっぽいものが入っていますが、そのOSっぽいものが、どんなLinuxなのかによって、コンテナ内部への命令のコマンドが若干異なるということです。

つまり、コンテナAがDebian系で、コンテナBがRed Hat系だった場合、同じDockerに載っているコンテナ2つであっても、コンテナ内部への命令は流儀が違ってしまうのです。

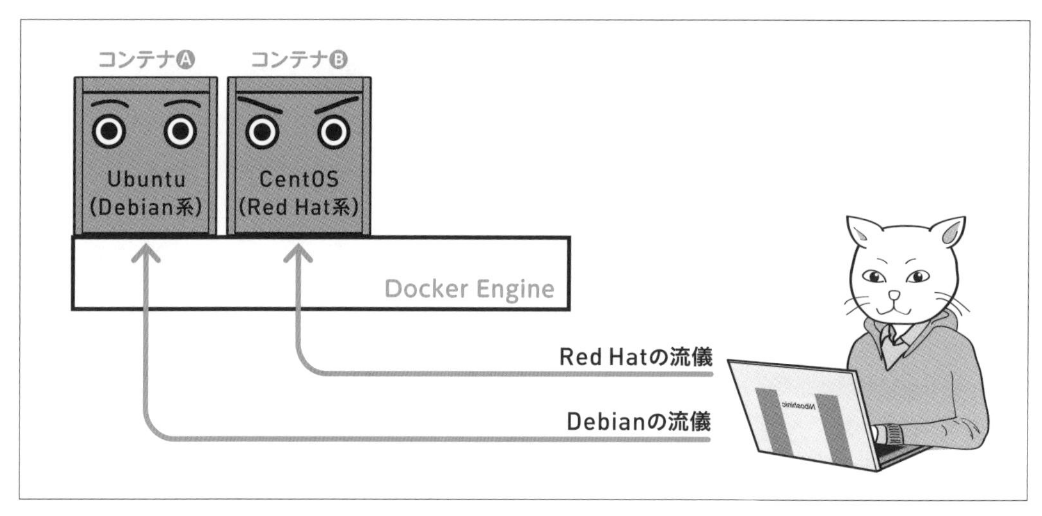

図6-5-7　コンテナ内への命令は、OSにより流儀が違う

もっとややこしいのが、Linux版を使っているときで、Docker Engineをインストールした土台となるパソコンが、CentOS（Red Hat系）で、コンテナAはUbuntu（Debian系）、コンテナBは、Alpineなら、親も子もすべて流儀が違うことになります。ちょっとややこしいですね。

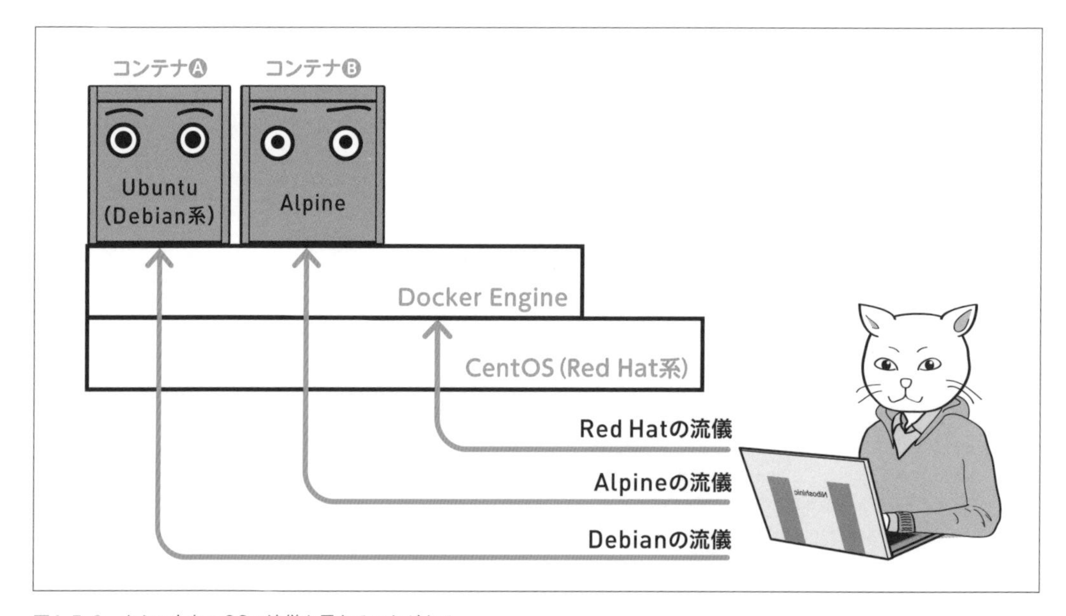

図6-5-8　さらに土台のOSの流儀も異なることがある

とはいっても、そこまで大きく違うわけではなく、いくつかのコマンドを除けばほとんど共通です。時々違うらしいくらいに思っておいてください。

Debian系でApacheをインストールするコマンド

```
apt install apache2
```

Red Hat系でApacheをインストールするコマンド

```
yum install httpd
```

どちらを操作しているのか、意識すれば、大丈夫ですし、Docker公式が「特に理由がなければDebian系をベースすると良い」と、明確な方針を打ち出しているため、多くのコンテナがDebian系[※29]です。特に中に入って改造するものは、Debian系が多いので、とりあえず押さえておけば十分でしょう。

※29 軽量さが求められるコンテナの場合は、Alpineが使われることも多い。Apacheなどは、AlpineとDebian系の両方が用意されている。Alpineはコマンドが少ないため、中に入って複雑なことをしないコンテナでよく利用される

SECTION 06

Docker Hubへの登録

この節では、イメージをアップロードしておけるDocker Hubについて紹介します。Chapter 2でも少し登場したDocker HubとDockerレジストリについても、改めてくわしく説明します。

イメージをどこに置くのか

これまで、コンテナを作成するときに、イメージをダウンロードして、そこからコンテナを作りました。

「docker run」コマンドを使うと、自動的にダウンロードされるため、あまり意識はしないですが、イメージが配布されている場所はDocker Hubであり、runコマンドでは、そこにアクセスして引っ張ってきているわけです。

では、自作のイメージは、どうしたら良いのでしょうか。オリジナルイメージから、docker runでコンテナを作ることもあるでしょうから、どこか引っ張れる場所に置く必要がありますね。

オリジナルのイメージであっても、Docker Hubに置けますし、プライベートなDocker Hubのようなものを作ることもできます。

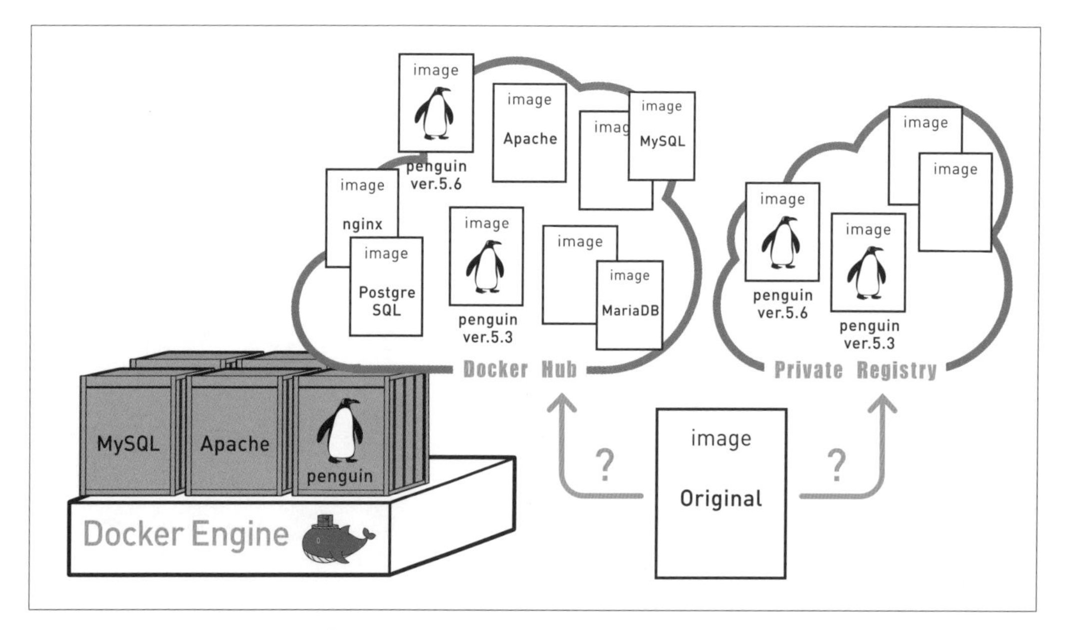

図6-6-1 自作イメージをどこにアップするか

COLUMN : Level ★★★ イメージはコピーしても良い

自分で作ったイメージを自分で使うのであれば、イメージ化した段階で自分のパソコン内に存在していることということですから、ダウンロードした後と同じです。そのまま使えます。

また、他のパソコンに持って行く場合は、Chapter 6 P.185のコラムの方法で保存すれば、USBメモリなどで移動もできます。

Docker HubとDockerレジストリ

Docker HubとDockerレジストリの関係をまとめておきましょう。

イメージの配布場所を「Dockerレジストリ」と言います。一般に公開されているや否やに関わらず、配布場所だったらDockerレジストリです。

Docker Hubは、Dockerレジストリのうち、Docker社の公式が運営しているものです。Apacheの公式や、MySQLの公式、Ubuntuの公式なども、Dockerレジストリに参加し、そこから配布しています。我々がrunコマンドで使っているのは、こうしたイメージです。

Dockerレジストリは、他の企業や個人が作っても良いものなので、世の中にたくさんあります。ただ、公開されていないものには、たどり着かないので、あまり見かけないだけです。イメージの配布システムとして、Dockerレジストリは大変便利なのです。

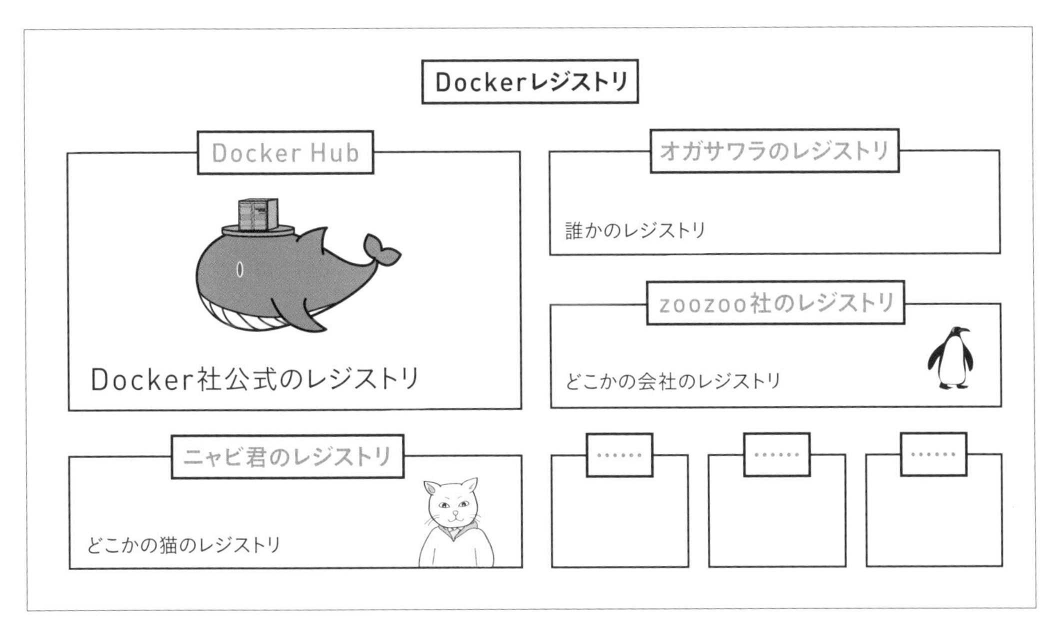

図6-6-2　Dockerレジストリ

レジストリとリポジトリ

レジストリ（登記所）とリポジトリ（倉庫）は、よく似た言葉なので、混同されやすいですが、違うものです。

レジストリはイメージの配布場所です。一方、リポジトリは、レジストリの中を、さらに区切った単位です。

例えば、zoozoo社という会社が、「ニャパッチ」「ワンコSQL」というソフトウェアを作っていたとします。レジストリは会社単位や部署単位で作りますが、リポジトリはソフトウェア単位で作ります。

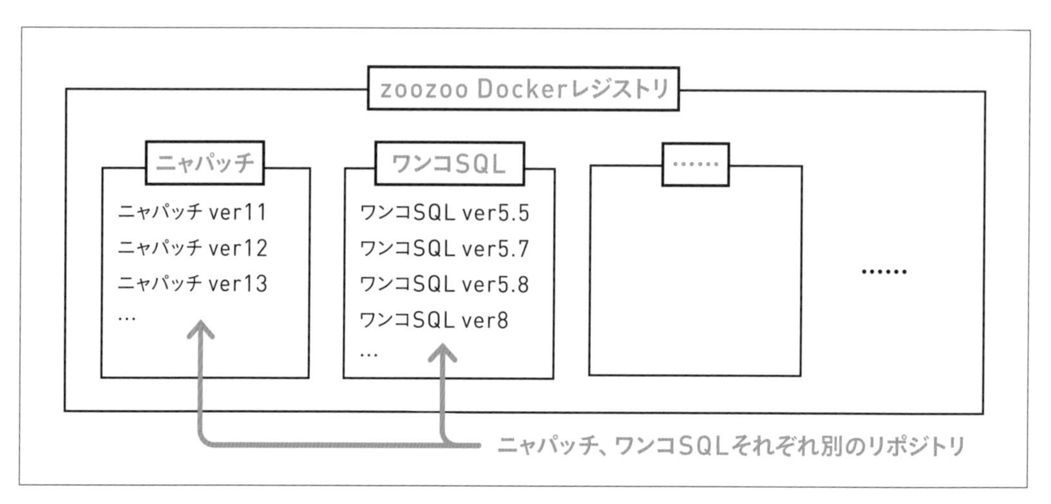

図6-6-3　それぞれ別のリポジトリ

Docker Hubの場合は、リポジトリ※30がそれぞれIDを持つ形になっています。

なので、Docker Hubの中に、各社・個人のミニレジストリが大量に集まっているようなものですね。

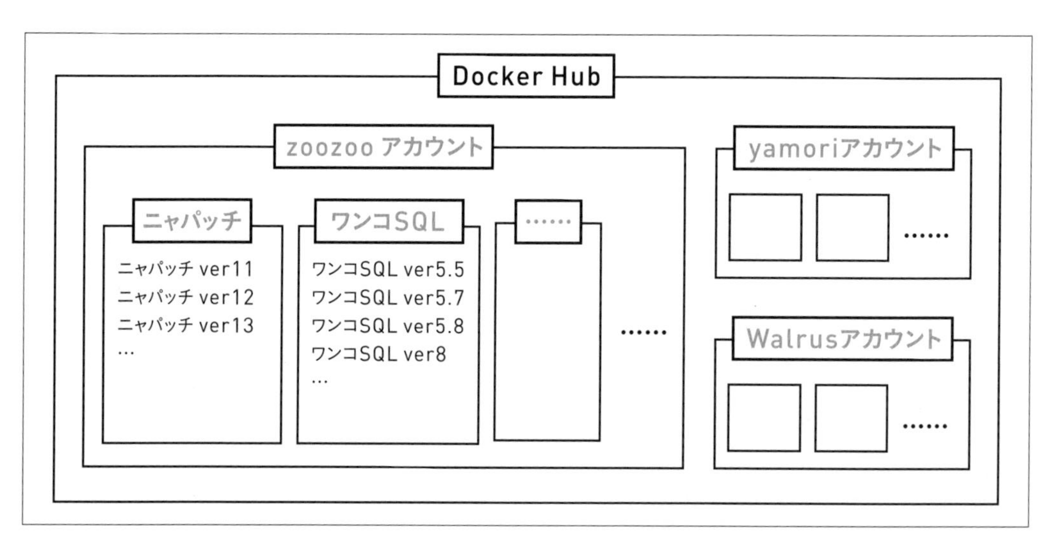

図6-6-4　Docker Hubには小さいレジストリがたくさんある

※30　無料版の場合、作れるプライベートのリポジトリは1つ

タグとイメージのアップロード

イメージのアップロード先が、Docker Hubであっても、プライベートなDockerレジストリであっても、イメージにはタグを付ける必要があります。

イメージ名とタグ名

タグというと、ブログや、SNSの「#Docker #初心者向け #書籍」のようなものを思い浮かべがちですが、違います。どちらかというと、レジストリ内で扱う上でのイメージの名前に近いです。

人で言えば、幼名（プライベートの名前）「竹千代」が、「徳川家康43才」になるようなものでしょうか。自分のパソコン内では、「nyapa000ex22」などと適当に呼んでいたものを、「zoozoo.coomm/nyapacchi:13」のようにレジストリの場所とバージョン表記[※31]を付けて、正式名称にします。

図6-6-5　タグの付け方

タグ名は、「レジストリの場所（Docker Hubの場合はID）/リポジトリ名：バージョン番号」で表されます。バージョン番号は省略できますが、後から扱いづらいので、バージョンを別のものとして管理したいのであれば付けましょう。

プライベートレジストリのタグ名の例

プライベートレジストリのタグ名	レジストリの場所/リポジトリ名:バージョン番号
自分のPCに作ったレジストリで、「nyapacchi」というリポジトリ名、ver13の場合	localhost:5000/ nyapacchi:13
「zoozoo.coomm」というドメインで、「nyapacchi」というリポジトリ名、ver13の場合	zoozoo.coomm/nyapacchi:13

Docker Hubでのタグ名の例

Docker Hubのタグ名	Docker HubのID/リポジトリ名:バージョン番号
「zoozoousagi」というDocker HubのIDで、「nyapacchi」というリポジトリ名、ver13の場合	zoozoousagi/nyapacchi:13

※31　バージョンを指定しないと、latestになる

イメージにタグ名を付けて複製するdocker tag（docker image tag）

イメージにタグ名を付けるには、以下のように記述します。

一見わかりづらいですが、元のイメージ名をタグ名に変更し、更に複製しています。

ですから、「image ls」コマンドでイメージ一覧を表示させると、両方存在し、イメージIDも同じなのですが、別々の存在なので、消したいときは、両方を消す必要があります。

イメージにタグ名を付けて複製する記述例

```
docker tag 元のイメージ名 レジストリの場所/命名したいリポジトリ名:バージョン
```

元のイメージ「apa000ex22」に「zoozoo.coomm」というドメインで、「nyapacchi」というリポジトリ名、ver13の場合

```
docker tag apa000ex22 zoozoo.coomm/nyapacchi:13
```

イメージをアップロードするdocker push（docker image push）

イメージをアップロードするには、「push」コマンドを使います。

「レジストリの場所/リポジトリ名：バージョン」とタグ名が長いので、わかりづらいですが、混乱したら、「徳川家康43才」と同じと思い出してください。ひとまとまりで、タグ名です。

また、どのレジストリにアップロードするのか、宛先が書いてないのですが、これはタグ名で判断しています。つまり、「徳川家康43才」であれば、「徳川という苗字だから、そこがアップロード先なんだな」とDocker Engineが判断しているということです。

リポジトリも、最初のアップロード時には存在しません。pushと同時に作られます。

今回は、省略しますが、アップロード先によっては、ログインが求められることもあります。

レジストリにアップロードする記述例

```
docker push レジストリの場所/リポジトリ名:バージョン
```

「zoozoo.coomm/nyapacchi:13」をアップロードする場合

```
docker push zoozoo.coomm/nyapacchi:13
```

レジストリを作るには

開発会社であれば、プライベートなDockerレジストリを作り、そこから開発環境を配布するのもスマートなやりかたでしょう。また、公開するのであれば、Docker Hubを使うのがベストです。

プライベートレジストリを作る方法

Dockerレジストリを作るのは、簡単です。

レジストリ用コンテナ（registry）があるので、それを使用します。つまり、レジストリもDockerで運用するということです。

作ったら、使う側の人は、レジストリにログインし、ダウンロード元としてレジストリを指定します。レジストリは、ポート5000番を使用します。

レジストリを作る記述例

```
docker run -d -p 5000:5000 registry
```

Docker Hubを使う

メールアドレスがあれば、誰でもDocker Hubに登録できます。IDなど必要な情報を入力し、プランを選ぶだけです。使用するには、有料プランと無料プラン※32（Community※33）があるので、まず試してみたい場合は、無料プランで覗いてみるのも良いでしょう。

- **Docker Hub**
  https://hub.docker.com

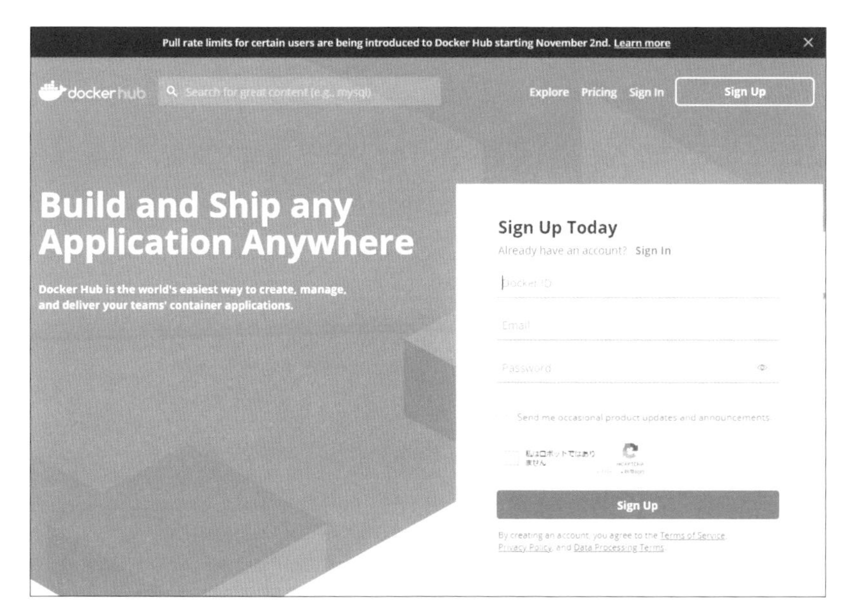

図6-6-6　Docker Hub

※32　2020年11月より、無料プランでは6ヶ月使っていないイメージは削除対象とすることになった

※33　もし、本書発行後にCommunityが名称変更している場合は、$0やFreeと書かれたものが該当と思われる

Docker Hubに置けば、世界中の人に配布ができますが、プライベートな設定にしておけば、クローズドで使うこともできます。その場合は、先にリポジトリを作成しておきます。

pushコマンドでリポジトリを作ってしまうと、自動的に公開設定（public）になります。

リポジトリは、［Create a Repository］から作成できます。紙面に限りがあるため、これから先の手順は割愛します。

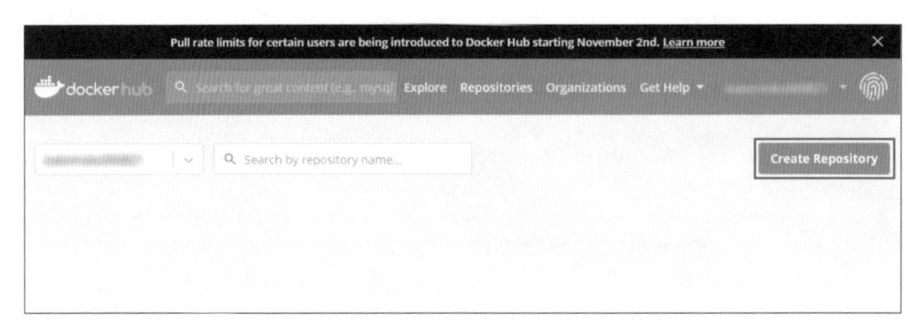

図6-6-7　［Create a Repository］で作成する

ただし、サーバの運用にはお金がかかるものですから、いくら無料プランであっても、やたらに登録して放置するのは、迷惑になってしまいます。ほどほどにしておきましょう。

Docker Composeについて学ぼう

CHAPTER

7

Chapter 7ではDocker Composeという便利なツールについて学びます。Docker Composeを使うと、定義ファイルにDockerの設定を書いておくことで、一気にコンテナを作成・実行・破棄することができます。複数のコンテナを扱うことが増えてきたら、Docker Composeを使う方が良いでしょう。

SECTION 01

Docker Compose とは

この節では、Docker Composeの概要について学びます。Dockerへの命令を定義ファイルに記述して実行できるのがDocker Composeです。Dockerfileと似ていますが、どんな違いがあるのかも理解しておきましょう。

Docker Composeとは

コマンド文を打つのに慣れてくると、WordPressなどの複数のコンテナで構成するシステムを作るのが少し面倒になってきます。引数やオプションも多く、ボリュームやネットワークも必要です。

また、後始末をするにも、作成したコンテナを「ps」コマンドで調べて消していくのも手間がかかります。

こうした構築に関わるコマンド文の内容を1つのテキストファイル（定義ファイル[※1]）に書き込んで、一気に実行したり、停止・破棄したりできるのが、Docker Composeです。

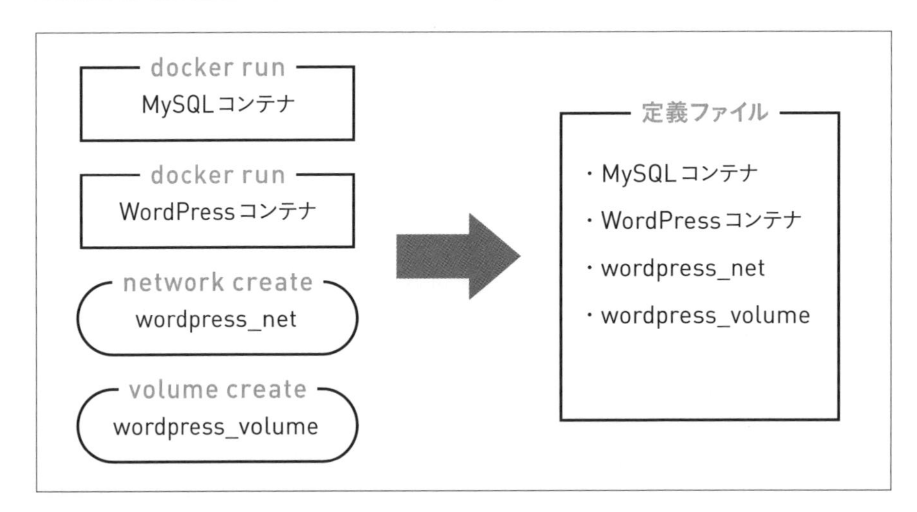

図7-1-1　Docker Composeではコマンド文を定義ファイルにまとめて実行する

Docker Composeの仕組み

Docker Composeでは、構築に関する設定を記述した定義ファイルをYAML（YAML Ain't a Markup Language）形式で用意し、ファイルの中身を「up（一括実行＝run）」したり、「down（コンテナとネットワーク一括停止・削除）」したりします。

※1　Compose file

定義ファイルには、コンテナやボリュームを「こういう設定で作りたい」という項目を書いておきます。記述方法は、コマンド文に似ていますが、コマンドではありません。

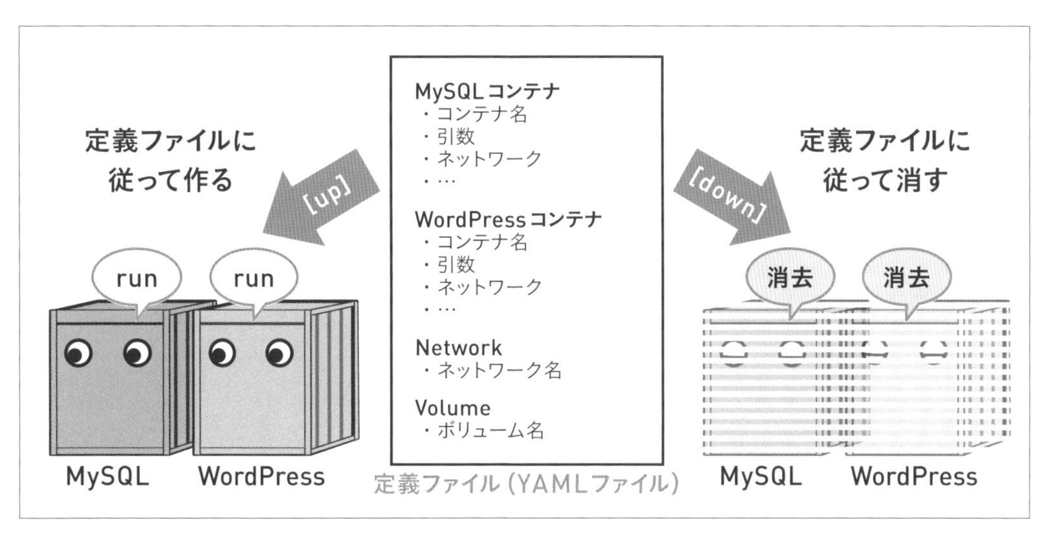

図7-1-2　Docker Composeではすべて定義ファイルに記述する

「up」コマンドは、docker runコマンドによく似ていて、定義ファイルに書かれた内容に従って、イメージをダウンロードしたり、コンテナを作成・起動したりします。定義ファイルには、ネットワークや、ボリュームについても書けるので、そうした周辺の環境も一緒に作られます。

「down」コマンドは、コンテナとネットワークを停止・削除します。ボリュームとイメージは、そのままです。削除せずに、停止のみを行いたい場合は、「stop」コマンドを使います。

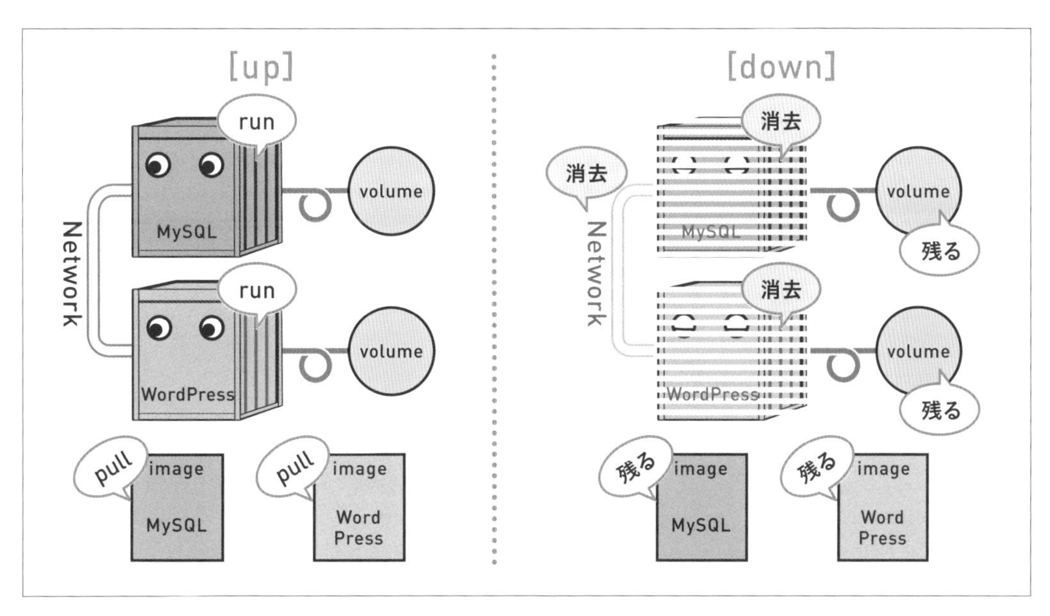

図7-1-3　「up」コマンドで作成・起動し、「down」コマンドで停止・削除する

Docker ComposeとDockerfileの違い

Docker Composeは、テキストファイルに定義を書いて実行します。これは何かに似ていますね！ Chapter 6で学んだDockerfileと似ているのです。

確かに似ているのですが、2つは実行する内容が明確に違います。

Docker Composeは、いわば、「docker run」コマンドの集合体で、作成するのは、コンテナと周辺環境です。ネットワークやボリュームも合わせて作成できます。

一方、Dockerfileは、イメージを作るものなので、ネットワークやボリュームを作成できません。

名前から挙動がわかりづらいので、混乱しがちですが、よくわからなくなったら、「作るものが違う」と思い出してください。

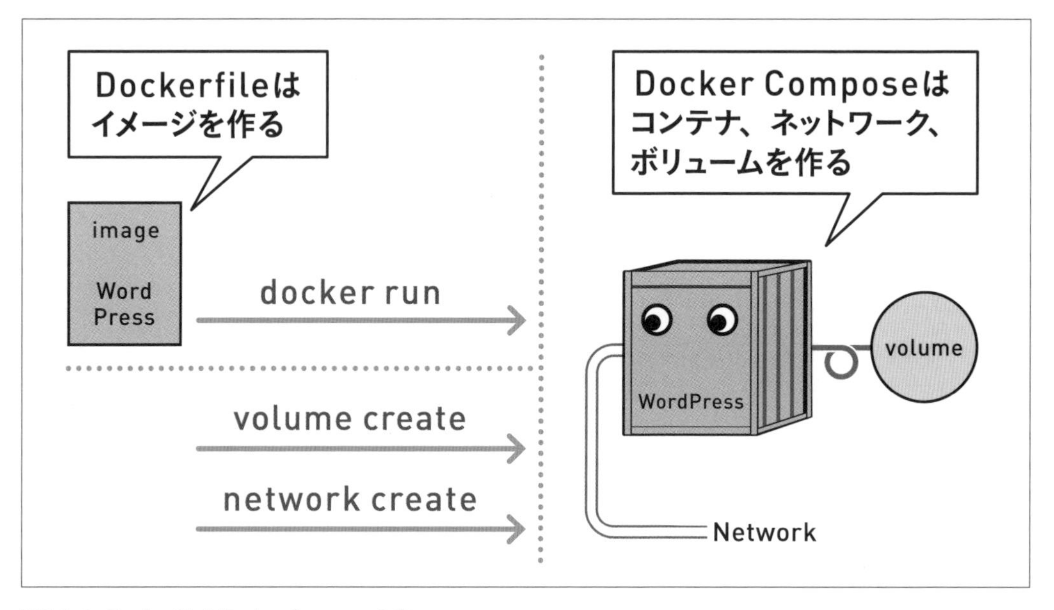

図7-1-4　DockerfileとDocker Composeの違い

COLUMN : Level ★★★　Docker ComposeとKubernetesの違い

本書のChapter 8で、Kubernetesについて解説します。

Kubernetesは、Dockerコンテナを管理するもので、やはり複数のコンテナに関わります。そのため、Docker Composeと混同しやすいですが、Kubernetesは、コンテナを管理するものであるのに対し、Docker Composeは、ざっくり言えばコンテナを作って消すだけで、管理機能はありません。詳しくは、Chapter 8で説明します。

SECTION 02

Docker Composeの使い方

この節では、Docker Composeの簡単な使い方を説明します。ここまで読んできた方には難しくないはずなので、肩の力を抜いて読み進めてください。

Docker Composeを使うには

Docker Composeを使うのに、特別な操作は必要ありません。

以前は、別のソフトウェアとしてインストールしなければなりませんでした[※2]が、DockerCon2021にて、Docker Compose V2が発表され、Compose機能（Compose functions）が、Dockerコマンドとして使えるようになったので、特別に何かをする必要がなくなったのです。

COLUMN：Level ★★★　Docker Composeはどう変わったの？

大きな変更点は、コマンドです。
これまで、別のツールとして存在していたため、コマンドも「docker」コマンドではなく、「docker-compose」コマンドで命令していましたが、「docker」コマンドに統合されることになりました。
このように書くと、大きな変更のようですが、実際の表記方法は「docker-compose」と表記していたのを「docker compose」のようにハイフンをスペースに変えただけで実行できます。
現在は、どちらの表記方法でも実行できますが、いずれハイフンのある表記はなくなっていくのではないかと予想されるので、本書では新表記で統一しています。

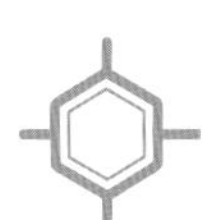

Docker Composeの使い方

Docker Composeを使うには、Dockerfile（Chapter 6-04参照）のときのように、ホスト側（土台となるPC）上に、フォルダを作りそこに定義ファイル（YAMLファイル）を置きます。

※2　デスクトップ版は、元々含まれていたため、インストールは不要だった

Chapter 1 Chapter 2 Chapter 3 Chapter 4 Chapter 5 Chapter 6 Chapter 7 Chapter 8 Appendix

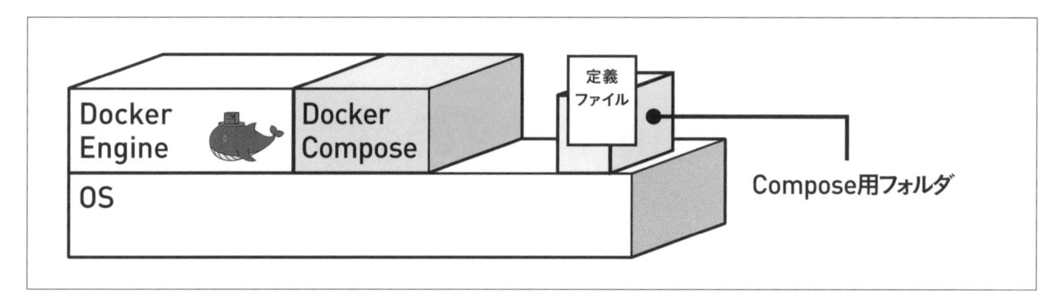

図7-2-1　定義ファイルはホスト側に用意する

定義ファイルのファイル名は決まっており、必ず「docker-compose.yml」[※3]です。ファイルを置くのはホスト側ですが、コマンドはいつもどおりDocker Engineにするように命令しますし、コンテナが作成されるのは、Docker Engine上です。

つまり、人が手打ちで送るコマンド文を、Docker Composeが代理で打ち込んでいるような仕組みです。

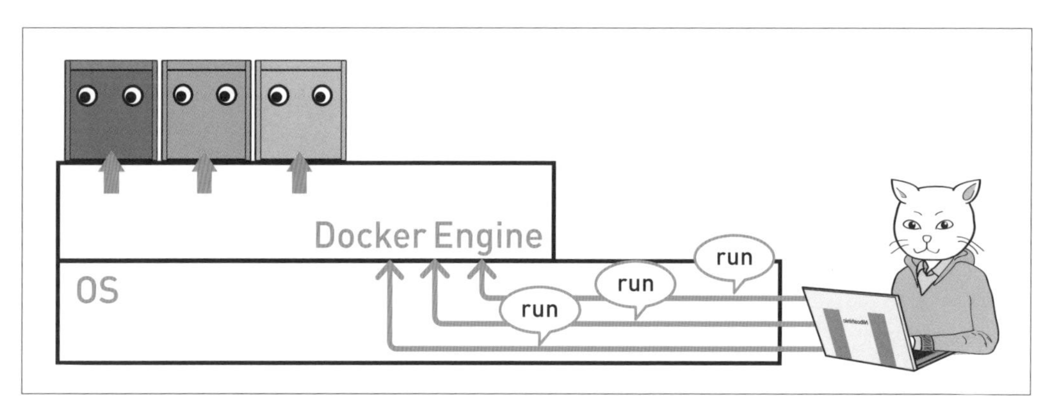

図7-2-2　手打ちでコマンド文を送る

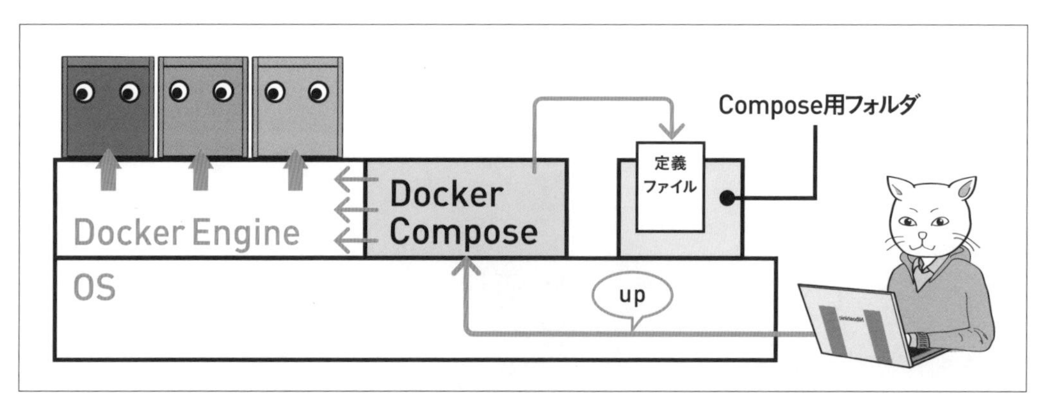

図7-2-3　Docker Composeを使う

※3　別の名前にすることもできるが、デフォルトではこのファイル名でなければならない。別の名前にする場合は、引数で指定する。今回、引数で指定する方法を取るので、本来は別の名称でも良い

定義ファイルは、1つのフォルダ（ディレクトリ）に対し、1つしか置きません※4。

そのため、複数の定義ファイルを使いたいときは、その分だけCompose用フォルダを作ります。コンテナ作成に必要な画像ファイルやHTMLファイルなども、Compose用フォルダに置いておきます。

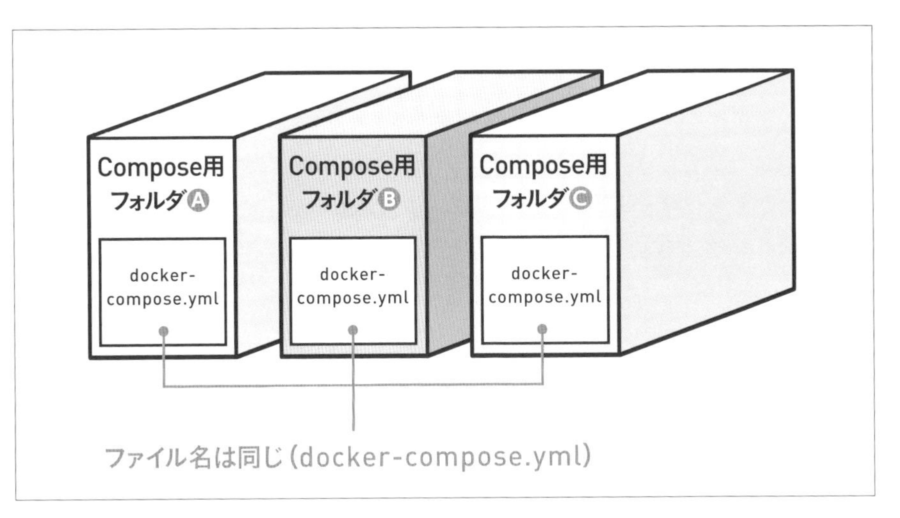

図7-2-4　定義ファイルは1つのフォルダに1つのみ

COLUMN : Level ★★★　サービスとコンテナ

Docker Composeでは、コンテナの集合体のことを「サービス」と呼びます。

そのため、公式ドキュメントでは、コンテナとサービスの用語が入り交じっていますが、すべてコンテナと読み替えてしまって、ほぼ問題ありません。

本書では、用語が揺れるとわかりづらいので、「コンテナ」に統一しています。

※4　複数置くこともできるが、その場合は別名と同じで、引数で指定する

SECTION 03

Docker Composeファイルの書き方

続いて、Docker Composeの定義ファイルの書き方を学びます。ファイルを見ると一見難しそうに見えるかもしれませんが、ルールが分かれば簡単です。後半のハンズオンでは実際にファイルを作ってみましょう。

Docker Composeの定義ファイルを読んでみる

Docker Composeは、定義ファイル（Composeファイル）の通りに実行するものなので、定義ファイルがなければお話になりません。ただ、書き方は簡単なので、大したことはありません。

百聞は一見にしかずと言いますから、実際のファイルを見てみましょう。Chapter 4で作成したApacheコンテナ（apa000ex2）と同じものを作成する場合のDocker Composeの定義ファイルです。

難しいに違いないなどと思い込まず、何が書いてあるか読んでみてください。この章まで頑張ってきたあなたには、書いてある内容がほとんどわかるはずです。

Apacheコンテナの定義ファイル例

```
01 version: "3"
02
03 services:
04   apa000ex2:
05     image: httpd
06     ports:
07       - 8080:80
08     restart: always
```

先頭の「version」はともかく、他はなんとなく、意味がわかるのではないでしょうか。以下のコマンド文と見比べてみると、ちょっと書き方を変えただけであることがわかります。

Chapter 4で実行したapa000ex2コンテナのコマンド文

```
docker run --name apa000ex2 -d -p 8080:80 httpd
```

もう1つ例を挙げましょう。Chapter 5で作ったWordPressコンテナ（wordpress000ex12）と同じものを作成する場合のDocker Composeの定義ファイルです。ちょっと長いので、MySQLやネットワークは省略しますが、WordPressコンテナの部分だけならば、以下のように書きます。続けてChapter 5で実行したコマンド文も並べておくので、見比べてください。

WordPressコンテナの定義ファイル例

```
01 version: "3"
02
03 services:
04   wordpress000ex12:
05     depends_on:
06       - mysql000ex11
07     image: wordpress
08     networks:
09       - wordpress000net1
10     ports:
11       - 8085:80
12     restart: always
13     environment:
14       WORDPRESS_DB_HOST=mysql000ex11
15       WORDPRESS_DB_NAME=wordpress000db
16       WORDPRESS_DB_USER=wordpress000kun
17       WORDPRESS_DB_PASSWORD=wkunpass
```

Chapter 5で実行したwordpress000ex12コンテナのコマンド文

```
01 docker run --name wordpress000ex12 -dit --net=wordpress000net1 -p 8085:80 -e
   WORDPRESS_DB_HOST=mysql000ex11 -e WORDPRESS_DB_NAME=wordpress000db -e WORDPRESS_
   DB_USER=wordpress000kun -e WORDPRESS_DB_PASSWORD=wkunpass wordpress
```

このように、定義ファイルは、runコマンドとよく似ています。書式さえ分かれば、簡単に書けます。

定義ファイル（Composeファイル）の書式

定義ファイルは、YAML形式で書きます。ファイルの拡張子は「.yml」です。メモ帳などのテキストエディタで作ります。Linuxの場合は、nanoエディタ※5などで作成すると良いでしょう。

※5　Appendix 参照

ファイル名は、「docker-compose.yml」です。「-f」オプションでファイル名を指定する場合は、別の名前で作ることもできますが、そうでない場合は、必ずこの名前にしてください。

項目	内容
定義ファイルの形式	YAML形式
ファイル名	docker-compose.yml

定義ファイルの書式

定義ファイルは、最初にDocker Composeのバージョンを書き、その後「services」「networks」「volumes」について定義します。「services」とは、要はコンテナのことです。Docker ComposeやKubernetesでは、コンテナの集合体のことを「Service」と呼ぶのです。

こういう用語は統一されてないとわかりづらいですが、慣例的にLinux上で動くソフトウェアをServiceと呼ぶので、その流れなのでしょう。

書式は、大項目→名前の追加→設定の順で書くと考えると分かりやすいです。

大項目には「services」「networks」「volumes」などが書いてあります。大項目の後ろには定義したい内容が来るので、「services:」のように「:（コロン）」をつけます。後でハンズオンを行うのでこのページでは手を動かさないで良いです。

定義ファイルの記述例（大項目のみ並べた場合）

```
version: "3"    ←バージョンを書く
services:       ←コンテナの情報
networks:       ←ネットワークの情報
volumes:        ←ボリュームの情報
```

「services」などの大項目の下に、名前を記述します。コンテナならコンテナ名、ネットワークならネットワーク名、ボリュームならボリューム名です。

このとき、名前は大項目から一段下げて（右にずらして）書きます。一段は「半角スペース（空白）1つ」でも「半角スペース2つ」「半角スペース3つ」でも構いませんが、タブで下げるのは禁止です。また、一度「半角スペース1つ」で下げたら、以降の行はそれが基準になります。

YAML形式は、スペースに意味がある言語なので、タブでは意味を持ちませんし、「半角スペース2つ」と最初に決めたら、その後も「半角スペース2つ」ずつ増やす必要があります。

名前の後ろには、必ず「:（コロン）」を入れます。その行に続けて設定を記述する場合には、「:」の後ろには、スペースが1つ必要です。このスペースは大変忘れやすいので、エラーが出たら最初に疑ってください。

複数ある場合は、並べて書きます。

定義ファイルの記述例（名前を追加する）

```
version: "3"
services:
  コンテナ名1:
  コンテナ名2:
networks:
  ネットワーク名1:
volumes:
  ボリューム名1:
  ボリューム名2:
```

名前を記述したら、コンテナの設定について更に記述します。記述が1つの場合は、コロンに続いて（スペースを1つ入れたあと）書くだけで良いのですが、複数の場合は、改行してハイフンで並べます。

このとき、名前を「スペース2つ」下げたならば、更に「スペース2つ」下げて記述します。大項目の「services」と比較すると、4つ分下がります。

また、改行してハイフンで並べる場合は、更にもう2つ下げます。大項目からカウントすると6つです。

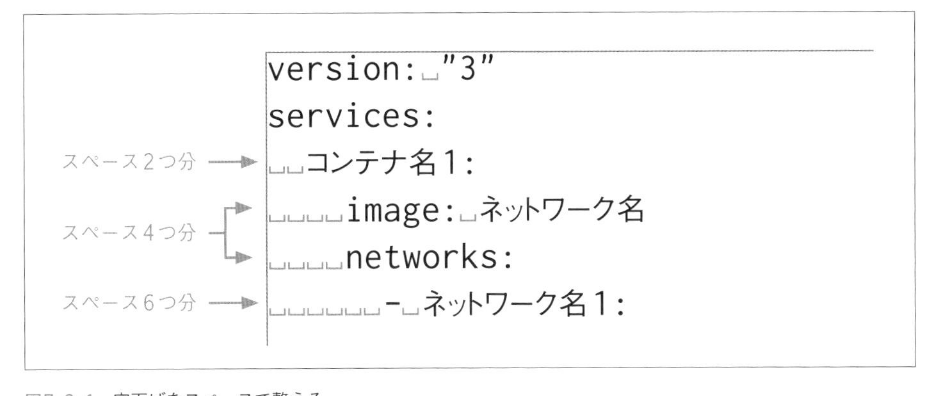

図7-3-1　字下げをスペースで整える

定義ファイルの記述例（設定を書く）

```
version: "3"
services:                       ←コンテナの設定内容
  コンテナ名1:                  ←コンテナ1の設定内容
    image: イメージ名
    networks:
      - ネットワーク名
    ports:
      - ポートの設定
    ……
```

▶次ページに続く

```
␣␣コンテナ名2:                       ←コンテナ2の設定内容
␣␣␣␣image:␣イメージ名
␣␣␣␣……
networks:                          ←ネットワークの設定内容
␣␣ネットワーク名1:
␣␣……
volumes:                           ←ボリュームの設定内容
␣␣ボリューム名1:
␣␣ボリューム名2:
␣␣……
```

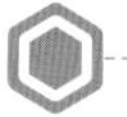

定義ファイルの記述ルールまとめ

では、定義ファイルの記述ルールについてまとめておきましょう。上で書いた以外にも、#を使ってコメントを入れたり（コメントアウト）、文字列を表記するときは「'（シングルクォート）」「"（ダブルクォート）」でくくるというルールがあります。定義ファイルの冒頭に「version: "3"」とあるのは、まさに文字列だからくくっているのです。

定義ファイル（YAML形式）の記述ルールまとめ

・最初にDocker Composeのバージョンを書く
・大項目「services」「networks」「volumes」に続いて設定内容を書く
・親子関係はスペースで字下げして表す
・字下げのスペースは、同じ数の倍数とする
・名前は、大項目の下に字下げして書く
・コンテナの設定内容は、名前の下に字下げして書く
・「-」が入っていたら複数指定できる
・名前の後ろには「:」をつける
・「:」の後ろには空白が必要（例外的にすぐ改行するときは不要）
・コメントを入れたい場合は#を使う（コメントアウト）
・文字列を入れる場合は、「'（シングルクォート）」「"（ダブルクォート）」のどちらかでくくる

定義ファイルの項目

定義ファイルの項目もまとめておきましょう。大項目は複数形であることに注意してください。

大項目

項目	内容
services	コンテナに関する定義をする
networks	ネットワークに関する定義をする
volumes	ボリュームに関する定義をする

よく使われる定義内容

項目	docker runでの対応	内容
image	イメージ引数	利用するイメージを指定する
networks	--net	接続するネットワークを指定する
volumes	-v、--mount	記憶領域のマウントを設定する
ports	-p	ポートのマッピングを設定する
environment	-e	環境変数を設定する
depends_on	なし	別のサービスに依存することを示す
restart	なし	コンテナが停止したときの再試行ポリシーを設定する

docker runコマンドとの対応を見ると、おおよそ定義項目の使い方がわかるのではないでしょうか。Docker Engineで登場しなかった項目としては、「depends_on」と、「restart」があります。

「depends_on」は、他のサービスに依存することを示します。作る順番や、連動して作成するかどうかが決まります。例えば、「penguin」コンテナのところに「depends_on: nankyoku」と書かれていたら、「nankyoku」コンテナ作成後に「penguin」コンテナが作られます。WordPressのように、先にMySQLコンテナを作る必要のあるケースで順番を指定できるわけです。

「restart」は、コンテナが停止したときにどうするかを設定できます。

restartの設定値

設定値	内容
no	何もしない
always	必ず再起動する
on-failure	プロセスが0以外のステータスで終了したときは再起動する
unless-stopped	停止していたときは再起動しない。それ以外は再起動する

Chapter 1 Chapter 2 Chapter 3 Chapter 4 Chapter 5 Chapter 6 Chapter 7 Chapter 8 Appendix

COLUMN : Level ★★★ 強者コラム

その他の定義項目

本文では、よく使われるものだけを紹介しましたが、他に以下のような定義項目があります。定義項目は、バージョンアップによって変わることもあるでしょうから、公式などで確認すると良いでしょう。

項目	docker runでの対応	内容
command	コマンド引数	起動時の既定のコマンドを上書きする
container_name	--name	起動するコンテナ名を明示的に指定する
dns	--dns	カスタムなDNSサーバを明示的に設定する
env_file	なし	環境設定情報を書いたファイルを読み込む
entrypoint	--entrypoint	起動時のENTRYPOINTを上書きする
external_links	--link	外部リンクを設定する
extra_hosts	--add-host	外部ホストのIPアドレスを明示的に指定する
logging	--log-driver	ログ出力先を設定する
network_mode	--network	ネットワークモードを設定する

COLUMN : Level ★★★

定義ファイルにコマンドは反映されるのか／書き換えても良いのか

Docker Composeでコンテナを作った後に、Docker Engineでそのコンテナに何か命令を出すことは可能です。

では、その命令内容は、定義ファイルに反映されるのかというと、**反映されません。**

なぜなら、定義ファイルはただのテキストファイルであり、Docker Composeが読みに行っているだけのものだからです。Docker Composeで「penguin」というコンテナを作成し、その後Docker Engineで「penguin000special」にコンテナ名を変えて起動したとしても、定義ファイルはそのことを知りません。

そのため、Docker Composeでコンテナを停止・削除しようとしても、定義ファイルと実際の名前が違ってしまい、停止できなくなります。

逆に、定義ファイルの方を変更することもできますが、同じように実際の状況と変わってしまうと、停止できなくなります。小手先で変更しないのが運用の原則でしょう。

[手順] 定義ファイルをつくってみよう

それでは実際に定義ファイルを作ってみましょう。

今回挑戦するのは、Chapter 5で作ったWordPressコンテナとMySQLコンテナです。MySQLコンテナを先に作る必要があるので、先に書きます。また、WordPressコンテナには、「depends_on」(依存関係)を設定する必要がありますね。

大きな注意点として、これまでMySQLはLatest(最新版)の8を使ってきましたが、引数の設定の問題で、ここでは5.7を使います。設定値が違うので注意してください。8を使う方法はP.220のコラムに書いておいたので、定義ファイルの書き方に慣れたらそちらに変更すると良いでしょう。

Chapter 5では、まだボリュームについて学んでなかったので、ここではボリューム情報も追加しておきます。

今回行うこと

大項目を並べる ➡ 名前を書く ➡ MySQLコンテナを定義する ➡ WordPressコンテナを定義する

作成するネットワーク・ボリュームとコンテナの情報

項目	値
ネットワーク名	wordpress000net1
MySQLのボリューム名	mysql000vol11
WordPressのボリューム名	wordpress000vol12
MySQLコンテナ名	mysql000ex11
WordPressコンテナ名	wordpress000ex12

定義内容

MySQLコンテナの定義内容(mysql000ex11)

項目	項目名	値
MySQLイメージ名※	image:	mysql:5.7
使用するネットワーク	networks:	wordpress000net1
使用するボリューム	volumes:	mysql000vol11

▶次ページに続く

マウント先		/var/lib/mysql
再起動に関する設定	restart:	always
MySQLの設定	environment:	★の項目を設定
★MySQLのrootパスワード	MYSQL_ROOT_PASSWORD	myrootpass
★MySQLのデータベース領域名	MYSQL_DATABASE	wordpress000db
★MySQLのユーザー名	MYSQL_USER	wordpress000kun
★MySQLのパスワード	MYSQL_PASSWORD	wkunpass

※MySQL5.7を使用するため、イメージにバージョン指定がある。MySQL5.7はマイナーバージョンによって不安定なケースがある。対処法はP.228のコラム参照。MySQL8.0を使う方法はP.220のコラム参照

WordPressコンテナの定義内容(wordpress000ex12)

項目	項目名	値
依存関係	depends_on:	mysql000ex11
WordPressのイメージ名	image:	wordpress
使用するネットワーク	networks:	wordpress000net1
使用するボリューム	volumes:	wordpress000vol12
マウント先		/var/www/html
ポート番号を指定	port:	8085:80
再起動に関する設定	restart:	always
データベースに関する情報	environment:	★の項目を設定
★データベースのコンテナ名	WORDPRESS_DB_HOST	mysql000ex11
★データベース領域名	WORDPRESS_DB_NAME	wordpress000db
★データベースのユーザー名	WORDPRESS_DB_USER	wordpress000kun
★データベースのパスワード	WORDPRESS_DB_PASSWORD	wkunpass

作成する定義ファイルを置く場所

定義ファイルは、自分で場所を指定できるのであれば、どこに置いても構いません。作例では、わかりやすいようにいつもの場所に「com_folder」を作ってそこに格納します。

項目	値
Windowsの置き場所	C:¥Users¥ユーザー名¥Documents¥com_folder
Macの置き場所	/Users/ユーザー名/Documents/com_folder
Linuxの置き場所	/home/ユーザー名/com_folder

自分の環境のOSに合わせて選択すること。ここでのWindowsのパス指定はC:から行う

STEP 1 docker-compose.ymlを作成する

メモ帳などのテキストエディタで定義ファイルを作成します。Linuxの場合は、nanoエディタ（P.312参照）を使いましょう。ファイル名は、「docker-compose.yml」にし、適切な場所に作った「com_folder」に入れます。

STEP 2 大項目を並べる

バージョンに続き、必要な大項目（services、networks、volumes）を並べます。複数形であることに注意してください。

docker-compose.ymlの記述内容（1）

```
version: "3"
services:
networks:
volumes:
```

STEP 3 名前を書く

それぞれの大項目に続けて名前を書きます。改行して字下げして書きましょう。作例ではスペース2つ分字下げしています。

docker-compose.ymlの記述内容（2）

```
version: "3"
services:
  mysql000ex11:
  wordpress000ex12:
networks:
  wordpress000net1:
volumes:
  mysql000vol11:
  wordpress000vol12:
```

STEP 4 MySQLコンテナの定義を行う

MySQLコンテナに関する定義を記述します。字下げに注意してください。作例では、スペース4つ分、6つ分字下げしています。

docker-compose.ymlの記述内容 (3)

```
version: "3"
services:
  mysql000ex11:
    image: mysql:5.7
    networks:
      - wordpress000net1
    volumes:
      - mysql000vol11:/var/lib/mysql
    restart: always
    environment:
      MYSQL_ROOT_PASSWORD: myrootpass
      MYSQL_DATABASE: wordpress000db
      MYSQL_USER: wordpress000kun
      MYSQL_PASSWORD: wkunpass
  wordpress000ex12:
networks:
  wordpress000net1:
volumes:
  mysql000vol11:
  wordpress000vol12:
```

STEP 5 WordPressコンテナの定義を行う

WordPressコンテナに関する定義を記述します。以下と見比べ、問題が無ければ保存します。スペースの有無や数、コロンの有無など間違えやすいポイントを中心に確認すると良いでしょう。

docker-compose.ymlの記述内容 (4)

```
version: "3"
services:
  mysql000ex11:
    image: mysql:5.7
    networks:
```

```
      - wordpress000net1
    volumes:
      - mysql000vol11:/var/lib/mysql
    restart: always
    environment:
      MYSQL_ROOT_PASSWORD: myrootpass
      MYSQL_DATABASE: wordpress000db
      MYSQL_USER: wordpress000kun
      MYSQL_PASSWORD: wkunpass
  wordpress000ex12:
    depends_on:
      - mysql000ex11
    image: wordpress
    networks:
      - wordpress000net1
    volumes:
      - wordpress000vol12:/var/www/html
    ports:
      - 8085:80
    restart: always
    environment:
      WORDPRESS_DB_HOST: mysql000ex11
      WORDPRESS_DB_NAME: wordpress000db
      WORDPRESS_DB_USER: wordpress000kun
      WORDPRESS_DB_PASSWORD: wkunpass
networks:
  wordpress000net1:
volumes:
  mysql000vol11:
  wordpress000vol12:
```

STEP 6 保存する

STEP5と手元のファイルと見比べ、問題が無ければ保存します。スペースの有無や数、コロンの有無など間違えやすいポイントを中心に確認すると良いでしょう。

COLUMN : Level ★★★ スペース入れるのが面倒くさい!!

先頭にいくつもスペースを入れるのは面倒ですね。いちいちマウスで先頭をクリックするのもうんざりします。そこで、覚えておくと良いキーと、Windowsのエディタを紹介しておきます。
まず、キーですが、Windowsの方は、キーボードに［Home］というボタンを見たことはないでしょうか。これは、「行頭に飛ぶ」というキーです。［End］は行末です。
マウスのない時代には、よく使われていたキーなのですが、マウスが標準になってからは使う人がめっきり減りました。Macの場合は、［command］＋［←］や［Fn］＋［←］が［Home］にあたります。
次に、エディタですが、行頭に［Tab］やスペースを一律で入れられる機能があるエディタがあります。一例としてサクラエディタを紹介しておきます。

- **サクラエディタ**
  https://sakura-editor.github.io

サクラエディタの場合、字下げしたい行をすべて範囲指定し、その状態でスペースキーを押すと、すべての行の行頭にスペースが入ります。面倒になったら、こうしたエディタを使ってみるのも良いでしょう。他に、Visual Studio Codeなども上記の機能があり、WindowsやMac両対応で人気があります。

COLUMN : Level ★★★ 強者コラム

MySQL8.0を使用する方法

Chapter 5でも書きましたが、MySQL8.0より認証方式が変更になったため、引数が必要です。Docker Composeでも引数を追加すれば、MySQL8.0を使用できます。
引数を追加するには、「command」を使用します。「restart」と「environment」の間に以下の内容を追記してください。字下げは、「restart」や「environment」と同じにします。

MySQL8.0を使用する場合の記述内容

```
␣␣␣␣command: mysqld --character-set-server=utf8mb4 --collation-server=utf8mb4_unicode_ci --default-authentication-plugin=mysql_native_password
```

SECTION 04

Docker Composeを実行してみる

それではいよいよ、Docker Composeを実行してみましょう。前のChapter 7-03で作った定義ファイルを使って、MySQLとWordPressの2つのコンテナを作成・起動してみます。

Docker Composeの操作コマンド

定義ファイルを作ったところで、コマンドの解説と、実行を行います。

Docker Composeを使うには「Compose」という上位コマンドを使います。つまり、「docker compose ～」の形式です。

よく使うコマンドは、「up」「down」の2つですが、「stop」も使います。その他のコマンドは、あまり使う場面がないので、とりあえずこの3つを覚えておけば十分です。upコマンドで、ファイルに定義されたコンテナやネットワークを作成し、downで停止・削除します。

コンテナや周辺環境を作成するコマンド「docker compose up」

定義ファイルの内容に従って、コンテナ・ボリューム・ネットワークを作成・実行します。

定義ファイルの場所[※6]は、「-f」オプションで指定します。

よく使う記述例

```
docker compose -f 定義ファイルのパス up オプション
```

例えば、「C:¥Users¥ユーザー名¥Documents¥」に「com_folder」という名前でCompose用フォルダを作った場合、以下のように記述します。「-d」は、いつものバックグラウンドで実行するオプションです。

記述例

```
docker compose -f C:¥Users¥ユーザー名¥Documents¥com_folder¥docker-compose.yml up -d
```

※6 Compose用フォルダをカレントディレクトリにしている場合は、定義ファイルを指定しなくて良い

オプション項目

オプション	内容
-d	バックグラウンドで実行する
--no-color	白黒画面として表示する
--no-deps	リンクしたサービスを表示しない
--force-recreate	設定やイメージに変更がなくても、コンテナを再生成する
--no-create	コンテナがすでに存在していれば再生成しない
--no-build	イメージが見つからなくてもビルドしない
--build	コンテナを開始前にイメージをビルドする
--abort-on-container-exit	コンテナが1つでも停止したら、すべてのコンテナを停止する
-t、--timeout	コンテナを停止するときのタイムアウト秒数。既定は10秒
--remove-orphans	定義ファイルで定義されていないサービス用のコンテナを削除
--scale	コンテナの数を変える

コンテナとネットワークを削除するコマンド「docker compose down」

定義ファイルの内容に従って、コンテナとネットワークを停止・削除します。ボリュームとイメージは削除しません。定義ファイルの場所は、「-f」オプションで指定します。

よく使う記述例

```
docker compose -f 定義ファイルのパス down オプション
```

オプション項目

オプション	内容
--rmi 種類	破棄後にイメージも削除する。種類に「all」を指定したときは、利用した全イメージを削除する。「local」を指定したときは、imageにカスタムタグがないイメージのみを削除する
-v,--volumes	volumesに記述されているボリュームを削除する。ただしexternalが指定されているものは除く
--remove-orphans	定義ファイルで定義していないサービスのコンテナも削除する

コンテナを停止するコマンド「docker compose stop」

定義ファイルの内容に従って、コンテナを停止します。定義ファイルの場所は、「-f」オプションで指定します。

よく使う記述例

```
docker compose -f 定義ファイルのパス stop オプション
```

主なコマンドの一覧

その他のコマンドを紹介しておきます。有名なコマンド以外は、あまり使われません。

コマンド	内容
up	コンテナを作成し、起動する
down	コンテナとネットワーク停止および削除する
ps	コンテナ一覧を表示する
config	定義ファイルの確認と表示
port	ポートの割り当てを表示する
logs	コンテナの出力を表示する
start	コンテナを開始する
stop	コンテナを停止する
kill	コンテナを強制停止する
exec	コマンドを実行する
run	コンテナを実行する

コマンド	内容
create	コンテナを作成する
restart	コンテナを再起動する
pause	コンテナを一時停止する
unpause	コンテナを再開する
rm	停止中のコンテナを削除する
build	コンテナ用のイメージを構築または再構築する
pull	コンテナ用のイメージをダウンロードする
events	コンテナからリアルタイムにイベントを受信する
help	ヘルプ表示

2021年10月現在のもの。Composeコマンドへの統合のため、変更になっている可能性もあるので、公式ドキュメントでも確認しましょう

compose（コンポーズ）コマンドは、Docker Composeで作成したコンテナを操作するコマンドです。例えば、「docker container run（docker run）」のようにcontainer（コンテナ）コマンドで作成したコンテナは操作できません。対象は、あくまでComposeで作ったものだけです。「compose」と「container」は両方ともcoで始まるので紛らわしいですね。Docker Composeのキャラクターはタコなので、「タコで操作できるものはタコで作ったものだけ」と覚えておきましょう。また、操作する内容は、containerコマンドとよく似ていますが、コンテナの指定の仕方が異なります（詳しくは次ページコラム）。

COLUMN : Level ★★★ 強者コラム

Compose用フォルダをカレントディレクトリにする

現在操作中のディレクトリを「カレントディレクトリ」と言います。
そのため、あるディレクトリに移動し、そこで何か操作することを「○○ディレクトリをカレントにする」とも言ったりします。
WindowsやMacでは、マウスで該当のフォルダを開いたり、開いたフォルダをクリックするとカレントになりますが、Linuxでは「cd」コマンドでそのディレクトリに移動します。

Docker Composeを使うときに、コマンドプロンプト／ターミナルにて、Compose用フォルダをカレントにすると、定義ファイルを指定する必要がありません。
普段、WindowsやMacではマウス操作でカレントにしますが、Compose使用時はコマンドで行います。

該当のフォルダをカレントディレクトリにするコマンド（Windows・Mac・Linux共通）

```
cd フォルダパス
```

カレントディレクトリに移動したときの記述例（-fオプションを省略できる）

```
docker compose up -d
```

COLUMN : Level ★★★ 強者コラム

Docker Composeでのコンテナ名と複数起動

containerコマンドで作成したコンテナをcompose（タコ）コマンドで操作することはできませんが、逆はできます。ただし、1つ注意点があり、Compose（タコ）で作成したコンテナには「裏の名前」が付きます。

これは、Compose（タコ）の性質によるもので、オプションや定義ファイルの書き方によって、同じ構成・名前のコンテナを複数作成できるのですが、Compose（タコ）上では、それらのコンテナは、まとめてセットで扱われます。しかし、containerコマンドでは、まとめて扱えないので、container用に「penguin_1」「penguin_2」のようにコンテナごとに別々に名前が付けられます。これは、作成したコンテナが1つでも複数でも同じです。

話がややこしいのが、containerコマンドは裏の名前（_1）を使うのですが、Compose（タコ）は、そのままの名前で操作するのです。また、Compose（タコ）は、セットでしかコンテナを扱えないので、個々のコンテナは指定できません。

よくわからなければ、「Compose（タコ）で作ったコンテナをcontainerコマンドで操作したい場合は、名前が変わっているので、『ps』コマンドで実際の名前を確認する」と覚えておいてください。

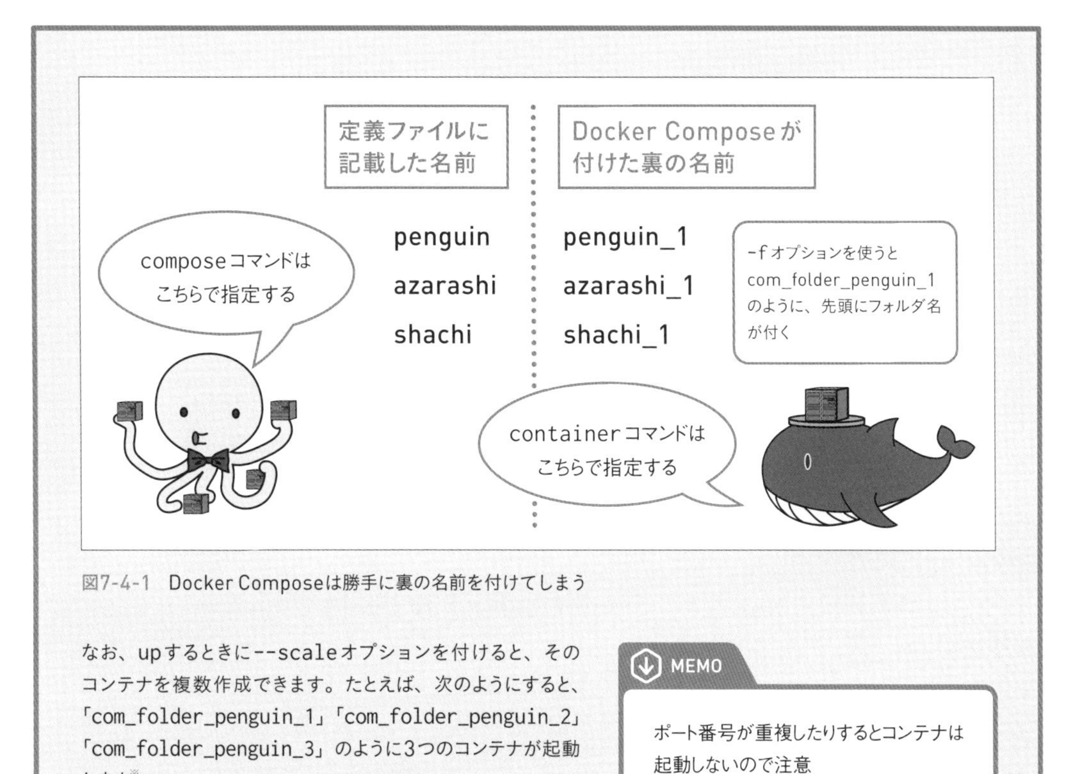

図7-4-1 Docker Composeは勝手に裏の名前を付けてしまう

なお、upするときに--scaleオプションを付けると、そのコンテナを複数作成できます。たとえば、次のようにすると、「com_folder_penguin_1」「com_folder_penguin_2」「com_folder_penguin_3」のように3つのコンテナが起動します※。

MEMO

ポート番号が重複したりするとコンテナは起動しないので注意

--scaleオプションを付ける記述例

```
docker compose -f C:¥Users¥…略…¥ com_folder¥docker-compose.yml up --scale
penguin=3
```

Chapter 8で説明するKubernetesの方が便利なので、scaleオプションは、あまり使わないと思いますが、Kubernetesに比べて軽いなどのメリットもあるので覚えておきましょう。

[手順] Docker Composeを実行してみよう

作成した定義ファイルを実行してみましょう。

すると、コンテナが作成・起動します。いつもどおりWordPressにアクセスできれば成功です。

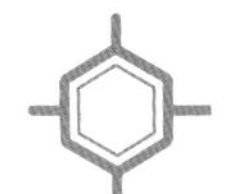

今回行うこと

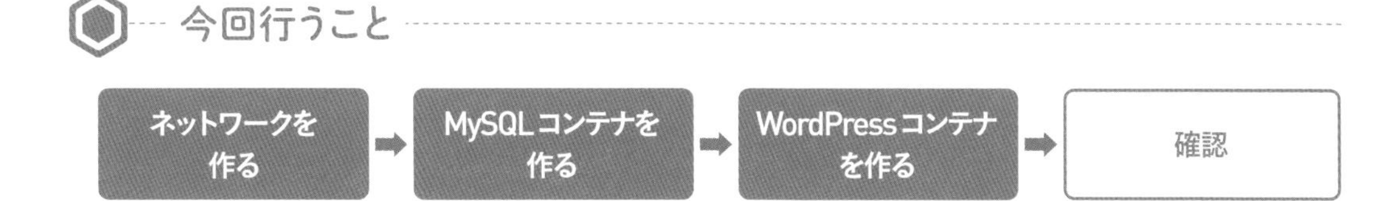

使用する定義ファイル

定義ファイルは、自分で場所を指定できるのであれば、どこに置いても構いません。この後の作例では、Chapter 7-03で作った「com_folder」の定義ファイルをそのまま使います。

項目	値
Windows	C:¥Users¥ユーザー名¥Documents¥com_folder¥docker-compose.yml
Mac	/Users/ユーザー名/Documents/com_folder/docker-compose.yml
Linux	/home/ユーザー名/com_folder/docker-compose.yml

自分の環境のOSに合わせて選択すること

STEP 1 定義ファイルを適切な場所に置く

定義ファイルを適切な場所に置きます。今回はChapter 7-03で使った「com_folder」と「docker-compose.yml」を使います。

STEP 2 定義ファイルの内容を実行する

「docker compose up」コマンドで定義ファイルの内容を実行します。オプションには、「-d」をつけ、「-f」で定義ファイルのパスを記述します。

Windowsの場合

```
docker compose -f C:¥Users¥ユーザー名¥Documents¥com_folder¥docker-compose.yml up -d
```

Macの場合

```
docker compose -f /Users/ユーザー名/Documents/com_folder/docker-compose.yml up -d
```

Linuxの場合

```
docker compose -f /home/ユーザー名/com_folder/docker-compose.yml up -d
```

STEP 3 ブラウザでWordPressにアクセスできることを確認する

ブラウザで「http://localhost:8085/」にアクセスし、WordPressの初期画面を表示させます。もし、エラー[※7]が表示された場合は、タイプミスなどを確認してみましょう。

※7 P.133のコラム参照

余力がある場合は、実際にログインしてWordPressが使えることを確認してみると良いでしょう。

図7-4-2　WordPressの初期画面

STEP 4 コンテナとネットワークを停止・削除する

納得したら、「docker compose down」コマンドでコンテナとネットワークを停止・削除します。「-f」で定義ファイルのパスを記述します。削除後は「ps」コマンドで確認しておきましょう※8。

Windowsの場合

```
docker compose -f C:¥Users¥ユーザー名¥Documents¥com_folder¥docker-compose.yml down
```

Macの場合

```
docker compose -f /Users/ユーザー名/Documents/com_folder/docker-compose.yml down
```

Linuxの場合

```
docker compose -f /home/ユーザー名/com_folder/docker-compose.yml down
```

STEP 5 後始末をする

イメージとボリュームはdownコマンドで削除されないので、手動で削除します。削除前に、何度かupコマンドとdownコマンドを試してみるのも良いでしょう。後始末については、Chapter 5のコラムを参照してください。

※8　upした後にコンテナ名など定義ファイルを書き換えると、コンテナやネットワークの削除がうまくいかないので注意

COLUMN : Level ★★★ もっと練習したいときは

もう少し練習したいという場合は、Chapter 5でも扱った「Redmine＋MySQL」「WordPress＋MariaDB」の組み合わせも試してみると良いでしょう。コンテナ名やボリューム名、ネットワーク名は、自由に付けて構いません。
定義ファイルは、1つのフォルダに1つの定義ファイルを置くのが原則なので、違うフォルダを作成して、そこにまた「docker-compose.yml」ファイル※を作ってください。

docker-compose.ymlファイル：

-fでファイルパスを指定する方法を取っているので、同じフォルダ内に別名で作成することもできる。その場合は、ファイルパスを調整のこと

MEMO

Redmineのデータ永続化

Redmineでは、/usr/src/redmine/filesのほか、/usr/src/redmine/plugins、/usr/src/redmine/vendor/plugins、/usr/src/redmine/public/themesなども永続化すると良い。

COLUMN : Level ★★★ コンテナが不安定なときには

ソフトウェアは、バージョンによっては、不安定なことがあります。著者の環境では、MySQL5.7.31のコンテナでは正常に動作しませんでした。MySQL5.7系の最新版である5.7.32は正常に動作したので、マイナーバージョンによっては、動作が怪しいことがあるようです。
また、Redmineは、MariaDBを正式にサポートしているとは言っていません。そのため、怪しい気配を感じたときは、バージョンを変えたり、ソフトウェアの種類を変えてみると良いでしょう。MySQLであれば、5.7.32のバージョンを指定してみてください。
もし、再起動を繰り返すなど怪しい挙動になった場合は、コンテナとイメージを両方削除し、Docker Engineの再起動をかけてください。

Kubernetesについて学ぼう

CHAPTER
8

本書最後のChapter 8ではKubernetesについて学びます。Kubernetesはコンテナのオーケストレーションツールと呼ばれるもので、Chapter 7で紹介したDocker Composeよりも広い範囲でコンテナの管理ができます。複数のサーバを管理する立場の人は、ぜひ学習してみてください。

Kubernetesとは

SECTION 01

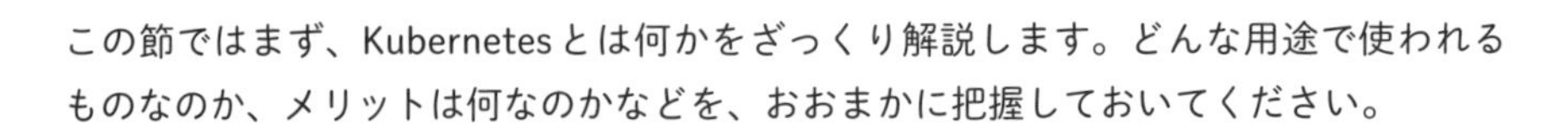

この節ではまず、Kubernetesとは何かをざっくり解説します。どんな用途で使われるものなのか、メリットは何なのかなどを、おおまかに把握しておいてください。

Kubernetesとは

Kubernetes（クーベネティス）※1はコンテナのオーケストレーションツールであり、Dockerとは別のソフトウェアです。

オーケストレーションツールとは、システム全体の統括をし、複数のコンテナを管理できるものです。その名のとおり、オーケストラを思い浮かべてください。楽団員を指揮者が指揮するように、複数のコンテナたちを指揮できるツールがKubernetesです。

Kubernetesは、k8sとも略します。これは、kとsの間に8文字あるという意味で、スラング的なものですが、知っておくとインターネットでの情報収集に役立ちます。

図8-1-1

※1 クーベルネティス、クーバネティス、クバネティスなど発音は様々だが、ここはOpen Source Summit（旧Linux Con）での発音に倣った

Kubernetesを一般的なプログラマーが管理することは少ない

最近流行りのKubernetesではありますが、その性質上、一般的なプログラマーがバリバリKubernetesを使うという場面は多くありません。なぜなら、先に書いたとおり「複数のコンテナ（＝サーバ）」を管理するものだからです。ここでいう「複数」とは、全く同じ構成のコンテナが複数という意味です。つまり、次の図にあるような、何台ものサーバで構成するような大規模なシステムのお守りをする機会があるか？ という話です。

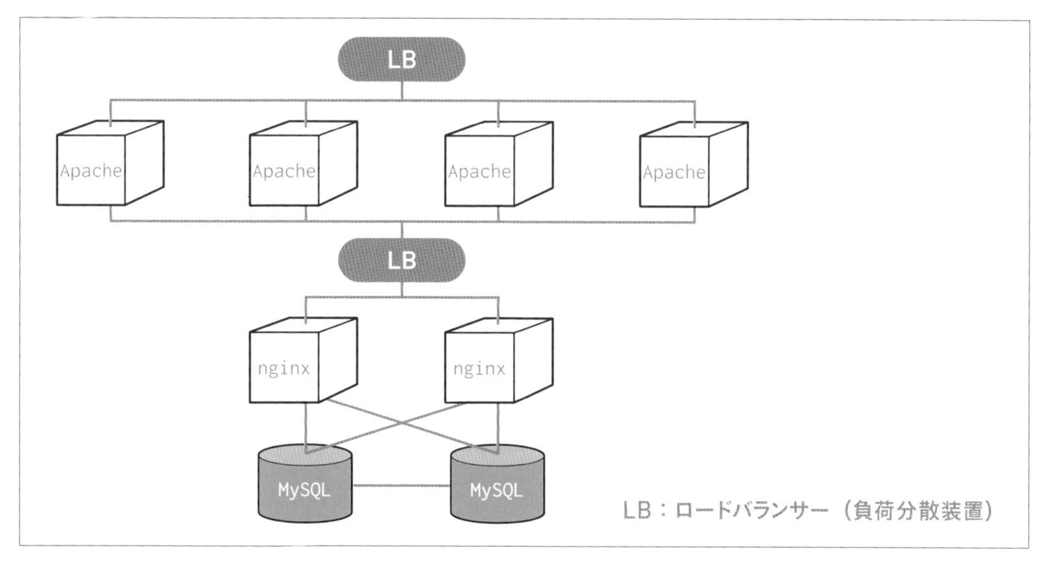

図8-1-2　大きな規模のシステムに導入されることが多い

そう考えると、大規模なシステムの中身を作ることはあっても、大規模なサーバ群をプログラマーが管理することは少ないように、Kubernetesも使う機会があまりないでしょう。

ただ、Kubernetesで何をできるのかということは知っておくと、システムを作る上で役に立つと思います。Kubernetesで管理するシステムは、その前提で作るべきです。前提とした作りでないと、Kubernetesのメリットが活かしきれません。

同じようにプロジェクトマネージャーやSEなどの職務の人たちも、Kubernetesで何ができるのかということは知っておいた方がいいでしょう。

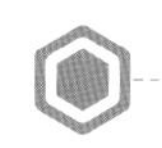

Kubernetesは、複数の物理的マシンに複数のコンテナがあることが前提

これまで学習してきたDockerは、1台の物理的マシンで実行するイメージだったかもしれませんが、Kubernetesは複数の物理的マシン※2があることが前提です。さらに、その1台1台の物理的マシンの中に複数のコンテナがあります。

※2　当然、物理的マシンではなく、仮想マシンで構成することもある

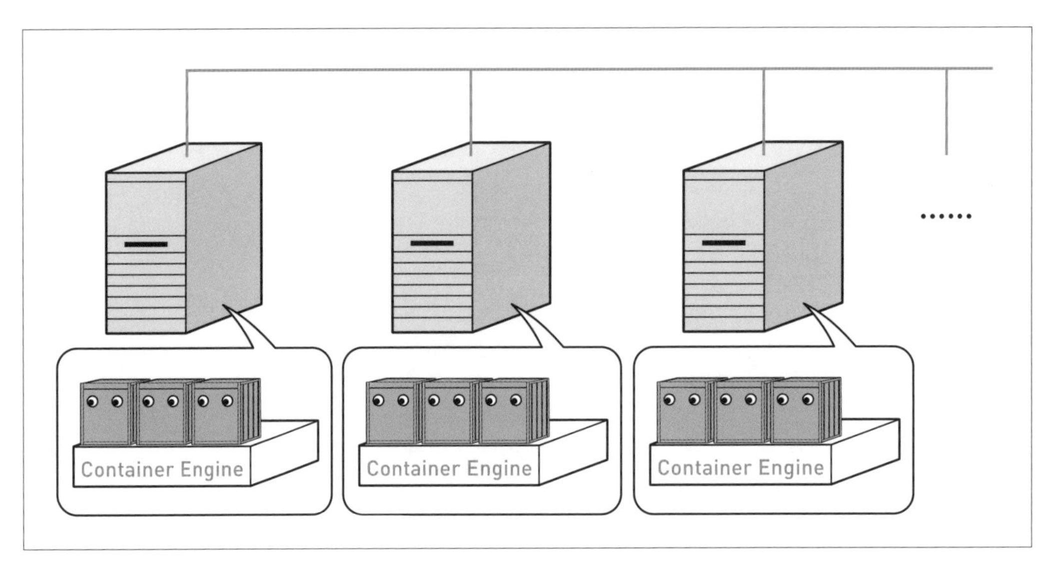

図8-1-3　Kubernetesを使う場合、複数の物理的マシンがあることが前提

これら複数のコンテナを1台ずつ作ったり、管理したりするのは大変なので、Kubernetesがあります。例えば、20個のコンテナを作ろうと思ったら、20回docker runコマンドを実行するわけです。さすがにウンザリしそうですね！

Docker Composeを使うにしても、物理マシンの数が多ければ、大変であることには変わりありません。しかも、複数の物理マシンに分かれているわけですから、1台のマシンが終わったら、次のマシンに接続して……と、大変面倒です。作ったら作ったで、個々のマシンを監視し、障害が起こったらコンテナを作り直さなければなりませんし、コンテナのアップデートのたびに大騒ぎです。その日は残業かもしれません※3。

Kubernetesは、こうしたコンテナの作成や管理の煩雑さを上手くやってくれるツールです。Docker Composeのときのような定義ファイル（マニフェストファイル）を作っておけば、それに従って全部の物理マシンにコンテナを作成し、管理してくれます。

※3　残業でしょう!!

SECTION 02

マスターノードとワーカーノード

続いて、Kubernetesの「マスターノード」と「ワーカーノード」について説明していきます。この2つがどんな働きをしているのか、ユーザーの命令がどのような経路で伝わっていくのかを理解しましょう。

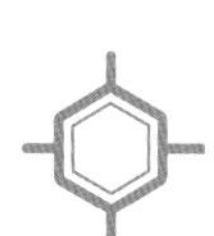

マスターノードとワーカーノードとその構成

Kubernetesは、**マスターノード**と呼ばれるコントロールを司るノードと**ワーカーノード**という実際に動かすノードで構成されます。ノードと言うと聞き慣れない感じがするかもしれませんが、おおよそ物理的なマシン※4と同じだと考えてください。

マスターノードとワーカーノードの違いは役割です。

マスターノードは、その名の通り現場監督のようなもので、大工さんで言うならば棟梁です。**マスターノード上でコンテナは動いておらず**、ワーカーノード上のコンテナを管理するだけです。ですから、Docker Engineなどのコンテナエンジン※5もインストールしません。マスター（現場監督）は、コンテナを管理するだけで手一杯なのです。管理職は、人間だけでなく、Dockerでも忙しいのです！

ワーカーノードは、実際のサーバに当たる部分で、コンテナはここで動きます。もちろん、Docker Engineなどのコンテナエンジンもインストールされている必要があります。

こうしたマスターとワーカーで構成されたKubernetesシステムの一群を**クラスター**と言います。

クラスターは、自律して動きます。人間が何か命令して動くのではなく、マスターノードに設定された内容に従って、マスターノードが自律的にワーカーノードを管理します。

管理者が何かするのは、マスターノードの初期設定や調整だけで、管理者のパソコンからワーカーノードを直接管理することはありません。

※4 クラスターの作り方によっては、物理的なマシンでないこともある

※5 Kubernetes公式から、ver1.2からコンテナエンジンとしてDockerを非推奨とする発表があった。その場合、Docker Engineとなっている部分が、containerdなどの別エンジンが推奨に変わる（2021年1月現在）

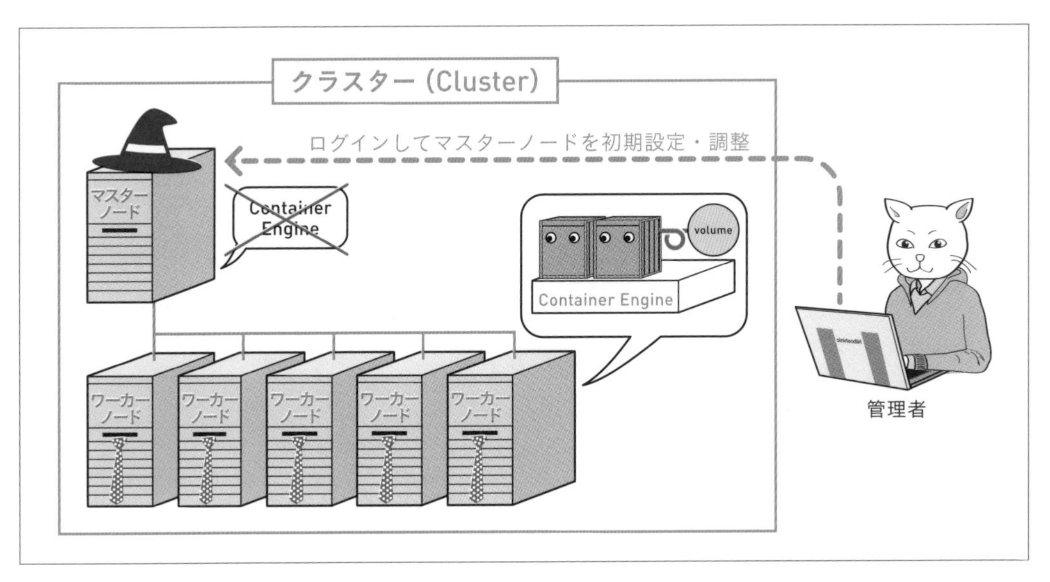

図8-2-1　クラスターは定義ファイルに基づいて自律して動く

Kubernetesを使うには、Kubernetesのインストールが必要

Kubernetesは、Docker Engineなどのコンテナエンジンとは別のソフトウェアです。そのため、Kubernetesのソフトウェアと、CNI※6（仮想ネットワーク※7のドライバ）をインストールする必要があります。CNIとして代表的なソフトウェアは、flannelや、Calico、AWS VPC CNI※8です。

また、マスターノードは、コンテナなどの状態管理のために、etcd※9というデータベースを入れます。ワーカーノードには、もちろんDocker Engineなどのコンテナエンジンが必要です。

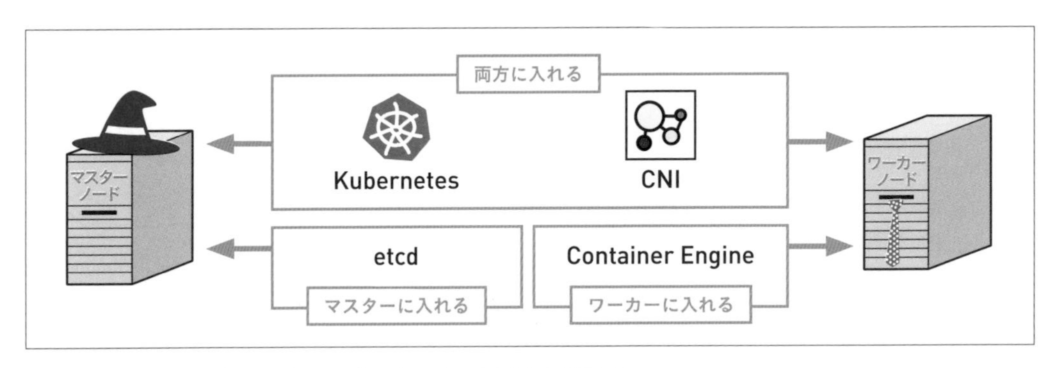

図8-2-2　マスターノード、ワーカーノードでインストールするものは異なる

※6　Container Networking Interface

※7　仮想ネットワークを使うのは、Docker単独で使用する場合も、Kubernetesの場合も同じだが、それらのネットワークは性質が異なる。Dockerの場合は、同じ筐体内でのネットワークであるのに対し、Kubernetesの場合は、オーバーレイネットワークで、他のマシンと同一LAN上で扱うために使う。この話は難しいので初心者は読み飛ばして良い

※8　Amazon AWS専用のCNI

※9　キーバリューストア型のデータベース。他にも使われている

また、マスターノードの設定を行うのに、管理者のパソコンにはkubectl（クーベシーティーエル／クーベコントロール）を入れます。kubectlを入れることで、マスターノードにログインして、初期設定を行ったり、調整できるようになります。

図8-2-3
管理者のパソコンにはkubectlを入れる

コントロールプレーン（制御盤）とkube-let

マスターノードでは、コントロールプレーン（制御盤）で、ワーカーノードを管理します。

コントロールプレーンは、以下の表にある5つのコンポーネント（部品）で構成されます。

etcd以外は、Kubernetesに入っており、わざわざ追加で何かを入れる必要はありません。etcdとKubernetesをインストールすれば、全部入ります※10。

マスターノード側のコントロールプレーンの構成

項目	内容
kube-apiserver	外部とやり取りをするプロセス。kubectlからの命令を受け取って実行する
kube-controller-manager	コントローラーを統括管理・実行する
kube-scheduler	Podを、ワーカーノードへと割り当てる
cloud-controller-manager	クラウドサービスと連携して、サービスを作る
etcd	クラスター情報を全管理するデータベース

ワーカーノードでは、kube-letとkube-proxyが動きます。kube-letは、マスターノード側のkube-schedulerと連携して、ワーカーノード上にコンテナやボリュームを配置し、実行します。こちらもKubernetesに入っており、わざわざ何かを入れる必要はありません。

※10　後述するが、Kubernetesは複数の提供元があり、提供元によっては、kube-letが入っていないなど、別途インストールが必要な場合もある

ワーカーノード側の構成

項目	内容
kube-let	マスターノード側のkube-schedulerと連携して、ワーカーノード上にPodを配置し実行する。また、実行中のPodの状態を定期的に監視し、kube-schedulerへ通知する
kube-proxy	ネットワーク通信をルーティングする仕組み

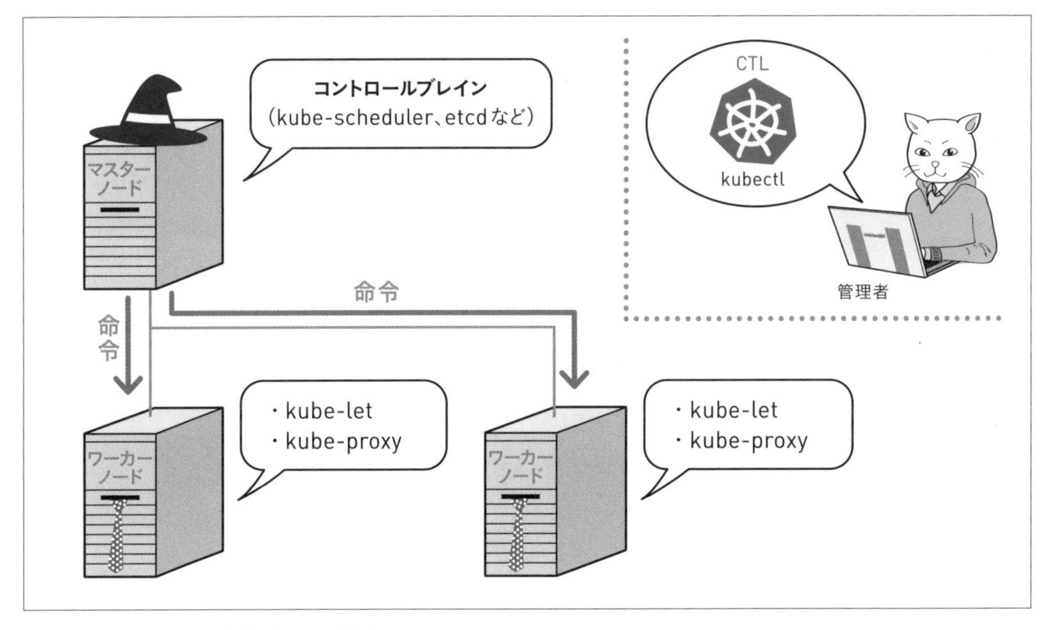

図8-2-4　Kubernetesを動かすための構成

Kubernetesは、常に望ましい状態に保つ

Kubernetesも、コンテナを作成したり、削除したりすることができますが、コマンドをポチポチ打って構築することはしません。「コンテナを×個、ボリュームを○個で構成する」のように、あるべき姿（望ましい状態）をYAML形式のファイルで定義し、その通りに自動でコンテナを作ったり消したりしながら、維持するというのが基本的な考え方です。

このように説明すると、Docker Composeとの違い※11がわかりづらいかもしれませんが、Docker Composeは、オプションの指定によって手動でコンテナの数を変えることはできるものの、監視はしていないので、作成時しか関与しない「作って終わり」である※12のに対し、Kubernetesは、「その状態を維持」します。

※11　他に、Docker Composeとの大きな違いは、マシンを超えてシステムを構成できる点がある。別々のデータセンターに置いたマシン同士で組むことも可能

※12　docker composeもオプション（alwaysなど）を設定することでコンテナを監視し、状態を維持することが可能

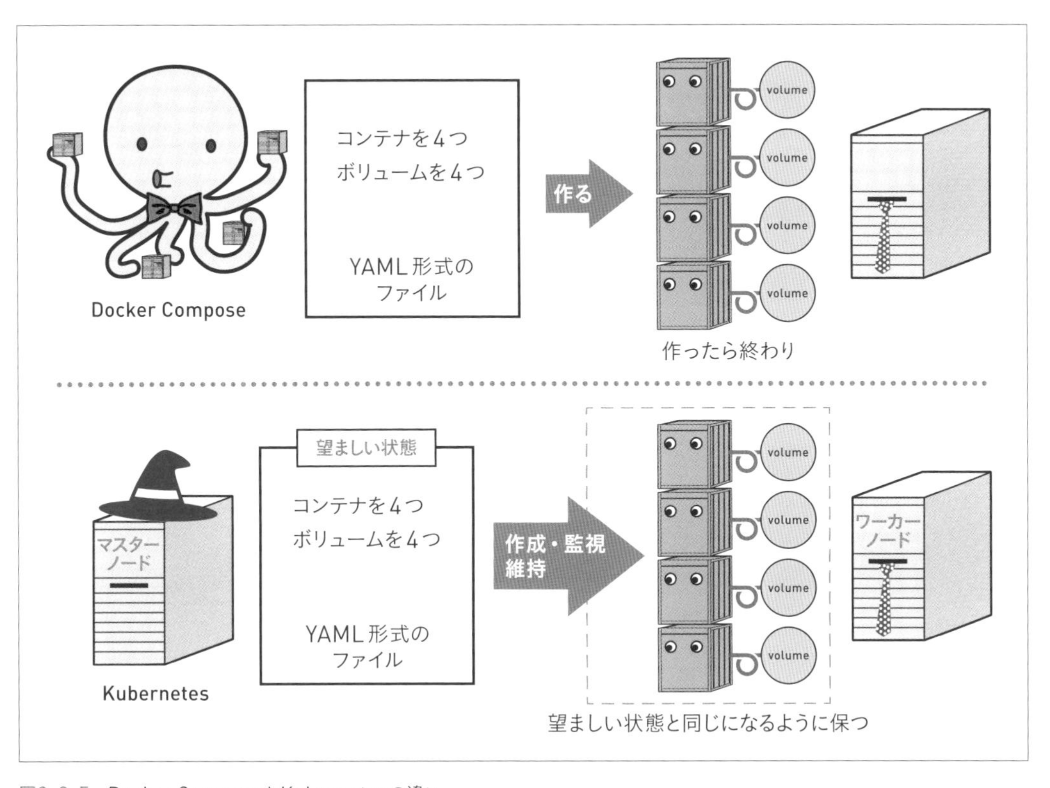

図8-2-5　Docker ComposeとKubernetesの違い

ですから、なんらかの理由で、コンテナが壊れた場合は、Kubernetesが勝手に壊れたコンテナを削除して、新しく作り直しますし、「コンテナを5つ」と定義していたものを「コンテナを4つ」に変えれば、コンテナを1つ削除します。

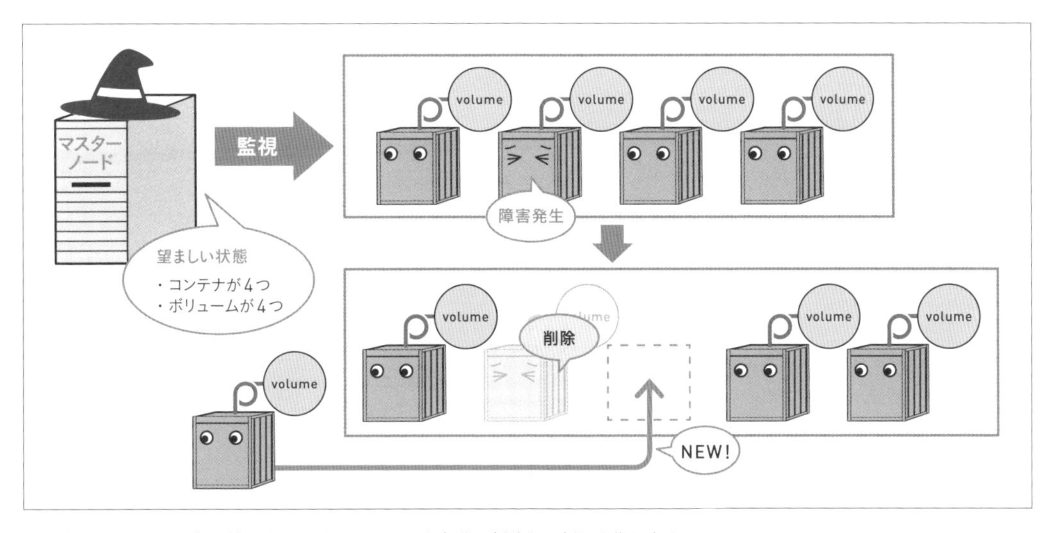

図8-2-6　コンテナが1つ壊れたら、そのコンテナを自動で削除して新しく作り直す

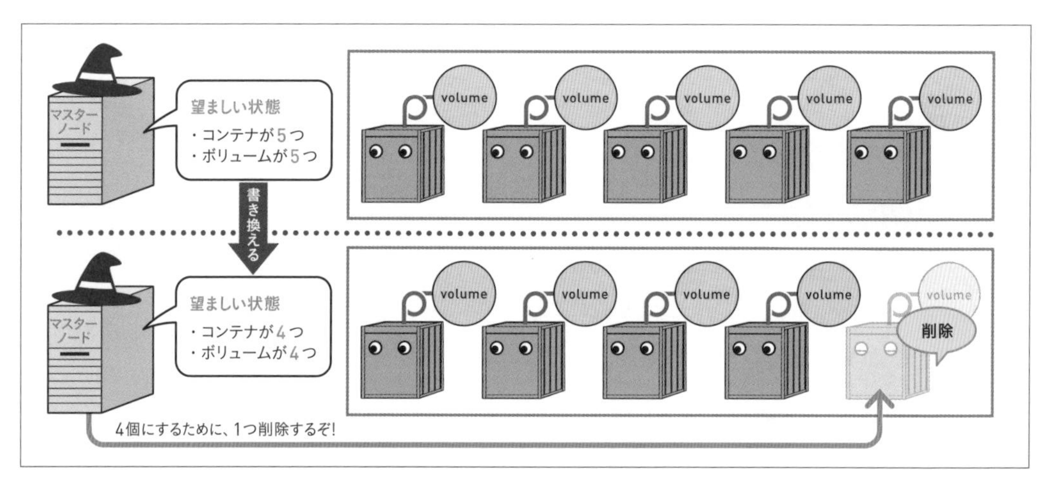

図8-2-7　望ましい状態の数が変わったら、削除したり、増やしたりして決められた状態に保つ

Kubernetesを使ったシステムでのコンテナの削除

Kubernetesは、あくまで「自動で状態を保つ」ものなので、コンテナを削除したいと思ったときも、削除のコマンドを打つのではなく、「望ましい状態」にファイルを書き換えます。

もちろん、コンテナなので、Dockerコマンドなどを使ってコンテナを削除することもできますが、それをしてしまうと、Kubernetesが「あれ？　コンテナが1つ足りないぞ!?」と思って作り直してしまいます。倒しても向かってくるゾンビのようで、なんだか不気味な話ですね！　しかし、Kubernetesには、誰かが故意にコンテナを消したのか、何らかの理由で消滅してしまったのか、区別が付きません。それに、「望ましい状態の維持」が、Kubernetesの使命なので、勝手に人間が削除してはいけないのです。

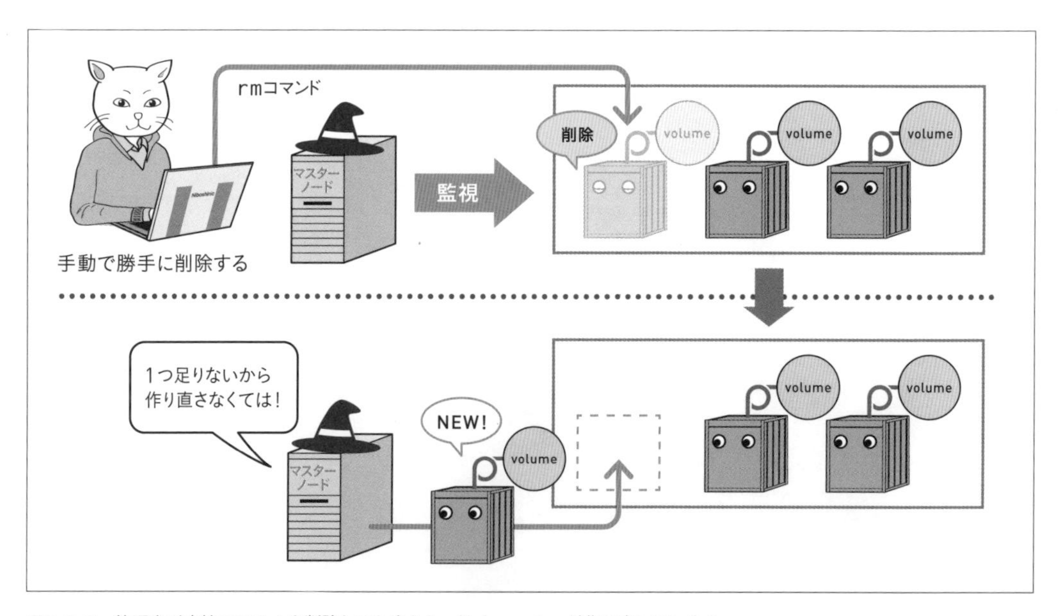

図8-2-8　管理者が直接コンテナを削除してしまうと、Kubernetesが作り直してしまう

皆さんの周りでも、現場の責任者をスキップして、勝手に作業員に仕様の変更を指示する上司はいませんか？ 現場の責任者は、仕様の変更を知らないので、前の仕様のままにしようとします。そうしたら、現場は大混乱です。人間であれば、「上司がさっきフラッと来て、こういう指示をしていきましたよ」と話して解決することもありますが、Kubernetesはそういうわけにはいきません。

現場が混乱するようなことは、Kubernetesに対してもしてはいけないということです。

ですから、削除する場合は、必ず、「望ましい状態」のコンテナ数を減らすことで命令します。全部のコンテナを削除する場合は、「コンテナの数は0」と指定すれば、全削除できます。

このように、Kubernetesは、決められた状態を維持します。とにかくKubernetesは「望ましい状態」に保つものであると、覚えてください。

COLUMN : Level ★★★ [for beginners]

負荷分散（ロードバランサー）とクラウドコンピューティング

Kubernetesの話は、何台も同じサーバを用意するような大規模な話なので、あまりピンと来ないかもしれません。これを理解するには、まず負荷分散（ロードバランサー）というものを知らなければなりません。

負荷分散とは、1台のサーバへの一極集中を避けるため、複数のサーバを用意して、そこにアクセスを分散させることを言います。人間でも、本屋さんのレジや銀行の窓口で、1人の担当者にお客さんが集中したら、アワワワ！ と大変なことになってしまいます。何人かのレジに分散して処理した方が、お客さんも早く捌けますし、1人に負担がかかることもありません。

同じように、サーバも、複数のサーバで処理を担当する仕組みにすることで、過度な負担がかかってサーバが落ちたり、処理が遅くなったりすることを防ぎます。

本屋さんや銀行では、お客さんが自主的に空いているレジに向かってくれますが、サーバの場合は、そういうわけにはいきません。アクセスに対して、「こちらのサーバへどうぞ」と振り分ける係が必要です。この振り分けを担当する装置を「負荷分散装置（ロードバランサー）」と言います。

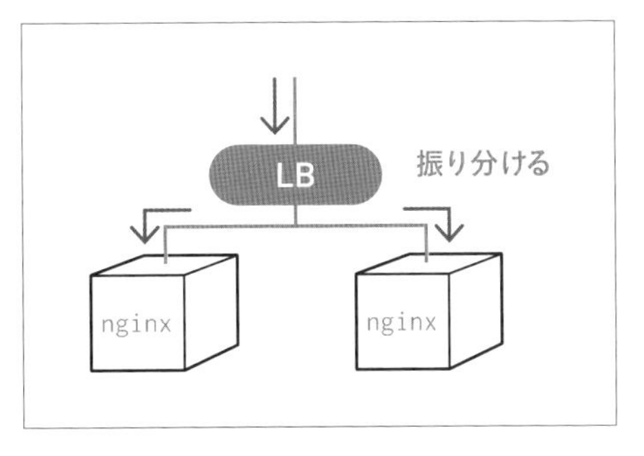

図8-2-9
負荷分散はアクセスを振り分けるもの

ただ、サーバへのアクセスは、いつも同じように多いとは限りません。大概、どんなシステムでも、アクセスが多い時期と少ない時期があります。

そうすると、多い時期に合わせてサーバを用意すると、少ない時期には遊んでいるサーバが多くなってしまいます。これでは、経費が余分にかかりますね。

▶次ページに続く

ここで登場するのが、DockerやKubernetesです。負荷に合わせてコンテナを増やしたり減らしたりできれば、遊んでいるサーバが減りますね。使わないサーバは、電源を落としておけるので、電気代が節約できます。
しかし、「冬だけアクセスが少ないから、冬は余ったサーバを休ませる」ような体制ならともかく、「夏だけアクセスが多いから、春と秋と冬は余ったサーバを休ませる」体制の場合、やはり無駄に感じます。これを解決するのがAWSやAzure、GCPなどのクラウドコンピューティングサービスです。夏のアクセス数が多いときだけ、クラウドで増加させる体制を取れれば、他の時期にも無駄にサーバ確保しておかなくても良くなります。
また、どのような構成にするかにもよりますが、コンテナ技術とクラウドは相性が良く、自動でコンテナを増減させるのに合わせて、サーバも増減させられます。
このように、増減をしやすい仕組みのことを、スケーラビリティと言います。現代のように、国民の多くがスマートフォンを所持しており、いつでもどこでもアクセスできる環境では、サーバに対するアクセス数が跳ね上がりやすく、スケーラビリティを考えて設計するのは、必須と言っても良いでしょう。そのためKubernetesは大きく注目されているのです。

COLUMN：Level ★★★ 強者コラム

etcdの役割

Docker ComposeとKubernetesは、色々違いますが、中でも大きく違うのは、Kubernetesの定義ファイル（マニフェストファイル）は、データベースとして管理されるという点です。定義ファイルは、Kubernetesに読み込むと、etcd（データベース）に書き込まれます。
この情報に従って、Pod（後述）が管理されますが、さらにDocker Composeと違うのは、Kubernetesの定義ファイルはコマンドで書き換えられるという点です。
ですから、Kubernetesに定義ファイルを読み込ませた後、コマンドで直接コンテナを調整してしまうと、手元の定義ファイルとetcd上の情報が異なってしまうこともあります。運用にはルールを設定して厳格に管理しましょう。

SECTION 03

Kubernetesの構成と用語

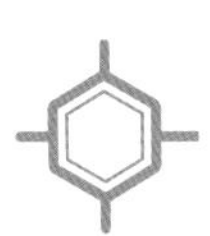

Kubernetesのマスターノードとワーカーノードの役割については理解できたでしょうか。本節では、Kubernetesを使う上で知っておきたい、その他の用語について説明します。

Kubernetesの構成と用語（Podとサービス、デプロイメント、レプリカセット）

Kubernetesは、独特の用語がいくつか出てきます。用語をまとめておきましょう。同じものを違う名前で呼ぶこともあるので、少し混乱するかもしれませんが、ゆっくりで良いので覚えてください。

Podはコンテナとボリュームがセットになったもの

Kubernetesではコンテナは Pod（ポッド）という単位で管理されます。Podはコンテナとボリュームがセットになったものです。基本的に1Podに1コンテナですがコンテナは複数※13にすることもできます。

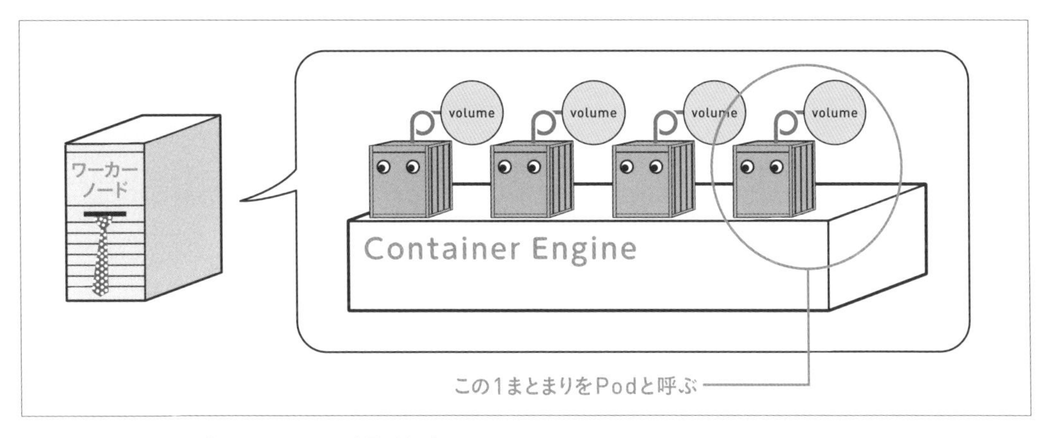

図8-3-1　コンテナとボリュームのセットをPodと呼ぶ

大規模なシステムではサーバが複数で構成されるように、コンテナも複数で構成されるのが基本です。

ただ、ここでのボリュームですが、基本的には、Podの中の複数のコンテナが情報共有するために使用するもの

※13　複数のコンテナというと、WordPressとMySQLのような関係を思い浮かべるかもしれないが、この場合は「メインのプログラム」と「メインのプログラムからの出力を深夜に集計処理するプログラム」のような、連携するプログラムの関係をいう

なので、作らないことも多いです。本書でも、わかりやすいように図では「コンテナ＋ボリューム」で表していますが、後のページで行うハンズオンでは、ボリュームを作りません。

それなら、わざわざPodにしなくて、コンテナのままでも良いような気がするかもしれませんが、コンテナの管理は、Pod単位で行われるので、コンテナ1つだけしか入っていないとしても、「Pod」にして取り扱うのです。

Podを束ねるサービス

これらPodを、まとめて管理するものをサービス（Service）と呼びます。サービスという言葉は色々な場面で使われるので、区別が付きにくいですが、この場合のサービスは、Podを束ねる班長のようなものと考えてください。

サービスが管理するPodは、基本的に同一の構成のPodです。違う構成のPodは、また別のサービスが管理します。

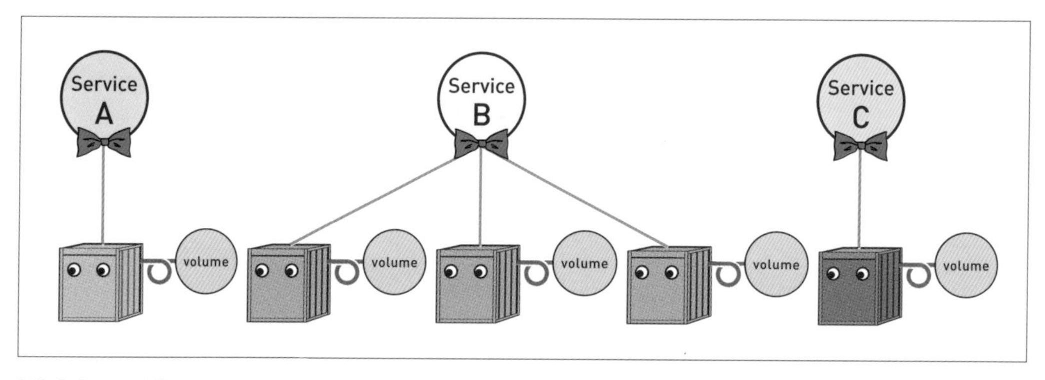

図8-3-2　同じ種類のPodは1つのサービスによって管理される

サービスは、Podを束ねる班長さんなので、Podが複数のワーカーノード（物理的マシン）上に存在している場合でも、まとめて管理します。ちょっと奇妙な感じがしますね。

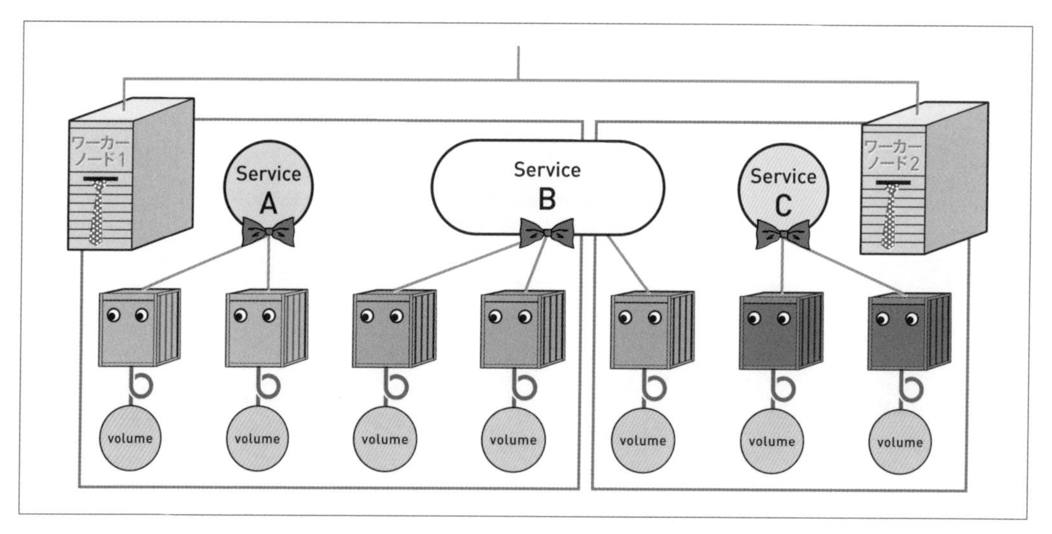

図8-3-3　複数のワーカーノードでも、同じPodは1つのサービスが管理する

サービス班長の役割は、言わばロードバランサー※14（負荷分散装置）です。サービスごとに、自動的に固定のIPアドレスが振られ（Cluster IP※15）、そこに対してアクセスしてくる通信を捌きます。

つまり、内部では、複数のPodが存在するのですが、外からは1つのIPアドレス（ClusterIP）しか見えておらず、そこにアクセスすれば、サービスが通信を適切に振り分けてくれるという仕組みです。

例えば、WordPressのPodを管理する班長さんは、WordPress宛てにアクセスがあったら、1つのPodに集中しないように適切に割り振ります※16。

ただ、サービス班長が捌ける通信は、あくまでそのワーカーノード内の話なので、各々のワーカーノードへの振り分けは、本物のロードバランサー（LoadBalancer）もしくはIngress（イングレス）※17で行います。これらは、マスターノードやワーカーノードとはまた別の物理的な専用機か、ノードで用意されます。

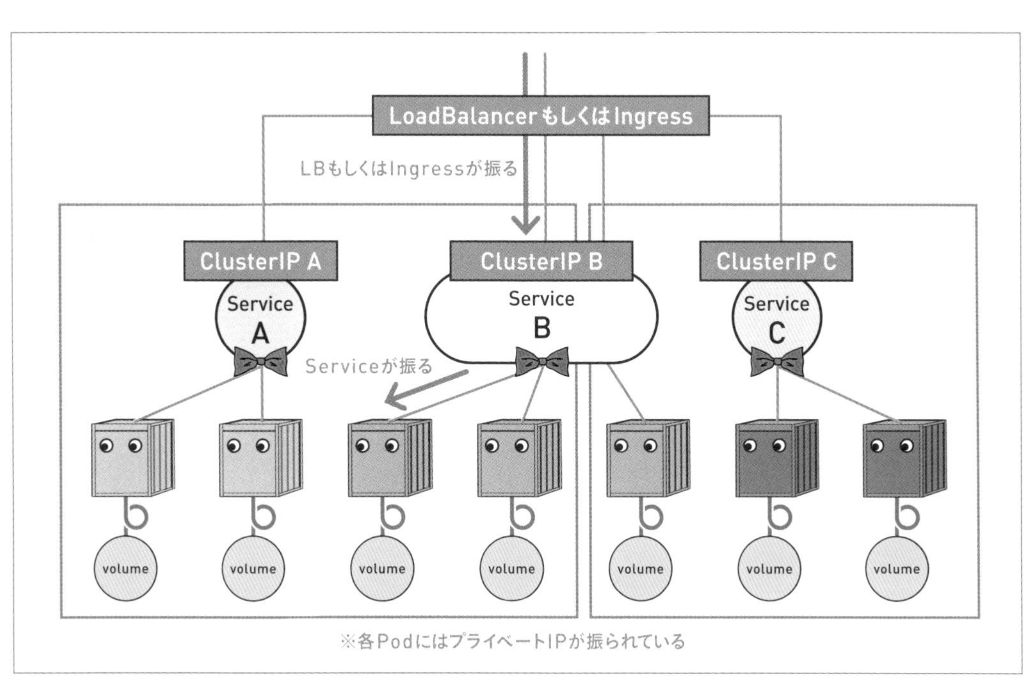

図8-3-4　サービスが、各Podへのアクセスを割り振る

デプロイメントとレプリカセット

サービスが通信を捌く班長さんであるなら、レプリカセット（ReplicaSet）はPodの数を管理する班長さんです。障害などでPodが停止してしまったときに、足りない分を増やしたり、定義ファイルでのPod数の数が減ったら、その分を減らしたりします。

つまり、Podは、これらのダブル班長さんで管理されているわけです。

※14　P.239のコラム参照

※15　Cluster IPは、Serviceを明示的に削除しない限り、値が変わることはない

※16　各PodにはプライベートIPアドレスが振られている

※17　HTTP/HTTPS専用のアプリケーションレイヤーで動作するリバースプロキシ。簡単に言うと、ロードバランサーのようなもの

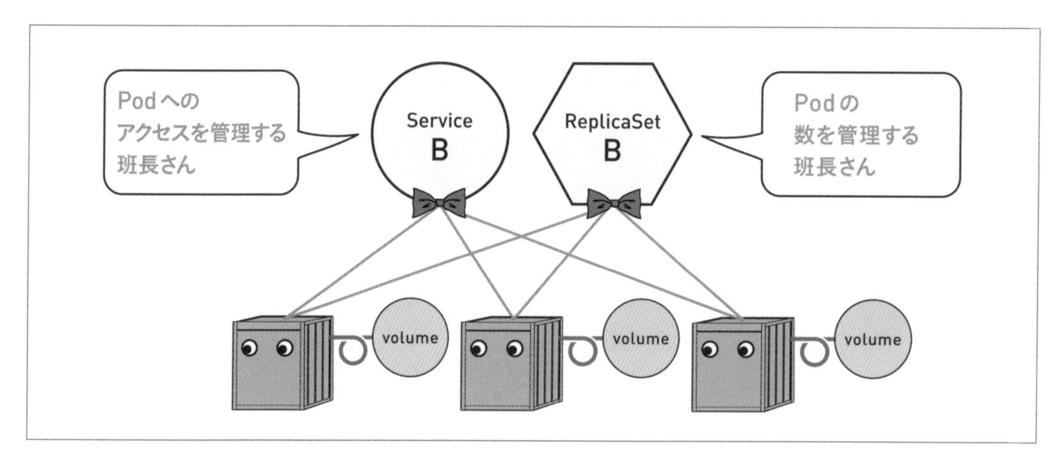

図8-3-5　レプリカセットはPodの数を管理する

レプリカセットにより管理されている同一構成のPodをレプリカ（Replica）とも呼びます。レプリカとは、複製品という意味でよく使われるあのレプリカです。

なので、Podを増減することを「レプリカを増やす・減らす」と言ったり、Podの数を決めることを「レプリカの数を決める」とも言ったりします。

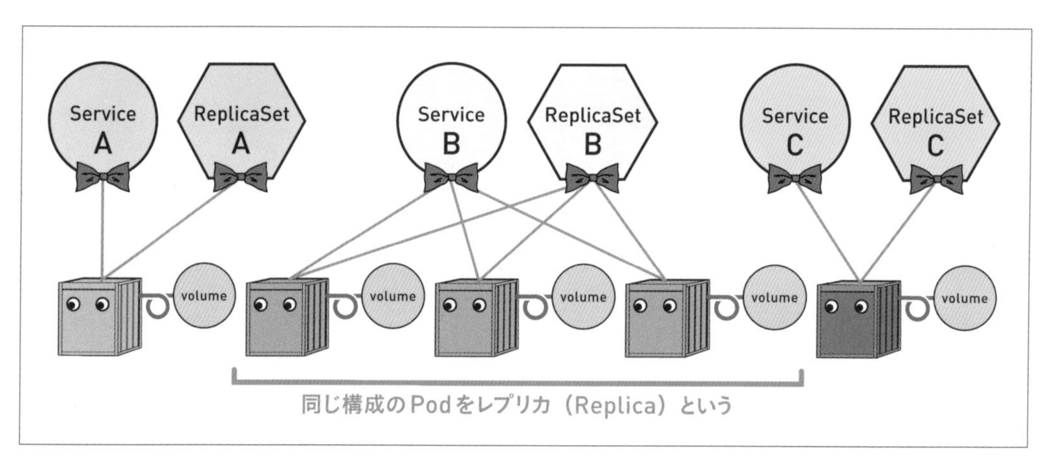

図8-3-6　レプリカセットに管理されているPodをレプリカという

このレプリカセットは、単独で使うことは少ないです。なぜなら、やや使い勝手が悪いからです。レプリカセットを使うときには、デプロイメント（Deployment）も一緒に使います。

デプロイメントは、Podのデプロイ（配置や展開すること）を管理するもので、PodがどのイメージをI使うのかなどPodに関する情報を持っています。レプリカセットが班長さんなら、デプロイメントはさらにその上の上司です。

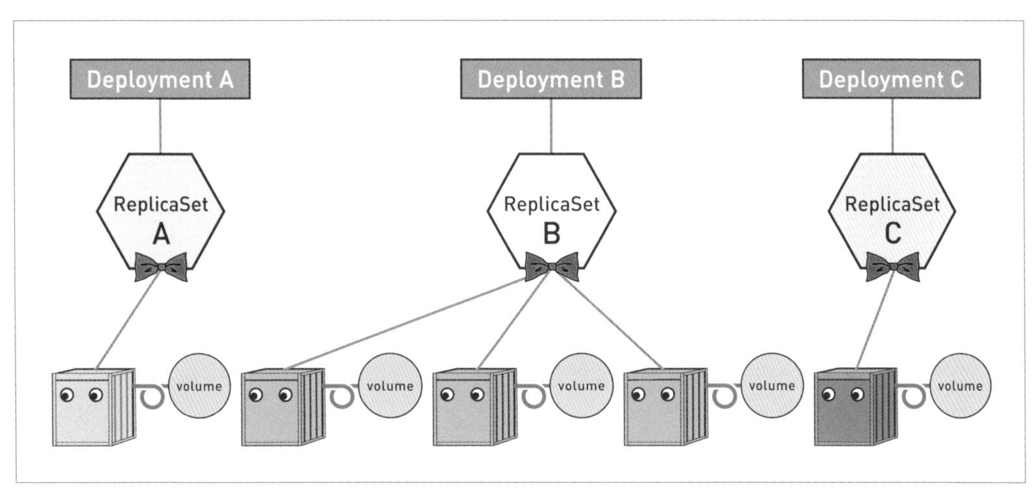

図8-3-7　デプロイメントはPodの配置や展開を管理する

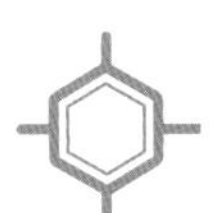

Kubernetesのその他のリソース

このようなPod、サービス、デプロイメント、レプリカセットなどをリソース（resource）と言います。リソースは、50種類くらいありますが、実際に使うものは少ないです。

特に、入門者の場合は、先に紹介したPodと、サービス、デプロイメントくらいを覚えておけば十分です。

主なリソース

リソース名	内容
ポッド（pods）	Pod。コンテナとボリュームのセット
ポッドテンプレート（podtemplates）	デプロイメントするときのポッドの雛形
レプリケーションコントローラ（replicationcontrllers）	レプリケーションのコントローラー
リソースクオータ（resourcequotas）	Kubernetesのリソース使用量の制限を設定
シークレット（secrets）	鍵情報を管理
サービスアカウント（serviceaccounts）	操作するユーザーを管理
サービス（services）	Podへのアクセスを管理
デーモンセット（daemonsets）	ワーカーノードごとに1つのPodを作成
デプロイメント（deployments）	Podのデプロイを管理
レプリカセット（replicasets）	Podの数を管理

▶次ページに続く

ステートフルセット（statefulsets）	Podのデプロイを状態を保ったまま管理
クロンジョブ（cronjobs）	スケジュールしてPodを実行
ジョブ（jobs）	Podを一回実行

Kubernetesの用語まとめ

用語がいくつもでてきて、少しゴチャゴチャしてきたので、整頓しておきましょう。用語は、アクセスに関連するものと、数に関連するものに分かれます。

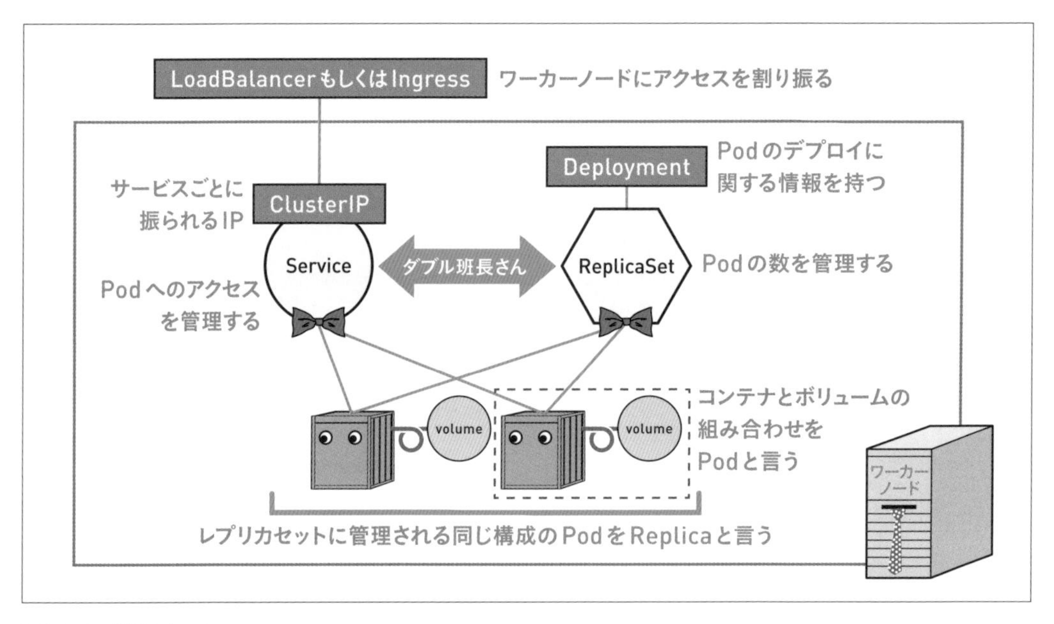

図8-3-8　用語のまとめ

アクセスに関連するものは、サービスとクラスターIPです。数に関連するものは、レプリカセットと、デプロイメントです。混乱したらこの図に戻って確認しながら進めましょう。

COLUMN：Level ★★★ 強者コラム

オブジェクトとインスタンス

Podやサービス、レプリカ、デプロイメントは、それぞれPodオブジェクト、サービスオブジェクトのように「○○オブジェクト（Object）」という言い方をすることもあります。
これは、マスターノードにあるデータベースであるetcdに登録されている状態のときは「○○オブジェクト」として管理されるからです。
前述のとおり、Kubernetesでの定義ファイルの内容は、etcdに登録※され、管理されます。Kubernetesは、etcdに登録された内容に従って、実際のPodやサービスを作ります。この実際に作られたものをインスタンス(instance) と言います。
つまり、データベースにオブジェクト情報として登録されているものを元に、インスタンスとして実際に作るという塩梅です。

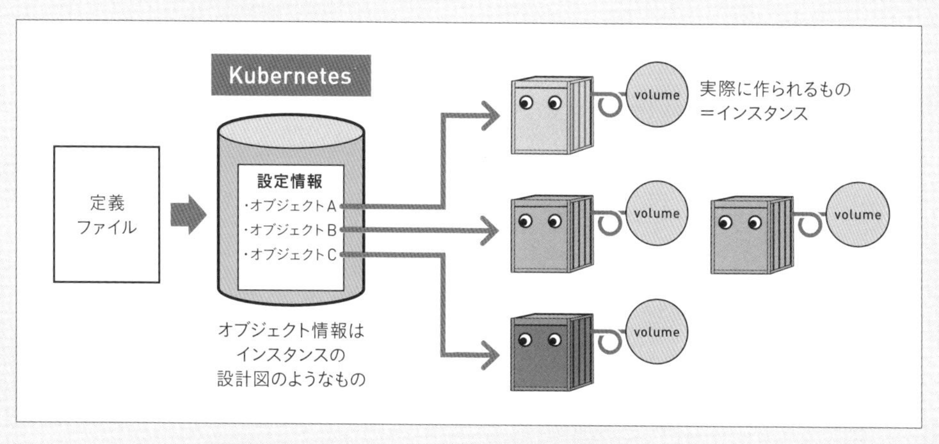

図8-3-9　etcdの設定情報に従ってインスタンスを作る

例えば、「ペンギンPod」というPodを作る場合、etcdには「ペンギンPod」オブジェクトとして登録されており、その設定に従って、ワーカーノードにインスタンス（実際のPod）が作られます。サービスや、レプリカなども同じで、マスターノードのetcd上では、「○○オブジェクト」として管理され、その定義に従って、ワーカーノード上にインスタンス（実物）が作られるのです。
同じものを「リソース」と言ったり、「オブジェクト」と言ったり、「インスタンス」と言って紛らわしいので、本書では使いませんが、情報収集をするときにはよく出てくる言葉ですから、覚えておきましょう。

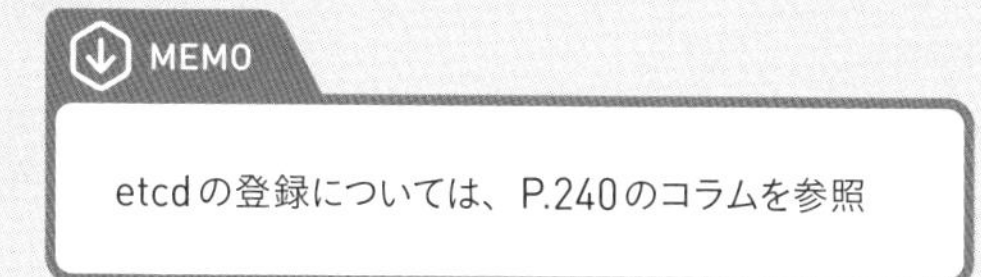
MEMO

etcdの登録については、P.240のコラムを参照

COLUMN：Level ★★★

Kubernetesは1台でも使うの？

Kubernetesは、複数台のサーバで運用する大規模なサービスで使われることが多いです。Docker Composeで管理できるのは1台のサーバなので、複数台管理だと、自ずと、オーケストレーション機能のあるKubernetesが必要になってくるからです。

では小規模ならKubernetesは必要ないかというと、そうではありません。Kubernetesは、正しく設定すれば、Podが障害などでなくなったときは、それを増やしてくれるなど自律して動くため、管理が便利になるのです。自分で管理せず、クラウドでKubernetesを使う場合は、特にこうした恩恵が大きくなります。

またKubernetesは、標準化されたコンテナの実行方法なので、システムの納品にも適しています。Kubernetes上で動くものとして納品するのなら、設定情報なども含めて配布できるため、インストール後の調整が簡単になります。

実際、Kubernetesで動くことを前提とした業務システムもあり、その業務システムを稼働させるのにKubernetesを用意しなければならないこともあります。

SECTION 04

Kubernetesのインストールと使い方

それではいよいよこの節では、Kubernetesを動かすための準備をします。Kubernetesにはいくつか種類がありますので、準備の前に頭に入れておきましょう。

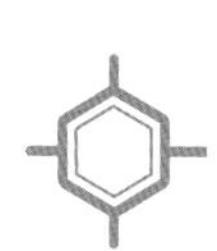

Kubernetesには種類がある

そろそろ皆さん手を動かしたくなってきた頃でしょうから、Kubernetesを実際に使ってみましょう。早速インストールといきたいところですが、実は、Kubernetesにはいくつか種類があります。そのため、どのKubernetesを使うか決めなくてはいけません。

Kubernetesは、Cloud Native Computing Foundation（クラウドネイティブコンピューティングファンデーション：CNCF）という団体で策定された規格です。

Cloud Native Computing Foundationは、コンテナ技術を中心としたインフラに関わる仕組みの発展や連携を支援するために創立された団体です。Kubernetesは、もともとはGoogle社の技術だったのですが、Google社などがCloud Native Computing Foundationという団体を作り、そこに寄贈して開発がオープンになったことで、急速に普及しました。

図8-4-1
Cloud Native Computing Foundation公式サイト（https://www.cncf.io/）

Cloud Native Computing Foundation自体も、まさに「Kubernetes」というソフトウェアを作っていますが、より管理機能を充実させたものや、コンパクトにしたものなど、Kubernetesの仕様に準拠したソフトウェアが、サードパーティ（Cloud Native Computing Foundation本家ではない企業や団体）からもたくさん提供されています。

特に、AWSやAzure、GCPなどのクラウドサービスでは、クラウド用にカスタムしたKubernetesをサービスとして提供しています。

こうしたソフトウェアは、互いに互換性があります。互換性がとれているソフトウェアやサービスは、「Cerficied Kubernetes」という認定を受けており、公式サイトでも紹介されています。

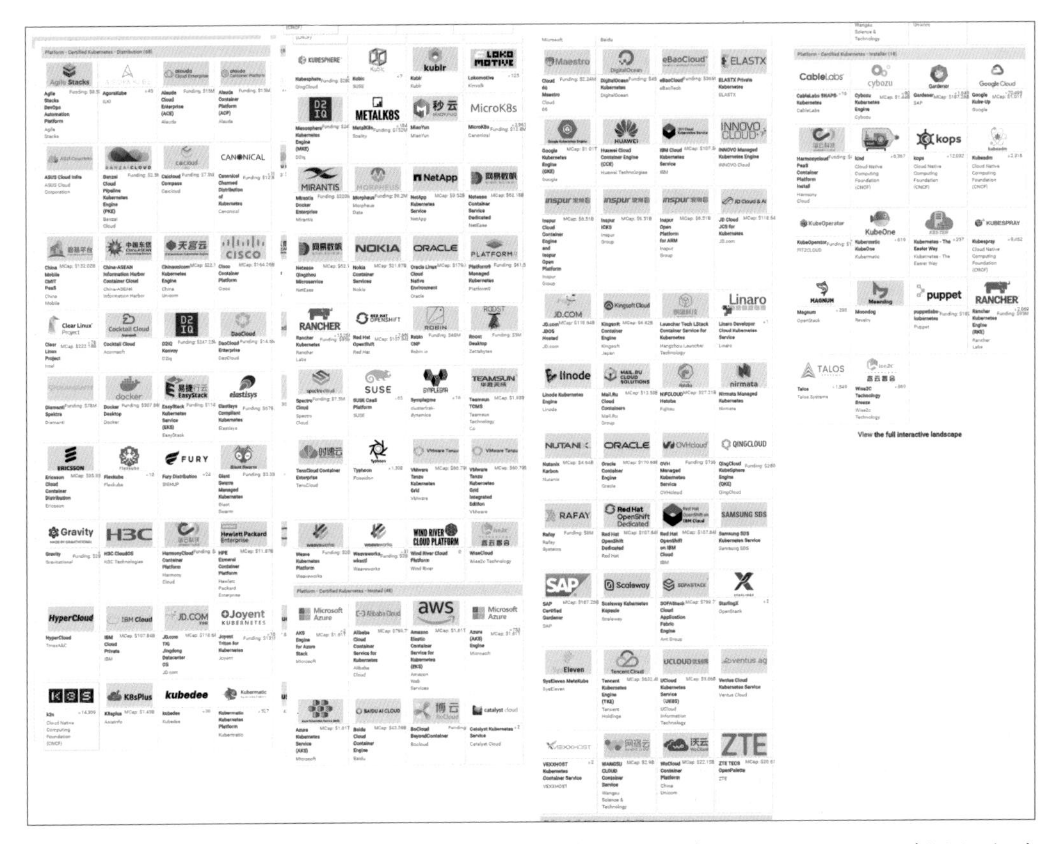

図8-4-2　Certified Kubernetesのページ（https://www.cncf.io/certification/software-conformance/ をもとに加工）

公式が提供するものがあるのに、サードパーティ製のものが多く存在するのは、少し不思議な感じがするかもしれませんが、Kubernetesがオープンソース※18であることや、サーバで使うものであることが関係しています。サーバで使うものは、とりあえず、誰かが「自分の考えた最強のツール」を作っては配布するものなのです。ですから、そういう文化なのだなくらいに思っておいてください。

※18　自由な再配布、派生物作成の自由、ライセンスが技術中立など、自由な利用を許諾するソフトウェアのこと

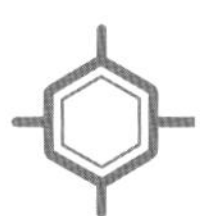

学習にどのKubernetesを使うのか

学習には、どのKubernetes使えばよいのでしょう。たくさん種類があると言われると、迷ってしまいますね。そもそも、初心者には、それぞれのKubernetesの違いが見えません。一般的には、どうしているのでしょうか。

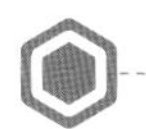

本家のKubernetesを使うのか？ クラウドか？

種類がたくさんあってわからないとなると、最初に気になるのは本家のKubernetesですね。

よくわからない場合、「どうせ使うなら本家のKubernetesを使って勉強するのが良いだろう」と考えがちですが、実は、本家のKubernetesを自分で設定することは、そこそこの規模の企業でも少ないです。本家のKubernetesで構築されること自体は、大変多いのですが、それを「自分で設定したか」というと違うのです。大概は、構築を外注してしまうことが多いでしょう。

なぜなら、サービスごとに振られるClusterIPに対してロードバランシングするには、それに対応する機器を用意する必要があり、ドライバの相性問題もあるため、機器選定に関わる専門的知識が必要で、いわゆる「インフラ屋さん[※19]」に設定してもらうことがほとんどだからです。無事、設定が完了したとしても、その後、安定した保守・運用するのは至難の業です。

ある専門家などは、「クラウドのように他の誰かにやってもらうほうが低コストかつ迅速で、得られる結果も優れているのに、どうして自分自身で構築する必要があるのか」と言っているくらいです。そのくらい情報を集めるのが苦難の道のり[※20]と言えるでしょう。

社内の技術者に勉強してもらっても良いのですが、サーバ構築を兼ねる大手SIerや、自社でバリバリカスタムしていくWeb系企業のように、頻繁に使うならともかく、そうでないのなら、負担に対して利益が少ないです。調査コストをかけて不安定な構成をするより、多少お金を払ってでもインフラ屋さんにまかせてしまった方が安心ということでしょう。

ですから、本家のKubernetesが使われること自体は多いものの、自力で構築するのはやや難しいです。初心者の学習には不向きということになります。

一般的に使うときは、AWSなどのクラウドコンピューティングサービスを使って構築することも多いです。クラウドの場合は、このあたりをすでに解決した状態で提供されているので、あまり詳しくなくても使用できます。

例えば、AWSの場合なら、EC2[※21]かFargate[※22]をワーカーノードとして構築し、EKS[※23]で管理します。EKSは、マスターノードに当たるサービスです。ただし、仮想サーバとして構成されるため、EKSの基本料金に加えて、仮想サーバの料金（EC2かFargate）が台数分だけコストとしてかかります。

今回の学習の題材として使うことを考えると、実際に構築するならともかく、「勉強のためだけに導入」するケースの場合、気軽に実験するにはやや高いですし、クラウドに慣れている人ならともかく、DockerのほかにAWSの学習もしなければならないのは、やや気鬱なことでしょう。

※19 サーバやネットワーク一式を用意するベンダー

※20 この文章を読んで「確かに大変そうだ」とピンときた方は、そこそこ知識のある人です。「そうなの？」と感じた場合は、サーバ構築に関してまだ相当の勉強が必要です

※21 サーバ機能を提供するサービス

※22 コンテナの実行エンジンサービス

※23 Amazon Elastic Kubernetes Service。その名の通り、Kubernetes サービス

茨の道の救世主！ デスクトップ版のKubernetesとMinikube

このように茨の道なので、初心者が気軽に使えるように、これまで使ってきたDockerのデスクトップ版にはあらかじめKubernetesがバンドルされています。Dockerの設定画面から「Kubernetes」にチェックを入れるだけで使用できるようになります。etcdやCNIもわざわざ入れる必要はありません。「それならそうと先に言ってよ！」と言われそうですが、実は、そういう便利なものがあったのですね。

では、Linux版を使っている場合は、どうすれば良いかというと、こちらも「Minikube」という簡単に使えるKubernetesがあります。多少設定が必要ですが、本家のKubernetes構築ほど複雑ではありません。

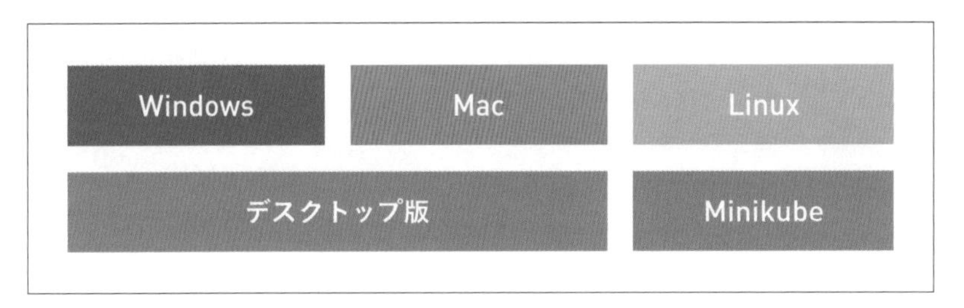

図8-4-3　学習向けとしてお勧めなKubernetes

Kubernetesは、本来、大規模なシステムが前提であり、マスターノードとワーカーノードは別々の物理的マシンに設定しますが、これらのデスクトップ版やMinikubeであれば、1台のマシン内にマスターノードとワーカーノードを構築できます。つまり、物理的なマシンを複数用意しなくても良いのです。どうですか、便利でしょう！

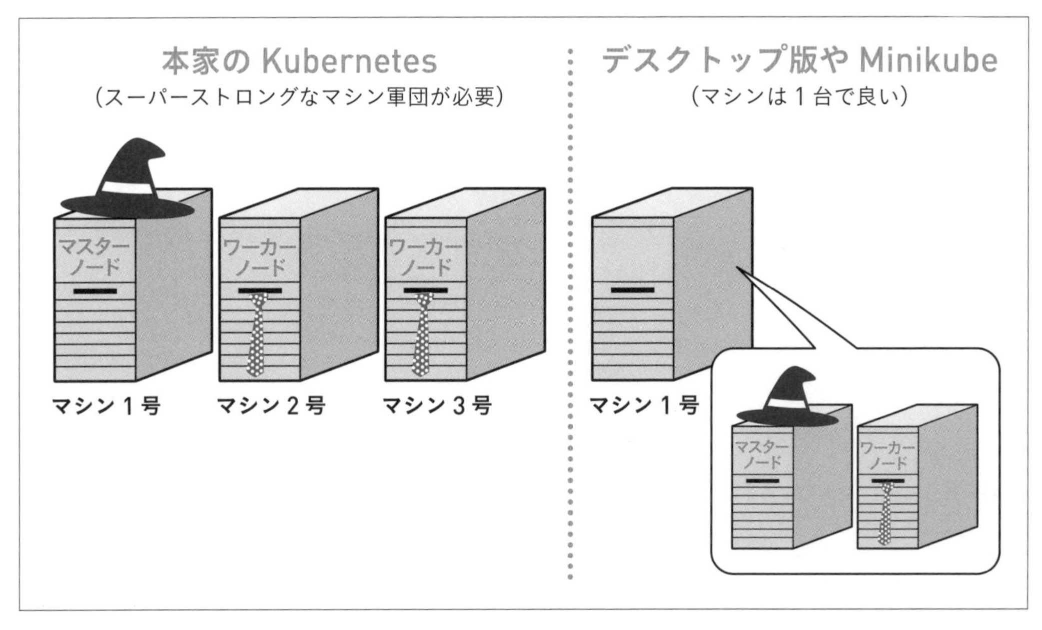

図8-4-4　デスクトップ版やMinikubeなら1台のマシンで試せる

散々脅した割に簡単にできるので、拍子抜けした方もいらっしゃるでしょう。最初からデスクトップ版やMinikubeの話をしなかったことには理由があります。

今回扱うような、こうした小規模なKubernetesはいわば学習用です。コマンドや定義ファイル（マニフェストファイル）の練習にはなりますが、実際の構築ではもっと大がかりなものであるため、「Kubernetes理解した！」とばかりに学習用と同じ調子でモノを考えてしまっては危険です。

特に、Kubernetesを使うような現場は、「落としてはいけない」システムや「サーバアクセスの多い」システムであることが多いでしょう。それらの現場で働いていくには、DockerやKubernetes以外の知識も、もっと必要です。コマンドが打てることが、イコール「Kubernetesが使える」ではないのです。

ですからまず、「本家のKubernetesを構築するというのはどういうことか」「なぜクラウドで構築されることが多いのか」というお話をしたかったのです。

Kubernetesの学習は長い道のりです。ただ、長いと言っていても始まらないので、まずはコマンドや定義ファイル（マニフェストファイル）について知りましょう。そして、デスクトップ版やMinikubeでよく練習して、その他の知識を吸収するための土台をしっかり作っていくことが肝要です。

それでは早速Kubernetesを準備しましょう。

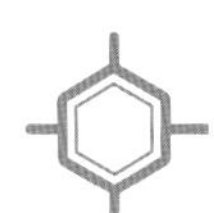

［手順］デスクトップ版のKubernetesを使ってみよう

WindowsとMacのデスクトップ版でKubernetesを有効にします。Linuxで使用するMinikubeの準備はAppendixを参照してください。

STEP 1 Kubernetesを有効にする

タスクトレイのクジラアイコンをクリックして［Settings］を選んでDockerの設定画面を開き、［Kubernetes］で、［Enable Kubernetes］にチェック※24を付けます。

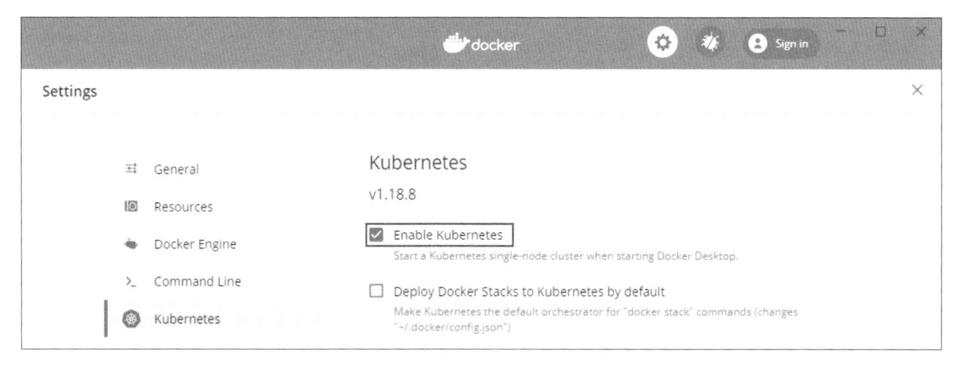

図8-4-5　Kubernetesを有効にする

※24　こうした画面は、将来的に日本語化されるなど変更していることもあるので、変更されている場合は公式サイトなどを確認すると良い

STEP 2 Kubernetesをインストールする

「Kubernetes Cluster Installation」と表示され、インストールするかを尋ねられるので、[Install] をクリックしましょう。するとKubernetesがインストールされ、起動します（しばらく時間がかかります）。

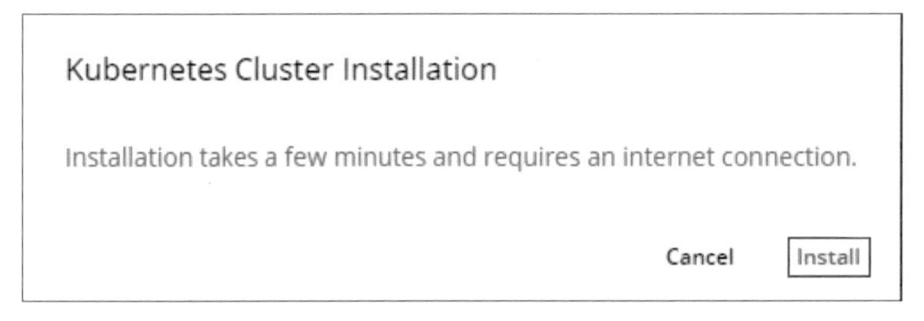

図8-4-6　インストールする

STEP 3 Kubernetesをインストールする

インストールが完了したら、画面の下部で「Kubernetes」が「running」になります。

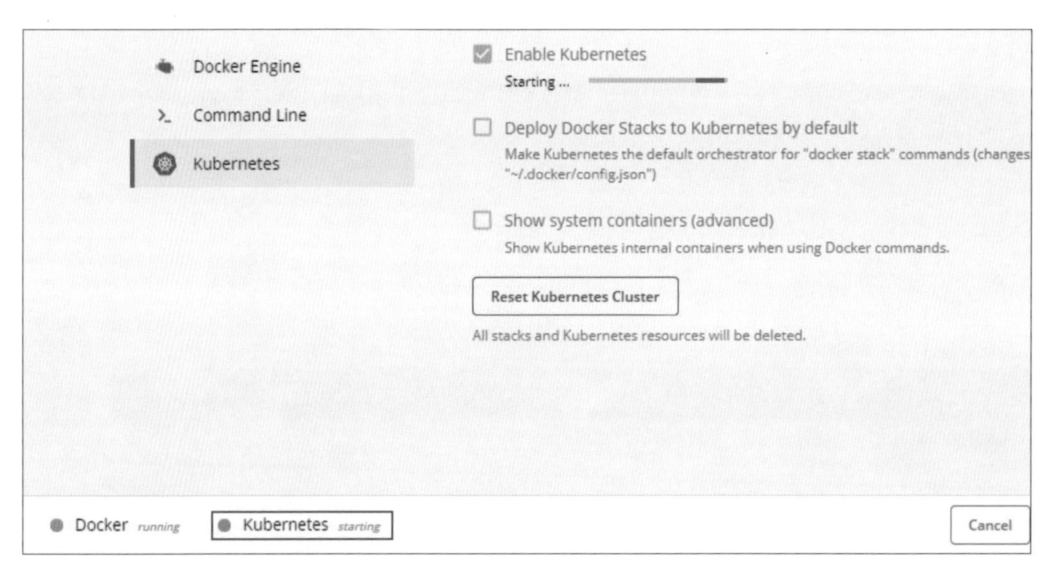

図8-4-7　runningになったらインストール完了

COLUMN : Level ★★★

Kubernetesを削除するには／スタートさせないためには

Kubernetesはパソコンのリソースを多く使うので、常時オンにしていると、通常の作業に支障がでる場合もあります。
その場合は、[Enable Kubernetes] のチェックを外し、止めておきましょう。
また、Kubernetesをリセットしたくなった場合は、[Reset Kubernetes Cluster] ボタンをクリックすると初期化できます。

COLUMN : Level ★★★ 強者コラム

物理的なマシンでのKubernetes構築とkubeadm

今回は、1台で構成できるMinikubeやデスクトップ版用のKubernetesを使っていますが、では、何台もの物理マシンを使った本格的なKubernetesを使うには、どのようにしたら良いでしょうか。

本格的なKubernetesを使う場合、まずは、物理的なマシンもしくは仮想的なマシンを必要な台数分（マスターとワーカーを合わせた台数）用意し、UbuntuなどのLinux OSをインストールします。その後、マスターノードにするマシンにはKubernetesとCNI、etcd（データベース）を、ワーカーノードにするマシンにはDockerなどのコンテナエンジンとKubernetesとCNIを入れるのですが、これらは、「kubeadm」※という構築ツールがあるので、それを使うと比較的手軽にできます。

その後、マスターとワーカーそれぞれで、そのマシンが何を担当するのかを設定します。マスターでkubeadm initで初期設定した後、ワーカーでkubeadm joinを実行すると、マスターとワーカーがつながります。kubeadm以外にも、「conjure-up」や「Tectonic」など、ほかのインストールツールもあります。

MEMO

kubeadmについては公式サイトを参照のこと
https://kubernetes.io/ja/docs/setup/production-environment/tools/kubeadm/install-kubeadm/

SECTION 05

定義ファイル（マニフェストファイル）の書き方

本節では、Kubernetesの定義ファイルの書き方を学習していきます。少し込み入っていますが、2回のハンズオンもありますので、少しずつ理解していきましょう。

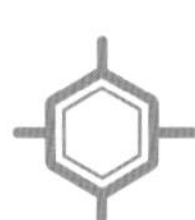

定義ファイル（マニフェストファイル）とは

Kubernetesは、定義ファイル（マニフェストファイル）で登録された内容に従ってPodを作ります。定義ファイルの内容をKubernetesにアップロードすると、それがデータベース（etcd）に「望ましい状態」として書き込まれ、サーバ環境が「望ましい状態」に保たれるのです。定義ファイルの書き方について説明しましょう。

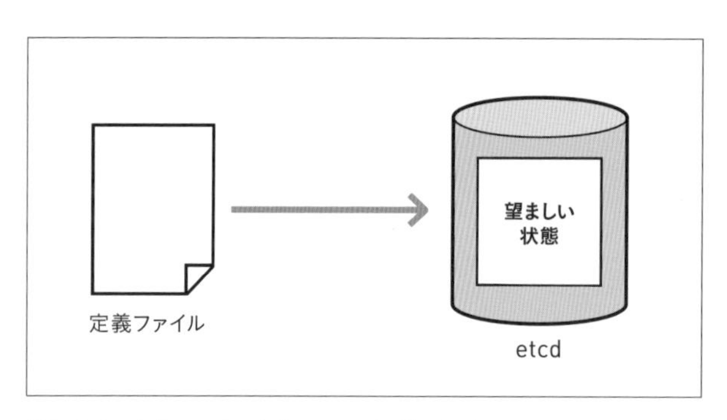

図8-5-1　定義ファイルを書いてetcdに読み込ませる

YAML形式で定義ファイルを書く

Kubernetesで使うPodやサービスに関する設定をマニフェスト（Manifest）と呼び、それを記述したファイルをマニフェストファイル（定義ファイル）と呼びます。定義ファイルは、YAML形式もしくはJSON形式で記述します。

YAML形式のファイルは、Chapter 7のDocker Composeでも出てきましたね。JSON形式は、どちらかというと機械的にやり取りすることを目的としたもので、人間がその設定ファイルを読み書きする場合には、YAML形式がよく使われます。

Kubernetesの場合、Docker Composeとは異なり、ファイル名はどんなものでも構いません。何でも良いのですが、実際に使うときには、他の人にもわかる名前を付けましょう。なんでもかんでも「Kubernetes」「test」「Docker」「Ogasawara（担当者名）」「zoozooSystem（システム名）」「zoozoo（会社名）」のように適当に付けてはいけません。仕事で使う場合は、会社でちゃんと相談しましょう。

Kubernetesの定義ファイル

項目	内容
定義ファイルの形式	YAML形式（.yml）
定義ファイルの名前	任意の名前で良い

定義ファイルはリソース単位で記述する

定義ファイルは、リソース単位で記述します。リソースとは、Podやサービス、デプロイメント、レプリカセットなどのことでしたね。Chapter 8-04で4つのリソースについて説明しましたが、初心者ならば、リソースの項目として使うのは「サービス」と「デプロイメント」くらいです。この2つをセットで使います。

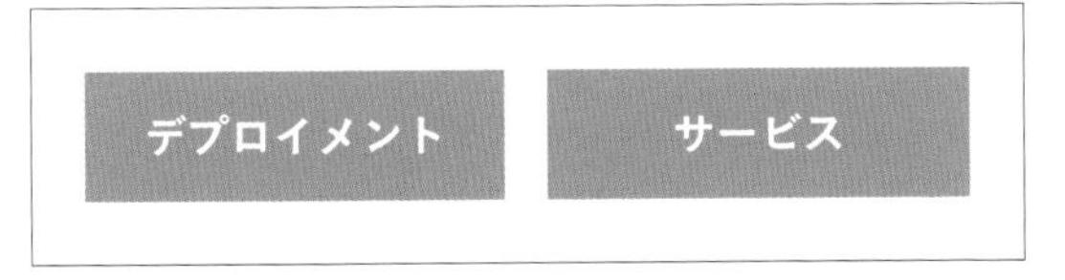

図8-5-2　初心者が記述するリソースは2つ

「Pod」という項目は使いません。Podを作るはずなのに、「Pod」という項目を立てないのは不思議な感じがするかもしれません。「Pod」という項目は、本当にPodのみを作るときに使うものです。「Pod」項目には、Kubernetesの最大の特徴である「自動的に設定した数に保たれる」機能が存在しません。保つ機能はデプロイメントやレプリカセットが担うので、「Pod」ではなく「デプロイメント」として作らなければなりません。「レプリカセット」も同じで、デプロイメントを使えば、自動的にレプリカセットも管理されるので、項目として使いません。要は、「デプロイメント」項目が「レプリカセット」と「Pod」を内包しているのです。

例えば、ApacheのPodを作りたい場合は、「Apacheデプロイメント」と「Apacheサービス」の2つのリソースを記述すれば良いのです。

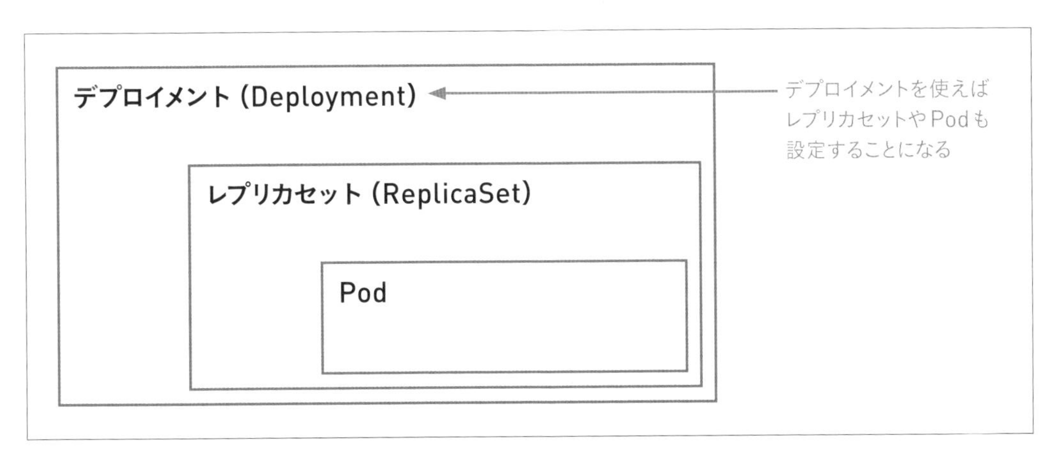

図8-5-3　「レプリカセット」や「Pod」は「デプロイメント」で設定できる

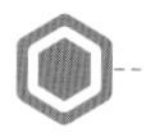

定義ファイルは分けても良い

定義ファイルは、リソースごとに分けて書いても、まとめて書いても良いです。まとめて書く場合は、リソースごとに「---」で区切って書きます。リソースごとに書く場合は、組み合わせがわかるように命名しましょう。

本書のハンズオンでは、分けて記述しますが、1ファイルでやってみたい方は、そちらも挑戦してみてください。

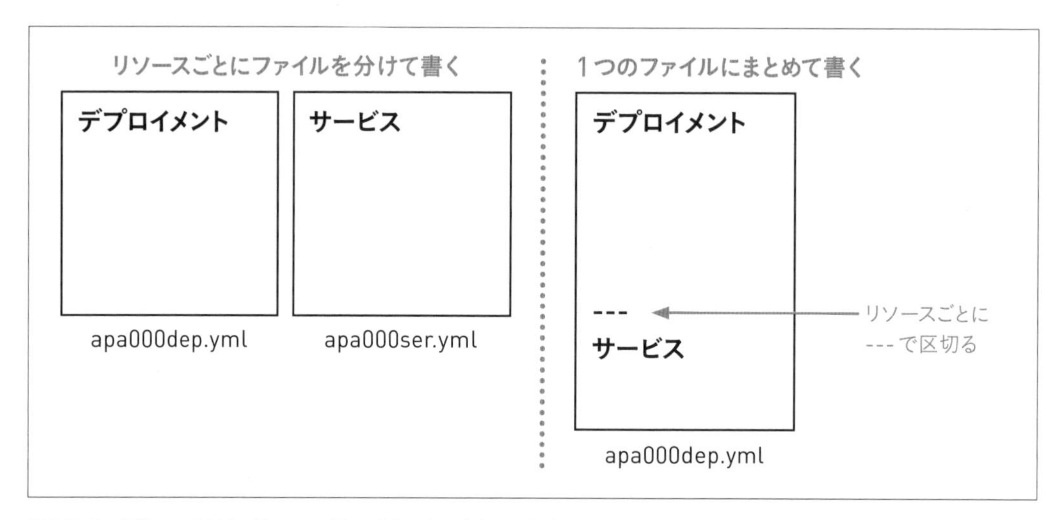

図8-5-4　定義ファイルは、リソースごとに分けても、まとめても良い

定義ファイルに記述する内容

定義ファイルの記述も、複雑なので、ハンズオンで実際に書く前に説明しておきましょう。よくわからない部分は、書きながらの方がわかるかもしれないので、P.264の手順のところまでは、サラっと読む感じで構いません。

定義ファイルも、Docker Composeのときと同じように、大項目があります。大項目は4つです。「apiVersion:」と「kind:」でリソースを指定し、「metadata:」でメタデータを、「spec:」でリソースの中身を記述します。

定義ファイルの記述例（大項目のみ）

```
apiVersion:     ←APIグループとそのバージョン
kind:           ←リソースの種類
metadata:       ←メタデータ
spec:           ←リソースの中身
```

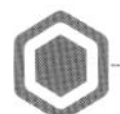

リソースの指定（APIグループと種類）

リソースを指定するときには、APIグループ[※25]（apiVersion）と種類（kind）で指定します。指定内容はすでに決まっているものなので、下の表を参考に記述してください。今後変わる可能性があるので、構築時には公式サイトなどで確認するようにしましょう。

よく使うリソースのAPIグループと種類

リソース	APIグループ／バージョン	種類（kind）
Pod	core/v1（v1と略せる）	Pod
サービス	core/v1（v1と略せる）	Service
デプロイメント	apps/v1	Deployment
レプリカセット	apps/v1	ReplicaSet

詳しくは公式ドキュメントのリソースタイプ[※26]を参照
https://kubernetes.io/ja/docs/reference/kubectl/overview/#resource-types

メタデータとスペック

定義ファイルには、メタデータ[※27]（metadata）とスペック（spec）も記述します。

メタデータは、リソースの名前やラベル（後述）を記述します。初心者のうちは、「name（名前を付ける）」と「labels（ラベルを付ける）」がわかっていれば十分です。他は、必要になったときに覚えましょう。

スペックは、リソースの内容を表します。要は、「どんなリソースを作るか」の部分です。スペックで設定する項目は、リソースの種類によって異なるので、後述します。

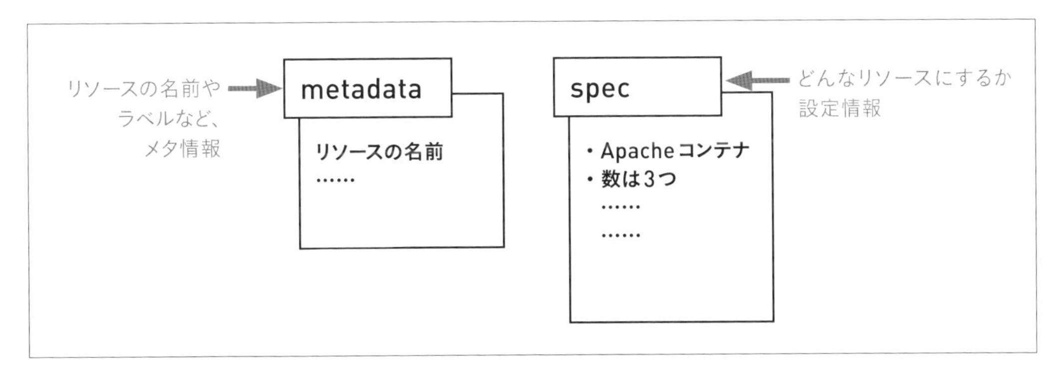

図8-5-5　メタデータとスペックで記述すること

※25　グループやバージョンは変わることもあるので、その場合は確認のこと

※26　最新版を知りたい場合は、kubectl コマンドの引数に「api-resources」を指定して確認

※27　メタ（meta）とは、「高次の」「別の次元の」という意味。転じて、本体そのものではなく、それを他の存在がどう扱うかという情報を表す

主なメタデータ

項目	内容
name	リソースの名前。一意に識別される文字列
namespace	リソースが細分化されるDNS互換のラベル
uid	一意に識別する番号
resourceVersion	リソースバージョン
generation	生成した順序を示す番号
creationTimestamp	作成日時
deletionTimestamp	削除日時
labels	任意のラベル
anotation	リソースに対して設定したい値。選択対象にはならない

ラベルとセレクター

Podやサービスなど、リソースには、任意のラベル（Label）を付けることができます。ラベルとは、キー（項目）と値のペアで、メタデータとして設定します。ラベルを付けておくと、セレクター機能（selector）を使って特定のラベルがついたPodだけを配置するなど、Podを選択して設定できます。

この後のハンズオンでは、たくさんのPodが出てこないため、いまいちピンと来ないかもしれませんが、例えば「ペンギンSystem」「セイウチSystem」というサービスを提供している会社が、「ゴールド会員」「シルバー会員」「アルミ会員」の会員別にPodを分けているとします。これをラベルで管理すれば、「ペンギンSystem」関連のみ、「ゴールド会員」関連のみといったPodを指定したアクションが可能になります（**図8-5-6**）。

サービスにもラベルを付けることができます。同一システムで利用しているサービスに同じラベルの値を設定しておけば、セレクター機能を使うことで、そのシステムに属するサービスすべてを作り直すなどの操作ができるようになります。

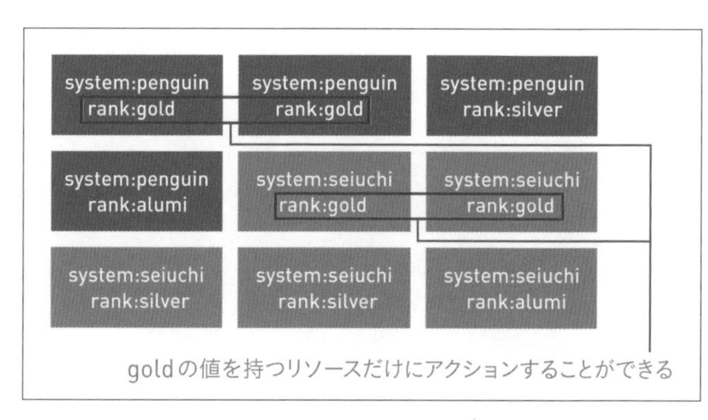

図8-5-6　ラベルの内容でリソースを選択することができる

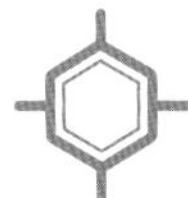

メタデータとスペックの書き方（1）～ Pod

定義ファイルのAPIグループ（apiVersion）やリソースの種類（kind）は、ある程度決まった書き方をしますが、メタデータ（metadata）やスペック（spec）項目は、リソースの種類や設定したい仕組みによって記述する内容が違います。Pod、デプロイメント、サービスのメタデータとスペックの書き方を説明していきましょう。

ここで説明すること

apiVersion:	
kind:	
metadata:	←今回説明するところ
spec:	←今回説明するところ

前述のとおり、「Pod」は単独で定義ファイルに記述することは少なく、デプロイメントの中に入れ子として記述することがほとんどです。そのため、デプロイメントの定義ファイルは複雑な階層になり、いきなり書き始めると、何をしているのか混乱しがちです。

まずは、Podについて学び、それをデプロイメントの中に入れる形で解説します。

記述する内容は、メタデータ（metadata）やスペック（spec）が大項目であるならば、これらの大項目の下に「中項目」や「小項目」をぶら下げます。これもDocker Composeなどで学びましたね。

Podの場合、中項目は3つです。メタデータの下には、「name」と「labels」、スペックの下には「containers」としてコンテナの構成を記述します。本来は「volumes」も存在しますが、作らないことも多いので、今回は省いています。

そして、「containers」の下に、小項目として「name」「image」「ports」が続きます。

Podのメタデータとスペックの中項目と小項目

metadata:	
name:	←（中項目）Podの名前
labels:	←（中項目）ラベル
spec:	
containers:	←（中項目）コンテナの構成
- name:	←（小項目）コンテナの名前
image:	←（小項目）元にするイメージ
ports:	←（小項目）使うポート

これは、最低限の内容なので、実際に実装するときには、もう少し設定項目が増えるでしょう。

ここで注意したいのが、「name」です。「containers（コンテナ）」項目で指定している名前は、コンテナの名前です。上の「metadata」の「name」はPodの名前です。Podは、「コンテナ＋ボリューム」のセットでしたね。なので、アイドルで言えば、Podはユニット名やグループ名、コンテナは個人名みたいなものです。

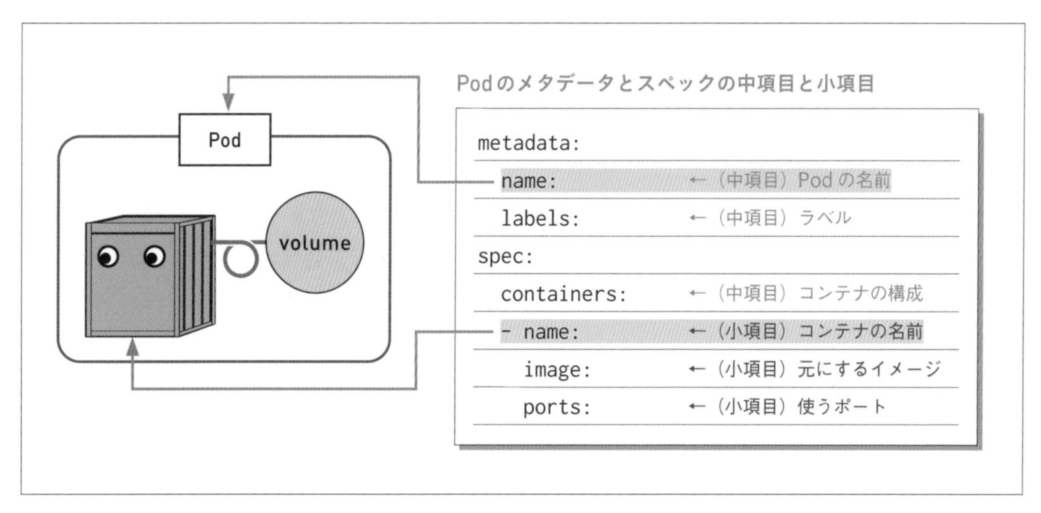

図8-5-7　「metadata」の「name」と「containers」の「name」は異なる

Podで記述する項目

Podで記述する項目をまとめておきましょう。大項目の下に中項目・小項目をぶら下げ、コンテナの情報は、「containers」以下に記述する形式を押さえてください。

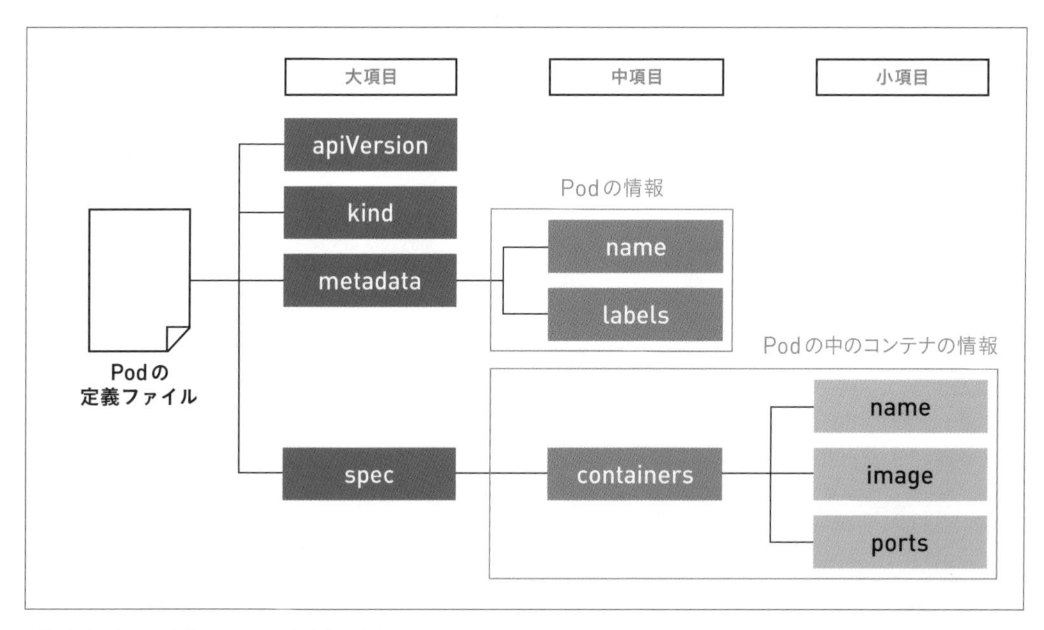

図8-5-8　Podの定義ファイルに記述する内容

COLUMN : Level ★★★ 強者コラム

Podの中のボリューム

Podの中のボリュームは、前述のとおり、Podに入っているコンテナ間で、データを共有するときに使います。たとえば、メインのプログラムがあって、それが何かログを出力するとします。そしてそのログを監視して何か問題があったときに通知するプログラムがあるとします。

この場合、「メインのプログラムを入れたコンテナ」と「ログ監視のプログラムを入れたコンテナ」を、1つのPodにまとめ、ログの書き出し場所としてボリュームを作り、そこを共有することで、2つのコンテナ間で、ログ情報を共有するように構成します。

Pod内のボリュームは、Podの外からはアクセスできないので、この例のように、コンテナ間のデータ共有が主な使い方なのです。

[手順] 定義ファイルを書こう(1) ～ Pod

実際にPodの定義ファイルを書いてみましょう。作成するコンテナは、お馴染みのApacheです。Podは、定義ファイルを単独で作ることは少ないですが、この後のデプロイメントの定義ファイル作成で中身をほぼそのまま使うので、下書きとして作ります。ハンズオンでは最終的に、デプロイメントとサービスの2つの定義ファイルを作るのですが、Podは下書きなので、デプロイメントのファイルを作ったら消してしまいます。

ファイルは、YAML形式です。YAMLファイルの書き方を忘れてしまった方は、Chapter 7のP.210を確認してください。特に、スペースの扱いが独特なので、注意してください。

図8-5-9　まずPodの定義ファイルを作成する

今回行うこと

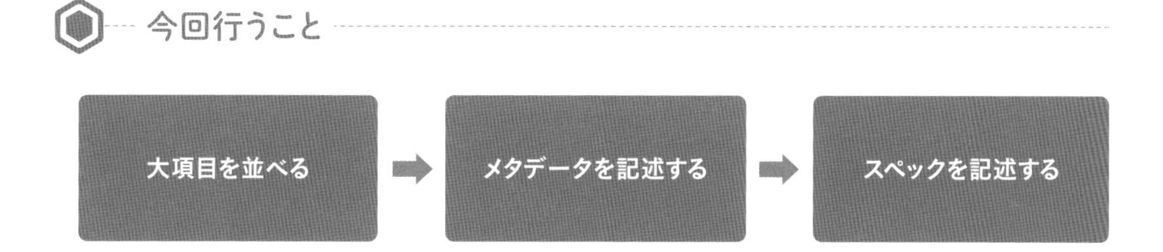

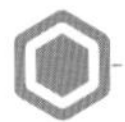

作成するPodとコンテナの情報

項目	値
APIグループとバージョン	v1（グループは無し）
リソースの種類	Pod
Podの名前	apa000pod
ラベル	app: apa000kube
コンテナの名前	apa000ex91
元となるイメージ	httpd
コンテナポート	containerPort: 80

作成する定義ファイルのファイル名と置く場所

定義ファイルのファイル名は、どのようなファイル名でも良いです。作例では、「apa000pod.yml」としています。

また、置き場所も、自分で場所を指定できるのであれば、どこでも構いません。作例では、わかりやすいようにいつもの場所に「kube_folder」を作ってそこに格納します。

項目	値
ファイル名	apa000pod.yml
Windowsの置き場所	C:¥Users¥ユーザー名¥Documents¥kube_folder
Macの置き場所	/Users/ユーザー名/Documents/kube_folder
Linuxの置き場所	/home/ユーザー名/kube_folder

STEP 1 apa000pod.ymlを作成する

メモ帳などのテキストエディタで定義ファイルを作成します。Linuxの場合は、nanoエディタ※28を使いましょう。ファイル名は、「apa000pod.yml」にします。ファイルは、いつもの場所に「kube_folder」フォルダーを作り、そこに入れます。

※28 Appendixを参考にnanoエディタで「apa000pod.yml」を作成し、記述する

STEP 2 大項目を並べる

apa000pod.ymlに、必要な大項目（apiVersion、kind、metadata、spec）を並べます。

apa000pod.ymlの記述内容 (1)

```
apiVersion:
kind:
metadata:
spec:
```

STEP 3 apiVersion、kindの設定値を記入する

apiVersionに「v1」、kindに「Pod」と記入します。

apa000pod.ymlの記述内容 (2)

```
apiVersion: v1
kind: Pod
metadata:
spec:
```

STEP 4 metadataの設定値を記入する

metadataの値として、Podの名前（name）を設定します。名前は「apa000pod」とします。また、ラベル（labels）として「app: apa000kube」を設定します。

apa000pod.ymlの記述内容 (3)

```
apiVersion: v1
kind: Pod
metadata:
  name: apa000pod
  labels:
    app: apa000kube
spec:
```

STEP 5 specの設定値を記入する

specに作成したいコンテナの情報（name、image、ports）を設定します。名前は「apa000ex91」、イメージは「httpd」、ポートは「containerPort: 80」とします。

apa000pod.ymlの記述内容 (4)

```
apiVersion: v1
kind: Pod
metadata:
  name: apa000pod
  labels:
    app: apa000kube
spec:
  containers:
    - name: apa000ex91
      image: httpd
      ports:
        - containerPort: 80
```

STEP 6 保存する

STEP5と手元のファイルを見比べ、問題が無ければ保存します[※29]。スペースの有無や数、コロンの有無など間違えやすいポイントを中心に確認すると良いでしょう。

メタデータとスペックの書き方（2）～デプロイメント ―

続いて、デプロイメントの定義ファイルを書いていきます。詳しくは手順のところで説明するので、大掴みに理論を押さえてください。Podがアイドルのユニット、コンテナがアイドルだとすると、デプロイメントは所属事務所のようなものです。デプロイメントのスペックとして、「template」にPodの設定を記述します。

デプロイメントの項目

```
apiVersion:
kind:
metadata:
  name:              ←（中項目）デプロイメントの名前
spec:
```

※29　書いた定義ファイルが合っているか不安な場合はサポートページからサンプルファイルをダウンロードして見比べてみよう

selector:	←（中項目）セレクターの設定
matchLabels:	←（小項目）ラベルをセレクターで選択して管理する
replicas:	←（中項目）レプリカの設定
template:	←（中項目）テンプレート（作成するPodの情報を書く）
metadata:	←（小項目）Podのメタデータを書く
spec:	←（小項目）Podのスペックを書く

セレクター（selector）の設定

特定のラベルの付いたPodをデプロイメントが管理するための設定です。要は、管理対象を指定するためのものです。「matchLabels:」※30に続いて、ラベルを記述します。ラベルは、「template」の中の「metadata」で設定したラベルを指定します。

レプリカ（Replica）の設定

Podのレプリカの管理です。Pod数を「いくつに保つか」を設定します。ここをゼロにすると、Podが無くなります。

テンプレート（template）の記述

作成するPodの情報を書きます。書く内容は、Podで記述した内容（メタデータとスペック）をほぼ丸ごと書きます。ただ、Podで指定した「Podの名前」は、設定しません。しても良いのですが、数が多くなってくると、ラベルで管理することが多いので、あまりしない傾向にあります。上のように、項目だけ並べていると、シンプルで大したことがないように見えますが、実際の設定値を書き込むと、「あれ、2回spec書いたぞ」「このnameって何の名前だっけ？」となりやすいので、迷ったら、**図8-5-10**を確認してください。

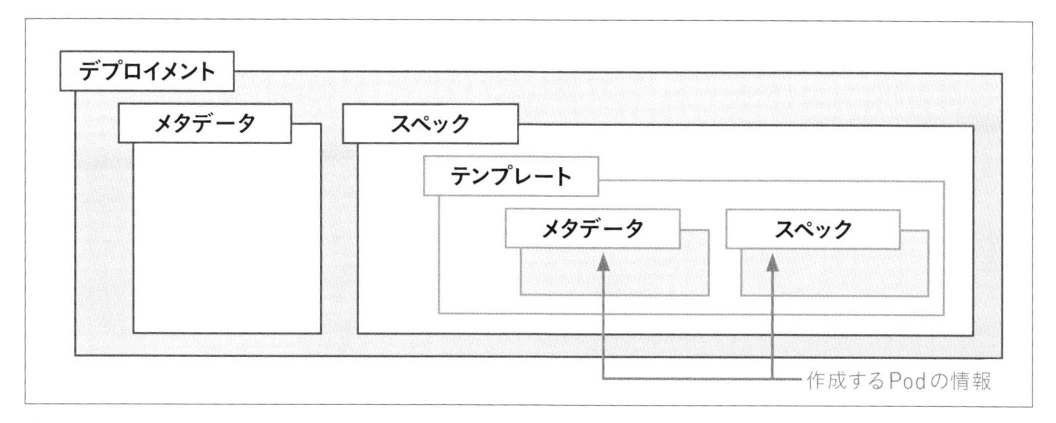

図8-5-10　デプロイメントの定義ファイルの構造

※30　デプロイメントでのセレクターは、ラベルセレクター（LabelSelector）を暗黙的に使用するため、「matchLabels:」の指定が必須。もしくは、「matchExpressions」でも良い。後述するサービスの場合は、ラベルセレクターを暗黙的に使用しないので、「matchLabels:」は使用できない。詳しくはP.274のコラム

デプロイメントで記述する項目

デプロイメントで記述する項目をまとめておきましょう。大項目の下に中項目・小項目をぶら下げ、Podの情報は入れ子として「template」以下に記述する形式を押さえてください。

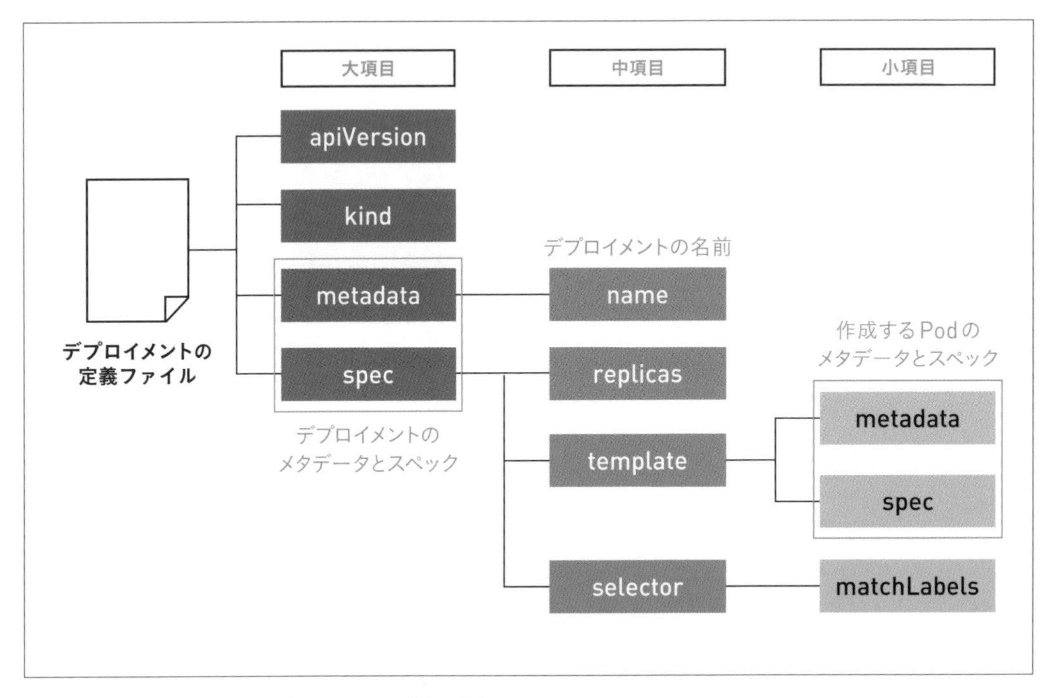

図8-5-11　デプロイメントの定義ファイルに記述する内容

[手順] 定義ファイルを書こう(2) ～デプロイメント

デプロイメントの定義ファイルを書いてみましょう。扱う題材は、もちろんApacheです。デプロイメントは、入れ子構造になっており、先ほど作成したPodの内容をほぼ丸ごと「template」の中に転記します。転記したら、Podのファイルは消してしまって構いません。コンテナを3つ作成したいので、レプリカ数は「3」とします。

図8-5-12　デプロイメントの定義ファイルを作る

今回行うこと

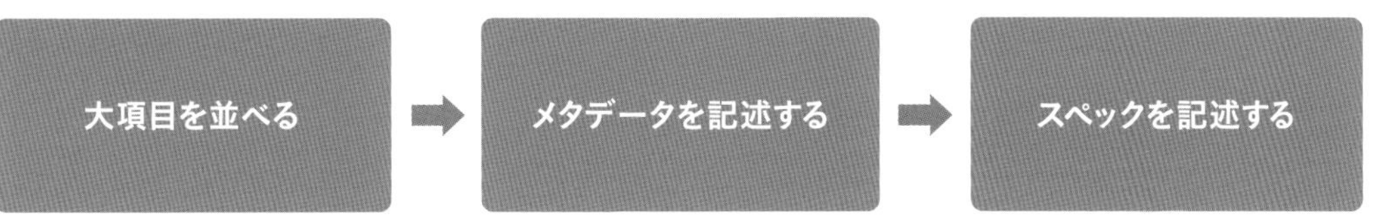

作成するデプロイメントとコンテナの情報／定義ファイルのファイル名

項目	値
APIグループとバージョン	apps/v1
リソースの種類	Deployment
Podの名前	apa000dep
セレクターの対象とするラベル	app: apa000kube
レプリカ（Pod）の数	3
コンテナの名前	apa000ex91
元となるイメージ	httpd
コンテナポート	containerPort: 80

項目	値
定義ファイルの名前	apa000dep.yml

ファイルの置き場所は、P.264を参照のこと

STEP 1 apa000dep.ymlを作成する

メモ帳などのテキストエディタで定義ファイルを作成します。ファイル名は、「apa000dep.yml」にします。ファイルは、いつもの場所に「kube_folder」フォルダーを作り、そこに入れます。

STEP 2 大項目を並べる

必要な大項目（apiVersion、kind、metadata、spec）を並べます。

apa000dep.ymlの記述内容（1）

```
apiVersion:
kind:
metadata:
spec:
```

STEP 3 apiVersion、kindの設定値を記入する

apiVersionに「apps/v1」、kindに「Deployment」と記入します。

apa000dep.ymlの記述内容（2）

```
apiVersion:␣apps/v1
kind:␣Deployment
metadata:
spec:
```

STEP 4 metadataの設定値を記入する

metadataの値として、デプロイメントの名前（name）を設定します。名前は「apa000dep」とします。

apa000dep.ymlの記述内容（3）

```
apiVersion:␣apps/v1
kind:␣Deployment
metadata:
␣␣name:␣apa000dep
spec:
```

STEP 5 specに、セレクターとレプリカの値を設定する

specにselectorとreplicasを設定します。selectorは、「matchLabels:」に続き「app: apa000kube（Podで設定したラベル）」を指定します。replicasは、コンテナを3つ作りたいので「3」とします。

apa000dep.ymlの記述内容（4）

```
apiVersion:␣apps/v1
kind:␣Deployment
metadata:
␣␣name:␣apa000dep
spec:
␣␣selector:
␣␣␣␣matchLabels:
␣␣␣␣␣␣app:␣apa000kube
␣␣replicas:␣3
```

STEP 6 specのテンプレートにPodのファイル内容を転載する

specのreplicasに続いてtemplateを記述します。templateには、作成したいコンテナの情報を設定します。内容は、P.266で作成したPodとほぼ同じです。転記するときに、スペースでの字下げに注意してください。なお、template内のmetadataに名前は記入しません。転記したらPodの定義ファイルは削除してかまいません。スペースには気をつけましょう。

apa000dep.ymlの記述内容（5）

```
apiVersion: apps/v1
kind: Deployment
metadata:
  name: apa000dep
spec:
  selector:
    matchLabels:
      app: apa000kube
  replicas: 3
  template:
    metadata:
      labels:
        app: apa000kube
    spec:
      containers:
        - name: apa000ex91
          image: httpd
          ports:
          - containerPort: 80
```

STEP 7 保存する

STEP⑥と手元のファイルを見比べ、問題が無ければ保存します。スペースの有無や数、コロンの有無など間違えやすいポイントを中心に確認すると良いでしょう。特に、templateの以下の字下げが間違っていないか確認してください。

メタデータとスペックの書き方（3）～サービス

デプロイメントのファイルができたら、次はサービスのファイルを作成します。デプロイメントとサービスの2つは、ほぼセットで使うと思ってください。サービスの定義ファイルは、デプロイメントよりもシンプルです。サービスは、Podへのアクセスを管理するものなので、設定する内容も、通信に関わる内容です。

サービスの項目

```
apiVersion:
kind:
metadata:
  name:            ←（中項目）サービスの名前
spec:
  type:            ←（中項目）サービスの種類
  ports:           ←（中項目）ポートの設定
  - port:          ←（中項目）サービスのポート
    targetPort:    ←（小項目）コンテナのポート
    protocol:      ←（小項目）通信に使うプロトコル
    nodePort:      ←（小項目）ワーカーノードのポート
  selector:        ←（中項目）セレクターの設定
```

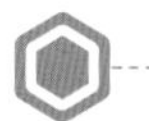

タイプ（type）の設定

タイプは、Serviceの種類です。要は、外とサービスの間の通信を、どのIPアドレス（もしくはDNS）でアクセスするかを設定するものです。

	タイプ名	内容
①	ClusterIP	ClusterIPでServiceにアクセスできるようにする（外からはアクセスできない）
②	NodePort	ワーカーノードのIPでServiceにアクセスできるようにする
③	LoadBalancer	ロードバランサーのIPでServiceにアクセスできるようにする
④	ExternalName	Podからサービスを通じて外を出るための設定

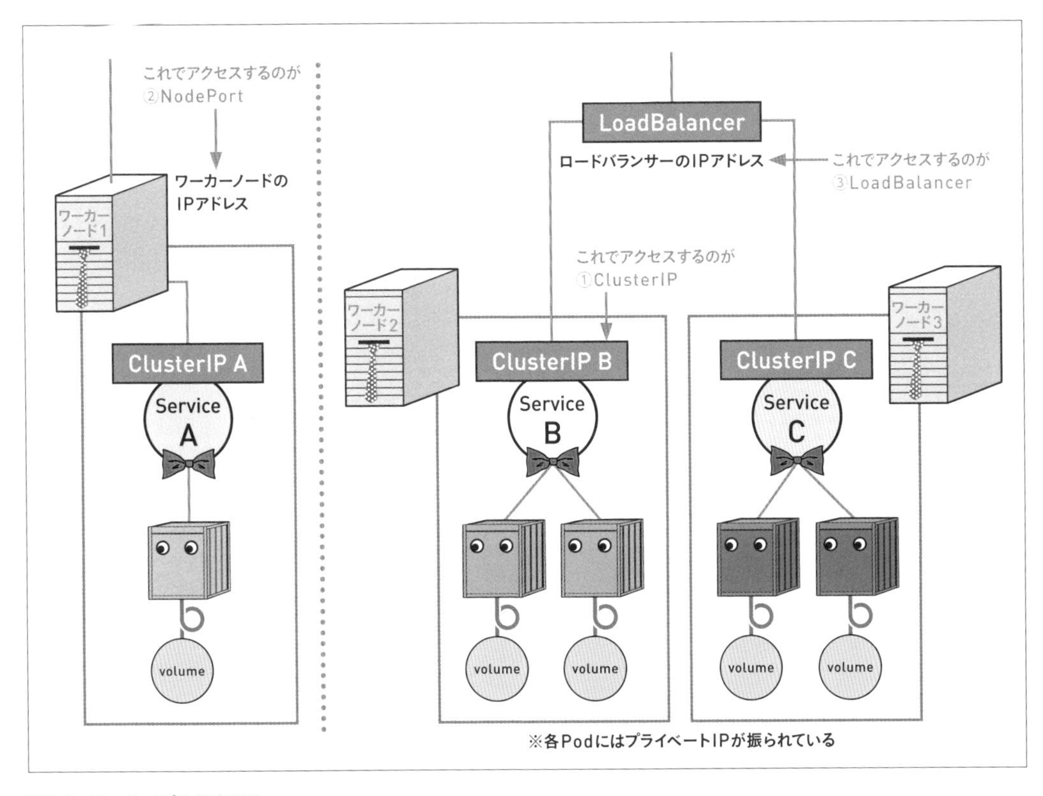

図8-5-13　タイプの設定項目

タイプ名を「ClusterIP」にしたときは、サービスへのアクセスをClusterIPで接続させる設定になります。ClusterIPには、プライベートIPアドレスが設定されており、クラスター内部でのやりとりのときにしか使いません。

閲覧者がWebサイトを閲覧するときなどは、タイプ名を「LoadBalancer」にして、ロードバランサーのIPアドレスで接続させます。実際に、業務で使うときは、「LoadBalancer」を設定するケースがほとんどでしょう。

タイプ名を「NodePort」にするのは、ワーカーノードに直接アクセスするときのためのものなので、やや特殊です。どうしても、そのワーカーノードに直接何かする構成のときや、開発時など、そのワーカーノードを特定して接続する状況で使います。

今回のハンズオンでは、デスクトップ版もMinikubeもロードバランサーは使わないので、この設定（NodePort）を使います。

タイプ名を「ExternalName」するのは、外から中ではなく、中のPodが外に通信したいときに使います。

ポート（ports）の設定

ポートの設定ですが、これも図を見た方が早いでしょう。

「port」でサービス、「nodePort」でワーカーノード、「targetPort」でコンテナのポートをそれぞれ設定します。NodePortに設定できる値は、30000～32767です。

「protocol（プロトコル）」は、通信のプロトコルです。通常はTCPが使われるので、TCPと設定します。

	項目	内容
①	port	サービスのポート
②	nodePort	ワーカーノードのポート
③	targetPort	コンテナのポート

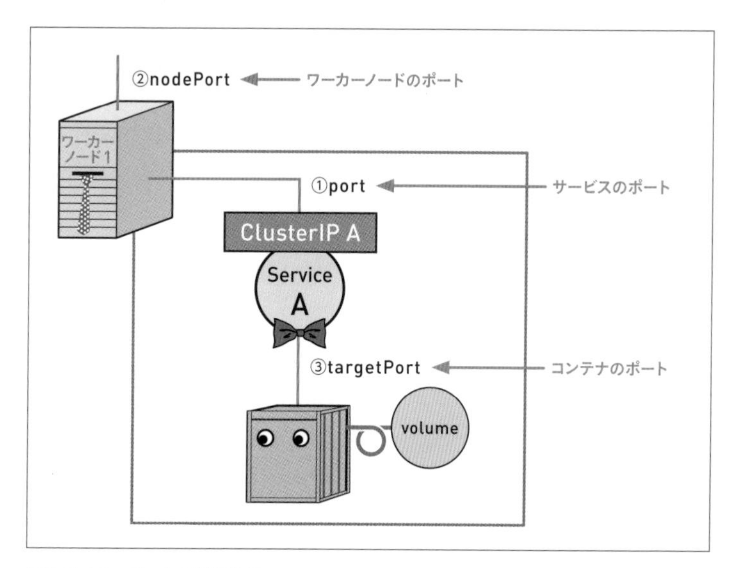

図8-5-14　ポートの設定項目

セレクター（selector）の設定

セレクターは、デプロイメントのところでの説明と同じく、特定のラベルの付いたPodをサービスが管理するための設定です。ラベルは、Podやデプロイメントのコンテナ部分の設定で付けたラベルを指定します。

ただし、デプロイメントでは、「matchLabels:」の指定が必須であるのに対し、サービスでは不要です。「matchLabels:」と書いてはいけません。

COLUMN : Level ★★★　セレクター「matchLabels」の謎

デプロイメントでもサービスでも、同じようにセレクター（Selector）でPodを指定します。

しかし、書式は違います。デプロイメントのときは、「matchLabels」と記述するのに対し、サービスでは記述しません。これは、同じ「セレクター」という名前の設定ではありますが、暗黙的に内部での動きが違うからです。

デプロイメントでは、設定すると、「ラベルセレクター」というものを使用し、「この条件に合うとき」などの指定ができますが、サービスは直接リソースを指定するため、該当のラベルをそのまま書きます。そのため、書式が違うのです。

[手順] 定義ファイルを書こう(3) 〜サービス

サービスの定義ファイルを書いてみましょう。前述のとおりサービスは、Podへのアクセスを管理します。そのため、ポートなどの通信に関わる内容を記述します。

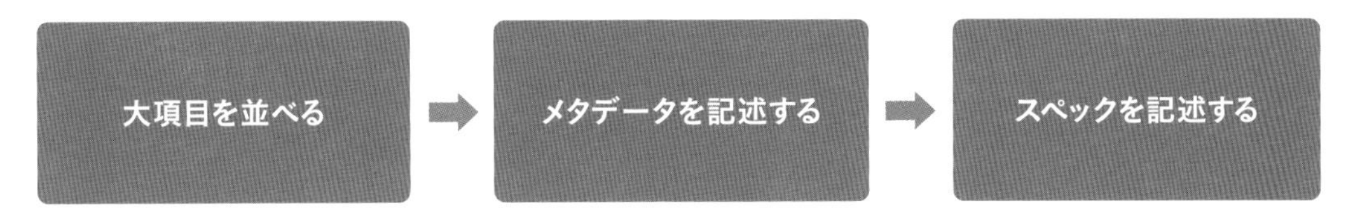

図8-5-15　サービスの定義ファイルを作る

今回行うこと

大項目を並べる → メタデータを記述する → スペックを記述する

作成するデプロイメントとコンテナの情報／定義ファイルのファイル名

項目	値
APIグループとバージョン	v1
リソースの種類	Service
サービスの名前	apa000ser
セレクターの対象とするラベル	app: apa000kube
サービスのタイプ（種類）	NodePort
サービスのポート（port）	8099
コンテナのポート（targetPort）	80
ノードのポート（nodePort）	30080
プロトコル	TCP

項目	値
定義ファイルの名前	apa000ser.yml

ファイルの置き場所は、P.264を参照のこと

STEP 1 apa000ser.ymlを作成する

メモ帳などのテキストエディタで定義ファイルを作成します。ファイルは、いつもの場所に「kube_folder」フォルダーを作り、そこに入れます。

STEP 2 大項目を並べる

必要な大項目（apiVersion、kind、metadata、spec）を並べます。

apa000ser.ymlの記述内容（1）

```
apiVersion:
kind:
metadata:
spec:
```

STEP 3 apiVersion、kindの設定値を記入する

apiVersionに「v1」、kindに「Service」と記入します。

apa000ser.ymlの記述内容（2）

```
apiVersion: v1
kind: Service
metadata:
spec:
```

STEP 4 metadataの設定値を記入する

metadataの値として、サービスの名前（name）を設定します。名前は「apa000ser」とします。

apa000ser.ymlの記述内容 (3)

```
apiVersion: v1
kind: Service
metadata:
  name: apa000ser
spec:
```

STEP 5 specの設定値を記入する

specにtypeと、ports、selectorを設定します。typeは「NodePort」、portは「8099」、targetPortは「80」、protocolは「TCP」、nodePortは「30080」とします。selectorは、「app: apa000kube (Podで設定したラベル)」を指定します。

apa000ser.ymlの記述内容 (4)

```
apiVersion: v1
kind: Service
metadata:
  name: apa000ser
spec:
  type: NodePort
  ports:
    - port: 8099
      targetPort: 80
      protocol: TCP
      nodePort: 30080
  selector:
    app: apa000kube
```

STEP 6 保存する

STEP 5 と手元のファイルを見比べ、問題が無ければ保存します。スペースの有無や数、コロンの有無など間違えやすいポイントを中心に確認すると良いでしょう。

Kubernetesのコマンド

SECTION 06

続いて、定義ファイルをKubernetesに読み込ませる方法を説明します。Kubernetesの操作もコマンドで行います。コマンドを学習したら、実際にPodを作ってみましょう。

Kubernetesのコマンド

定義ファイルができたので、ファイルをKubernetesに読み込ませて、実際にPodを作ります。Kubernetesは、kubectlコマンドを使って操作します。KubernetesはDocker Engineとは別のソフトウェアなので、コマンドが違います。操作方法は、これまでと同じで、コマンドプロンプト／ターミナルから操作します。kubectlコマンドは、次の書式で使います。

kubectlコマンドの書式

```
kubectl コマンド オプション
```

コマンドは、以下の表を見るとわかりやすいですが、どこかで見たことのあるような文言が並んでいますね。DockerコマンドでDocker Engineに命令をするのではなく、代わりにkubectlコマンドでKubernetesに命令して実行します。ですから、やれることも、コマンドもよく似ているのです。

主なkubectlコマンド

コマンド	内容
create	リソースを作成
edit	リソースを編集
delete	リソースを削除
get	リソースの状態を表示
set	リソースの値を設定
apply	リソースの変更を反映
describe	詳細情報を確認

diff	「望ましい状態」と「現在の状態」との差を確認
expose	リソースを生成するための定義ファイルを作成
scacle	レプリカ数を変更
autoscale	オートスケールを設定
rollout	ロールアウトを操作
exec	コンテナでコマンドを実行
run	コンテナでコマンドを1回実行
attach	コンテナにアタッチ
cp	コンテナにファイルをコピー
logs	コンテナのログを表示
cluster-info	クラスターの詳細を表示
top	CPU、メモリー、ストレージのリソースを確認

ただ、Kubernetesの場合は、コマンドでポチポチと1つずつコンテナを作るのではなく、定義ファイルを元に一気にコンテナを作成します。また、Kubernetesが「望ましい状態」に保つようにコントロールするため、手作業で操作する機会も多くはありません。

そのため、初心者のうちは「apply」「delete」など、上の図で太字になっているコマンドを中心に押さえましょう。実際にコンテナを操作するようなコマンドは、慣れてからで良いです。

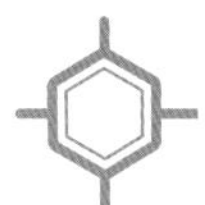

［手順］定義ファイルでPodを作る（1）～デプロイメント

デプロイメントの定義ファイルを使ってPodを作ります。「apply」コマンドで定義ファイルを読み込み、反映させます。

デプロイメントのファイルで作成されるのはPodなので、サービスを作るまではブラウザでのアクセスはできません。Pod一覧を表示させて、作成を確認します。

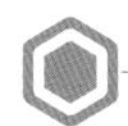

今回行うこと

ファイルを読み込ませ反映させる

Podが作られたことを確認する

使用するファイル

項目	値
ファイル名	apa000dep.yml

ファイルの置き場所は、P.264を参照のこと

使用するコマンド

コマンド	内容	オプション
apply	定義ファイルを読み込ませ、反映させる	-f
get	リソースの状態を表示する	

STEP 1 デプロイメントの定義ファイルを読み込ませる

定義ファイル（apa000dep.yml）をKubernetesに読み込ませ、その内容を反映させます。

Windowsの場合

```
kubectl apply -f C:¥Users¥ユーザー名¥Documents¥kube_folder¥apa000dep.yml
```

Macの場合

```
kubectl apply -f /Users/ユーザー名/Documents/kube_folder/apa000dep.yml
```

Linuxの場合

```
kubectl apply -f /home/ユーザー名/kube_folder/apa000dep.yml
```

実行したら表示される内容

```
deployment.apps/apa000dep created
```

STEP 2 Podが作られていることを確認

Podの一覧を表示させ、Podが作られていることを確認します。3つのPodがあることがわかります。

入力するコマンド

```
kubectl get pods
```

実行したら表示される内容

NAME	READY	STATUS[※31]	RESTARTS	AGE
apa000dep-86d48bcfdd-jwp76	0/1	ImagePullBackOff	0	54s
apa000dep-86d48bcfdd-mmjlv	0/1	ImagePullBackOff	0	54s
apa000dep-86d48bcfdd-q2qcb	0/1	ImagePullBackOff	0	54s

［手順］定義ファイルでPodを作る（2）～サービス

デプロイメントの定義ファイルで、Podができたら、今度はサービスのファイルでサービスを作成します。サービスを作成すると、ブラウザでアクセスできるようになるので、お馴染みのApache初期画面を確認します。

今回行うこと

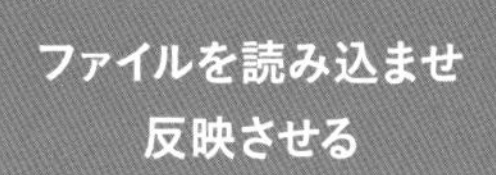

→ サービスが存在することを確認する → アクセスできることを確認する

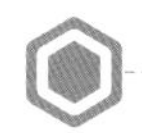

使用するファイル

項目	値
ファイル名	apa000ser.yml

ファイルの置き場所は、P.264を参照のこと

※31　STATUSは「Running」となっていることもある

使用するコマンド

コマンド	内容	オプション
apply	定義ファイルを読み込ませ、反映させる	-f
get	リソースの状態を表示する	

STEP 1 サービスの定義ファイルを読み込ませる

定義ファイル（apa000ser.yml）をKubernetesに読み込ませ、その内容を反映させます。

Windowsの場合

```
kubectl apply -f C:¥Users¥ユーザー名¥Documents¥kube_folder¥apa000ser.yml
```

Macの場合

```
kubectl apply -f /Users/ユーザー名/Documents/kube_folder/apa000ser.yml
```

Linuxの場合

```
kubectl apply -f /home/ユーザー名/kube_folder/apa000ser.yml
```

実行したら表示される内容

```
service/apa000ser created
```

STEP 2 サービスが作られていることを確認

サービスの一覧を表示[※32]させ、サービスが作られていることを確認します。「kubernetes」という元々Kubernetesが作ったサービスの他に、「apa000ser」が作られていることがわかります。

入力するコマンド

```
kubectl get services
```

※32 「kubectl get services」コマンドは、「kubectl get svc」と書くこともできる

実行したら表示される内容

NAME	TYPE	CLUSTER-IP	EXTERNAL-IP	PORT(S)	AGE
kubernetes	ClusterIP	10.96.0.1	<none>	443/TCP	50m
apa000ser	NodePort	10.96.206.65	<none>	8099:30080/TCP	34m

STEP 3 動作確認する

ブラウザで「http://localhost: 30080/」にアクセスし、Apacheの初期画面を表示させます。

It works!

図8-6-1

COLUMN : Failed うまくいかないときには

マシンによっては、うまくアクセスできないこともあるようです。その場合、一度Podなどをすべて削除してからもう一度やり直してみてください。また、もちろんAWSなどのクラウド環境や、仮想マシンを使用している場合は、30080のポートを空ける必要があります。その点も確認してください。
「The Service "apa000ser" is invalid: spec.ports[0].nodePort: Invalid value: 30080: provided port is already allocated」と表示されたら、node Portを30081や30082など別のものに変えてみましょう。その場合、ブラウザで開くURLは、「http://localhost:30081/」などのようにします。

COLUMN : Level ★★★ なぜ定義ファイルにIPアドレスを書かないの？

Kunbernetesは、自分の身内になった部下を管理する仕組みです。部下になるかどうかはワーカーノードからの立候補によります。そのため、部下のプロフィール（IPアドレス）を知っているのです。
また、Kubernetesは部下を区別しません。「〇〇くんは気が利くから多めに任せよう！」などということはなく、ヒマな人に案配よく仕事を振ります。ですから、特定のIPアドレスのワーカーノードに何か指示するということもないのです。

SECTION 07

Kubernetesの操作を練習しよう

本書の最後の節として、Kubernetesの操作をいくつか練習してみましょう。どのハンズオンも、Chapter 8-06で作成した定義ファイルを使いますので、お手元に用意してから進めてください。

[手順] 定義ファイルでPodを増やす

Kubernetesの操作をもう少し練習しておきましょう。

Kubernetesでは、定義ファイルをデータベース（etcd）に読み込み、登録された「望ましい状態」に保ちます。「望ましい状態」は、定義ファイルを再読み込みさせると上書きされるので、定義ファイルの内容を書き換えて読み込ませると、Podの数や、種類など、状態も変わります。

今回は、レプリカ（replica）の数を変更して、Podがどう変わるのかを確認してみましょう。

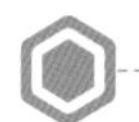

今回行うこと

レプリカの数を変える → ファイルを読み込ませ反映させる → Podが作られたことを確認する

使用するファイル

項目	値
定義ファイルの名前	apa000dep.yml

ファイルの置き場所は、P.264を参照のこと

使用するコマンド

コマンド	内容	オプション
apply	定義ファイルを読み込ませ、反映させる	-f
get	リソースの状態を表示する	

STEP 1 デプロイメントの定義ファイルを変更する

Chapter 8-06で作成した定義ファイル（apa000dep.yml）のreplicasの数を「3」から「5」に変更して保存します。

apa000dep.yml

```
apiVersion: apps/v1
kind: Deployment
metadata:
  name: apa000dep
spec:
  selector:
    matchLabels:
      app: apa000kube
  replicas: 5      ←ここを変える
  template:
…（省略）
```

STEP 2 デプロイメントの定義ファイルを読み込ませ反映させる

定義ファイルをKubernetesに読み込ませ、その内容を反映させます。

Windowsの場合

```
kubectl apply -f C:¥Users¥ユーザー名¥Documents¥kube_folder¥apa000dep.yml
```

Mac、Linuxの場合は、「-f」の後のファイルパスを変更してください。

実行したら表示される内容

```
deployment.apps/apa000dep configured
```

STEP 3 Podが増えていることを確認

Podの一覧を表示させ、Podが作られていることを確認します。5つのPodがあることがわかります。成功したら、満足するまで、Podを増やしたり減らしたりして練習すると良いでしょう。

入力するコマンド

```
kubectl get pods
```

実行したら表示される内容

```
NAME                          READY   STATUS    RESTARTS   AGE
apa000dep-86d48bcfdd-jwp76    0/1     Running   0          17m
apa000dep-86d48bcfdd-mmjlv    0/1     Running   0          17m
apa000dep-86d48bcfdd-q2qcb    0/1     Running   0          17m
apa000dep-86d48bcfdd-89qfb    0/1     Running   0          54s
apa000dep-86d48bcfdd-23qcu    0/1     Running   0          54s
```

[手順] 定義ファイルでApacheをnginxに変える

Podの数は無事に増えたでしょうか。

変更できるのは、Podの数だけではありません。コンテナの種類も変更できます。これまで、Apacheのコンテナを作成してきましたが、Apacheをnginxに変えてみましょう。前のハンズオンで使った定義ファイルをそのまま使います。イメージを「httpd」から「nginx」に変更するだけなので簡単ですよ！

今回行うこと

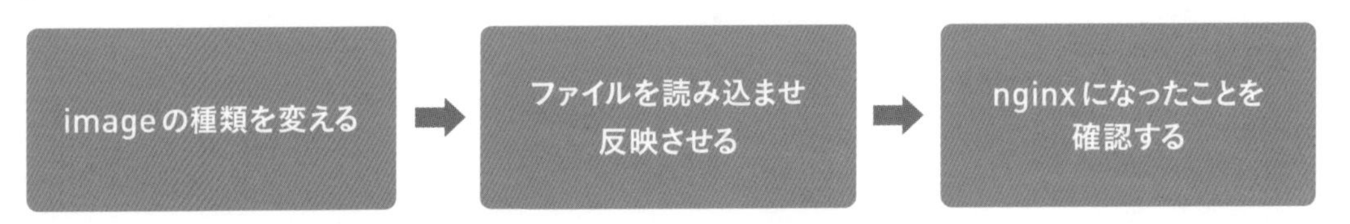

使用するファイル

項目	値
定義ファイルの名前	apa000dep.yml

ファイルの置き場所は、P.264を参照のこと

使用するコマンド

コマンド	内容	オプション
apply	定義ファイルを読み込ませ、反映させる	-f
get	リソースの状態を表示する	

STEP 1 デプロイメントの定義ファイルを変更する

Chapter 8-06で作成した定義ファイル（apa000dep.yml）のimageを「httpd」から「nginx」に変更して保存します。

apa000dep.yml

```
…（省略）
spec:
…（省略）
    spec:
      containers:
      - name: apa000ex91
        image: nginx        ←ここを変える
        ports:
        - containerPort: 80
```

STEP 2 デプロイメントの定義ファイルを読み込ませ反映させる

定義ファイルをKubernetesに読み込ませ、その内容を反映させる。

Windowsの場合

```
kubectl apply -f C:¥Users¥ユーザー名¥Documents¥kube_folder¥apa000dep.yml
```

Mac、Linuxの場合は、「-f」の後のファイルパスを変更してください。

実行したら表示される内容

```
deployment.apps/apa000dep configured
```

STEP 3 動作確認する

ブラウザで「http://localhost: 30080/」にアクセスし、nginxの初期画面を表示させます。
成功したら、Apacheに戻したり、またnginxに変えたりして満足するまで練習すると良いでしょう。

Welcome to nginx!

If you see this page, the nginx web server is successfully installed and working. Further configuration is required.

For online documentation and support please refer to nginx.org.
Commercial support is available at nginx.com.

Thank you for using nginx.

図8-7-1

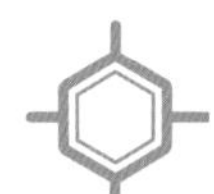

［手順］手動でPodを削除して自動復帰を確認する

Kubernetesは、「望ましい状態」に保ってくれるものです。今回は、それを実験してみましょう。手動でPodを1つ削除し、数を保つために、自動的にKubernetesがPodを作成して辻褄を合わせていることを確認します。

今回行うこと

使用するファイル

項目	値
定義ファイルの名前	apa000dep.yml

ファイルの置き場所は、P.264を参照のこと

使用するコマンド

コマンド	内容	オプション
delete	リソースを削除する	-f
get	リソースの状態を表示する	

STEP 1 getコマンドでPodの一覧を表示する

Podの一覧を表示させ、PodのIDを確認します。どれでも良いので1つPodのID（一覧では「NAME」として表示されます）をメモしておきましょう。この手順では、一番上のPodのIDを使います。

入力するコマンド

```
kubectl get pods
```

実行したら表示される内容

```
NAME                          READY   STATUS             RESTARTS   AGE
apa000dep-86d48bcfdd-jwp76    0/1     ImagePullBackOff   0          25m
apa000dep-86d48bcfdd-mmjlv    0/1     ImagePullBackOff   0          25m
apa000dep-86d48bcfdd-q2qcb    0/1     ImagePullBackOff   0          25m
apa000dep-86d48bcfdd-89qfb    0/1     ImagePullBackOff   0          10m
apa000dep-86d48bcfdd-23qcu    0/1     ImagePullBackOff   0          10m
```

STEP 2 手動でdeleteコマンドを実行し、Podを1つ消す

メモしたIDのPodをdeleteコマンドで削除します。以下では、「apa000dep-86d48bcfdd-jwp76」がIDの部分なので、各自自分でメモしたIDに書き換えます。

入力するコマンド

```
kubectl delete pod apa000dep-86d48bcfdd-jwp76
```

実行したら表示される内容

```
pod "apa000dep-86d48bcfdd-jwp76" deleted
```

STEP 3 Podが無くなって追加されていることを確認

Podの一覧を表示させ、削除したIDのPodがなくなり、違うIDのPodが増えていることを確認します。「AGE」の時間も変わっています。順不同で表示されるので注意してください。

入力するコマンド

```
kubectl get pods
```

実行したら表示される内容

NAME	READY	STATUS	RESTARTS	AGE
apa000dep-86d48bcfdd-zh187	0/1	Running	0	44s
apa000dep-86d48bcfdd-mmjlv	0/1	Running	0	25m
apa000dep-86d48bcfdd-q2qcb	0/1	Running	0	25m
apa000dep-86d48bcfdd-89qfb	0/1	Running	0	10m
apa000dep-86d48bcfdd-23qcu	0/1	Running	0	10m

COLUMN : Level ★★★　コンテナだけが消えたらPodはどうなるの？

Kubernetesでは、基本的にPod単位で管理されます。そのため、もしPod内のコンテナが何らかの理由で壊れたり、消えたりした場合、該当のコンテナだけでなく、Pod丸ごとが再作成されます。

[手順] 作成したデプロイメントとサービスを削除する

さて、色々満足したら、後始末です。Podは、レプリカの数を0にすれば削除できますが、その状態では、デプロイメントとサービスが残ってしまいます。

デプロイメントとサービスを削除して、この章の終わりとしましょう。

今回行うこと

コマンドでデプロイメントを消す → 消えたことを確認する → コマンドでサービスを消す → 消えたことを確認する

使用するコマンド

コマンド	内容	オプション
delete	リソースを削除する	-f
get	リソースの状態を表示する	

STEP 1 deleteコマンドでデプロイメントを削除する

deleteコマンドでデプロイメントの定義ファイル（apa000dep.yml）を読み込んで削除します。

Windowsの場合

```
kubectl delete -f C:¥Users¥ユーザー名¥Documents¥kube_folder¥apa000dep.yml
```

Macの場合

```
kubectl delete -f /Users/ユーザー名/Documents/kube_folder/apa000dep.yml
```

Linuxの場合

```
kubectl delete -f /home/ユーザー名/kube_folder/apa000dep.yml
```

実行したら表示される内容

```
deployment.apps "apa000dep " deleted
```

STEP 2 デプロイメントが無くなっていることを確認

デプロイメントの一覧を表示させ、デプロイメントがなくなっていることを確認します。

入力するコマンド

```
kubectl get deployment
```

実行したら表示される内容

```
No resources found in default namespace.
```

STEP 3 deleteコマンドでサービスを削除する

deleteコマンドでサービスの定義ファイル（apa000ser.yml）を読み込んで削除します。

✎Windowsの場合

```
kubectl delete -f C:¥Users¥ユーザー名¥Documents¥kube_folder¥apa000ser.yml
```

Mac、Linuxの場合は、「-f」の後のファイルパスを変更してください。

STEP 4 サービスが無くなっていることを確認

サービスの一覧を表示させ、自分の作成したサービス（apa000ser）がなくなっていることを確認します。

✎入力するコマンド

```
kubectl get service
```

実行したら表示される内容

```
NAME         TYPE        CLUSTER-IP   EXTERNAL-IP   PORT(S)   AGE
kubernetes   ClusterIP   10.96.0.1    <none>        443/TCP   73m
```

上手くできたでしょうか。これで、この書籍での学習は終わりです。

本書を読んで「わかった！」と思っても、それが「できる」ようになるまで身につくには、練習が必要です。これまで、いろいろなバリエーションでやってきて、そろそろ自分でも、「ここを変えたらどうなるかな？」と考えられるようになっているはずなので、ぜひ挑戦してみてください。

あとがき／この後の学習について

最後に、本書で学んだ後の学習方法についてお話ししておきましょう。まず、本書の内容が一通り理解できて、身についていれば、Dockerの基礎はおしまいです。特に、強者コラムをしっかり理解できているのであれば、もはや中級者に入ったと言って良いでしょう。

本書のような入門書に対し、時々「実践的でない」とおっしゃる方がいらっしゃいます。当たり前です。入門書というのは、理論や初歩の操作方法を身につけるためのものなので、すぐさま仕事で使う技術を身につける役割のものではありません。「入門書」というのは、その技術を知らない「入門者」向けの本という意味であって、既に使いこなしている中級者に向けた本ではないのです。
英語の勉強であっても、ABCを書けるようになったから、すぐに英語で商談しようという人は居ないでしょう。基本的な文法を押さえ、会話の仕方を学び、更にビジネスの場での経験が必要です。
たった一冊の本で、初歩から学び、バリバリの一流のエンジニアになろうというのは、無茶な話です。それが可能であるならば、小学校を卒業したら、すぐに世界を股にかけて活躍できるはずです。大半の人は、それができていないのが答えです。

こうした技術も、それと同じで、学習には段階があります。本書で学べるのは、おおよその基礎であり、一通りDockerを使うのに差し支えのない範囲です。ですから、Dockerを使うだけの立場であれば、この内容でかなり仕事に活かしていくことができると思います。ただ、Docker環境を構築する側の人や、サーバを管理する人、イメージを作る側の人にはもう少し知識が必要でしょう。特に、Linuxコマンドや操作に関わる部分で、不明な点があるのであれば、Dockerよりも先にLinuxの勉強が必要です。
また、Dockerの構築例が知りたいという方もいらっしゃるかもしれません。そうした方は、まず自分が知りたいのは、サーバの構築例なのか、Dockerを使った構築例なのかを切り分けてください。サーバの構築経験が豊富な人であれば、本書でDockerの基礎を学んだだけで、大体このように構築していけばいいかのイメージはつかめたはずです。実例を書籍やネットでたくさん見ると良いと思います。
一方、Dockerで構築するのに全くイメージが湧かないという人は、そもそもサーバを構築するための知識が足りていない可能性が高いです。ですから、これ以上のDockerの知識を増やす前に、まずはサーバの構築について学んだ方が良いかもしれません。その後で、またDockerに戻ってきましょう。
サーバエンジニアの卵の方で、Kubernetesに関心をもった人もいらっしゃるでしょう。そうした方は、ぜひ、Kubernetesの専門書で更に深く学ぶと良いと思います。
以下に、今後の学習についての指針を提案しておくので、ぜひ参考にしてください。

①配布されたイメージを使う開発者やデザイナなど
既存のDockerイメージを使うのであれば、本書の知識でほぼ十分です。コマンドを何度か実行して、コンテナの作り方や破棄の仕方などを練習しましょう。

ポイントになるのが、ボリュームのマウントです。ボリュームを理解し、操作しているWindowsやMacなどのフォルダをコンテナから自在に見えるようにしていきましょう。

②コンテナを少し調整したい開発者

既存のコンテナの中身を少し調整したい人は、「docker exec -it コンテナ名 /bin/bash」で、コンテナのなかに入って操作する方法を、さらに習得しましょう。
入ったあとは、Linuxコマンドでの操作になりますから、Dockerの勉強だけでなく、Linuxの勉強も並行して進めましょう。

③Dockerイメージを作らなければならない人

チーフエンジニアなど、Dockerイメージを作らなければならない人は、Dockerファイルの書き方を覚えてカスタマイズできるようにしましょう。そのためには、アプリケーションを追加でインストールするには、「apt-get install」を使うなど、Linuxの知識が必要なので、Linuxの基本も習得しましょう。また作ったイメージを配布するために、Docker Hubなど、Dockerレジストリの使い方も習得しましょう。

④CI/CD環境でDockerを使う場合

最近では、開発したプログラムを自動でテストして、それを本番機にアップロードする「CI/CD」という開発手法が流行です。CI/CDにはDockerを使って行うことも増えてきています。開発者なら、CI/CDでのDockerの使われ方にも注目しておきましょう。

⑤Docker ／ Kubernetesを前提とした開発を理解したい場合

もしあなたが開発者なら、Docker ／ Kubernetesを前提とした開発を心がけるべきです。Dockerの場合、マウントしないと、コンテナを破棄したときにデータが消えてしまいます。ということは、開発するプログラムで、消えてはいけないデータは、散在させるのではなく、同じ場所に保存しておいたほうが運用しやすいということです。また、Kubernetesは自動で管理されます。それも前提にしておきましょう。ほかにも各種設定を環境変数からできるようにするなど、Dockerの慣例を知って、それに倣うように作っていきましょう。

⑥実際の運用に近いことをしたい人

インフラ技術者など、実際の運用に近いことをしていく人は、WindowsやMacではなく、ぜひ、LinuxでDockerを使ってみてください。Kubernetesももっと学習が必要でしょう。
LinuxでDockerを使うには、自分のパソコンにVirtualBoxなどの仮想ソフトをインストールする方法や、AWSなどのクラウドでLinuxサーバを起動する方法などがあります。また、DockerやKubernetesのような技術は、進化が早いです。最新の情報をキャッチアップするようにしてください。
「こうだったはず」と思いこみで進めるのではなく、公式を確認し、自分の知識とズレがないか、チェックしましょう。エンジニアであれば、公式の一次ソースを確認することは必須です。「本に書いてあったから」「ブログで見かけたから」ではいけません。自分の目で公式情報を確認しましょう。

Dockerは使いこなせると、大変便利な技術です。ぜひ、今後も学習を続け、Dockerの世界を楽しんでください。

2021年1月　小笠原種高

Appendix

Appendix

Appendixでは、MacやLinuxでのインストール方法や、本文では紹介しなかったコマンドを紹介しています。使用する環境によっては関係のない情報も含まれるので、以下を参考にしてください。

本書のサポートサイト（P.ii参照）にて、「VirtualBoxでの学習準備」と「AWSでの学習準備」を配布しています。

01 [Windows 向け] インストール補助情報

[手順] Windowsで64bit版かどうか確認する/OSのバージョンを確認する

使っているパソコンが64bit版かどうか確認してみましょう。また、同じ画面で、OSのバージョンを確認できます。

STEP 1 スタートメニューから[設定]をクリック

STEP 2 [設定]画面で[システム]をクリック

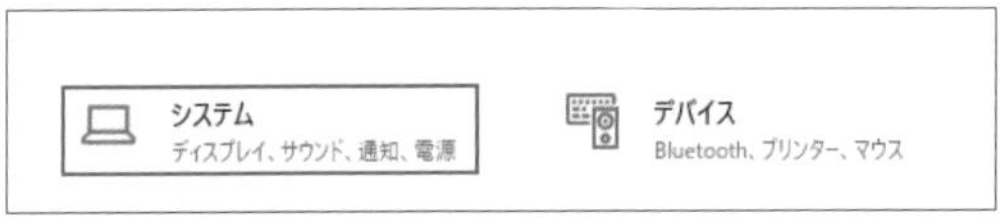

STEP 3 [バージョン情報]を選択し、[システムの種類]を確認する

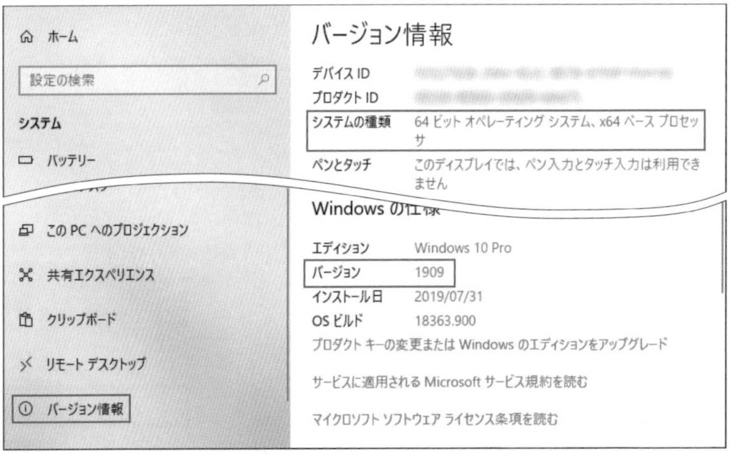

[バージョン情報]が、「64ビット オペレーティングシステム、x64ベース プロセッサ」と表示されていたら、64bit版です。[Windowsの仕様]の「バージョン」でバージョン(例では1909)が確認できます。

02 ［Mac向け］Docker Desktopのインストール

［手順］MacでDocker Desktopをインストールする

Mac版のDocker Desktopのインストール手順を紹介します。

STEP 1 Docker Desktop for Macをダウンロードする

ブラウザで下記のURLを開き、Docker Desktop for Macをダウンロードします。

- **Docker Desktop for Mac**
https://docs.docker.com/docker-for-mac/install/

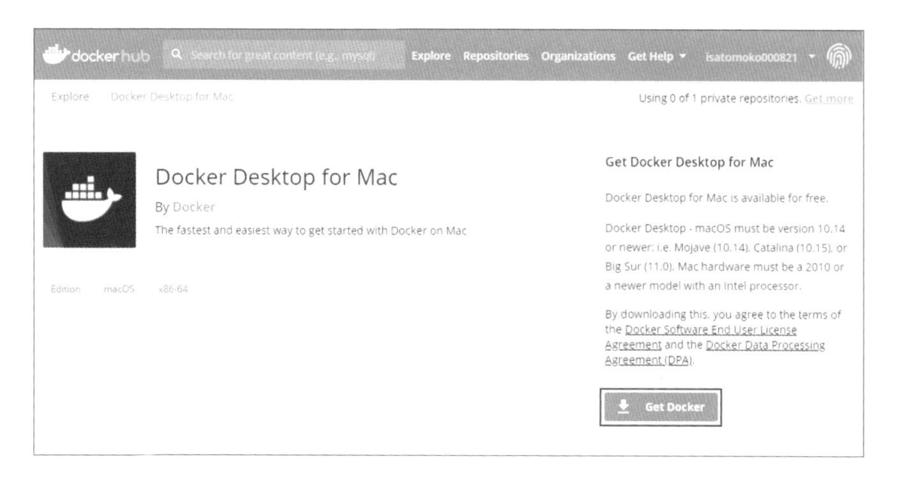

STEP 2 インストーラを実行する

ダウンロードしたDocker.dmgをダブルクリックで実行し、［アプリケーション］フォルダにDockerのアイコンをドラッグします。コピーが終わったらインストール完了です。

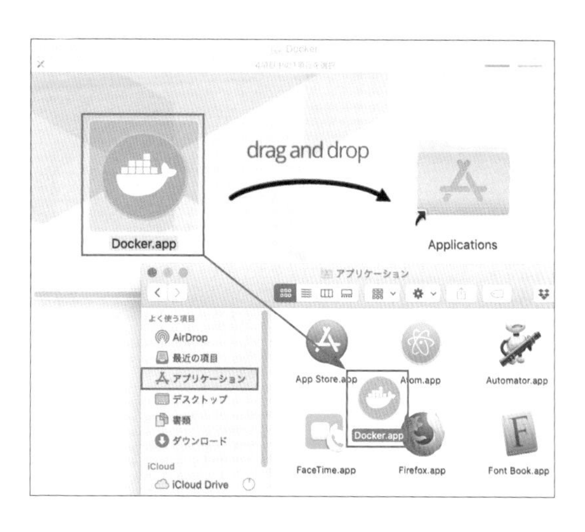

STEP 3 デスクトップ版 Docker の初回起動

［アプリケーション］フォルダのDocker.appをダブルクリックして起動します。開いてもよいかの確認ダイアログが表示されたら、「開く」をクリックします。

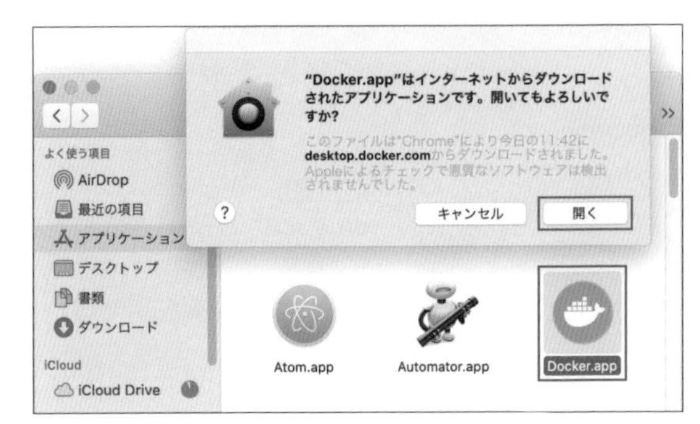

STEP 4 トップステータスバーの確認

「Docker Desktop needs privileged access.」というダイアログが出たら、「OK」をクリックして、Macのユーザーアカウントとパスワードを入力します。

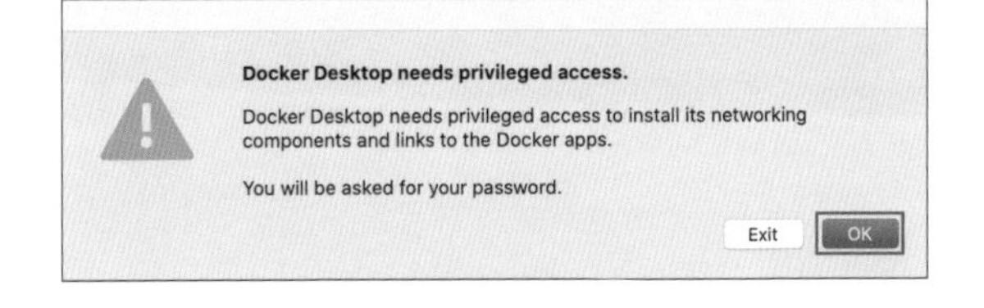

STEP 5 トップステータスバーの確認

トップステータスバーに、クジラのアイコンが追加されていることを確認しましょう。

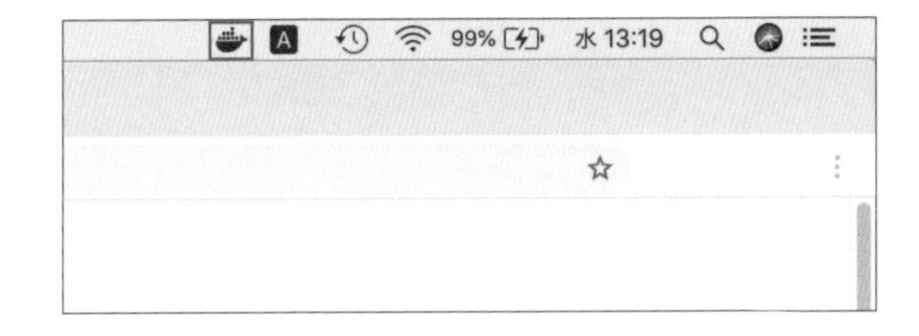

STEP 6 コンソール画面を表示する

Dockerのコンソール画面を表示するときは、トップステータスバーのクジラアイコンをクリックして、［Dashboard］を選択します。

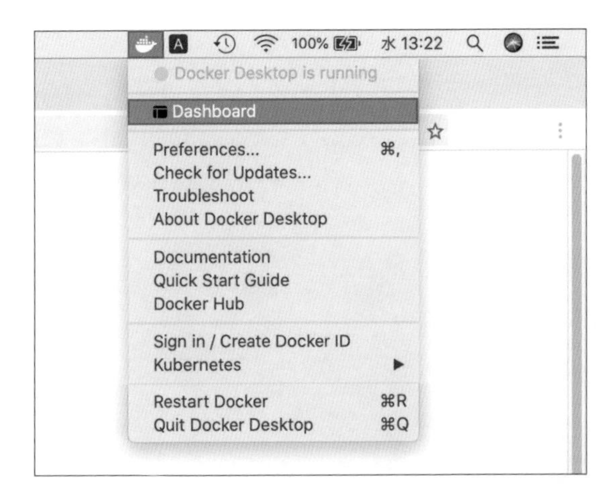

03　[Linux 向け] Docker のインストール

Linuxは、ディストリビューションが複数ありますが、本書ではUbuntuを使用します。

Ubuntuはオープンソースです。そのため、どこかのメーカーが家電量販店に卸し、店頭販売するような形式ではなく、インターネット上で公開されているものをダウンロードして手に入れます。ファイルが置かれているWebサイトは、負荷の分散のため、複数の箇所であることが多く、Ubuntuもこの形式で配布されています。

このように公開している複数の箇所を「ミラーサイト」と呼びます。どのサイトからダウンロードしても同じものが入手できます。

本書はDockerの解説書であるため、Linuxについての詳しい説明はしませんが、以下にLinuxについてのインストールを簡単に紹介しておくので、参考にしてください。

Linuxのインストールおよび操作方法については、詳しくは別途参考書や、Webサイトなどを参照してください。

[手順] Linux のインストール

Ubuntuには、マウス操作やウィンドウ環境がありパソコンのような使い方を目的とした「Ubuntu Desktop」と、コマンドだけで操作することを主体としたサーバ向けの「Ubuntu Server」があります。

ここでは、サーバ向けの「Ubuntu Server」をインストールします。以下では、本書の執筆時点において最新版となる「20.04.1 LTS」をインストールします。

STEP 0 ダウンロードする

ブラウザでUbuntuのダウンロードページにアクセスし、ISOイメージをダウンロードします。ISOイメージは、起動するときのDVDメディアの元となるファイルのことです。

- **Ubuntuのダウンロードページ**
  https://jp.ubuntu.com/download

画面の中ほどに、「Ubuntu Server」の項目があるので、[ダウンロード] ボタンをクリックします。するとダウンロードが始まるので、保存します。LTS版とはLong Term Supportの略で、長期サポートが保証されているバージョンです。

Ubuntu Server
シンプルなファイルサーバーの構成から5万ノードのクラウド構築までどのようなケースでも、5年間の無料アップグレードが保証されたUbuntu Serverをご利用いただけます。
Ubuntu Server の詳細
その他のアーキテクチャ
Ubuntu Server for ARM
Ubuntu for POWER
Ubuntu for IBM Z
Ubuntu Server 22.04 LTS
Ubuntu ServerのLTS版には、OpenStackのYogaリリースが含まれ、April 2027年4月までのサポートが保証されています。64ビット版のみの提供です。
ダウンロード
Ubuntu 22.04 LTS release notes

STEP 1 DVDに書き込む

ダウンロードしたISOイメージからDVDを作成します。

ダウンロードしたISOイメージを右クリックして、[ディスクイメージの書き込み] を選択します。すると「Windowsディスクイメージ書き込みツール」が起動します。

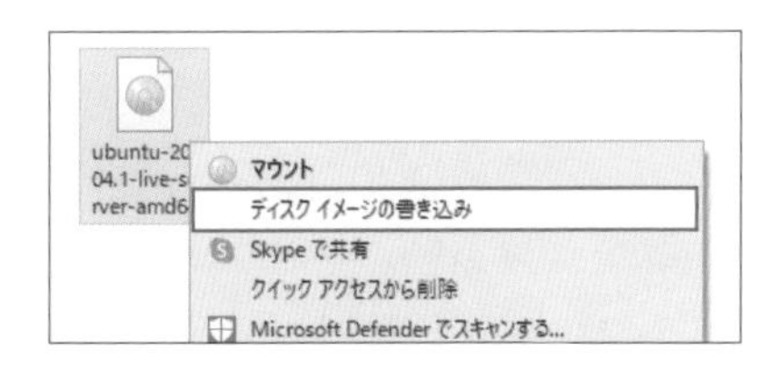

新しいDVD-RメディアをDVDドライブに挿入してから、[書き込み] ボタンをクリックすると、そのDVD-RメディアにUbuntuが書き込まれます。

STEP 2 DVDを挿入してインストール

インストールしたいコンピューターに、STEP 1 で作ったDVD-Rメディアを挿入して電源を入れます。するとUbuntuのインストーラが起動し、インストール画面が表示されます。言語の選択がありますが、インストール時に日本語は選べません。デフォルトは [English] なので、そのまま [Enter] キーを押して、次の画面に進んでください。

STEP 3 新しいバージョンの確認

もし新しいバージョンのインストーラがインターネット上にあるときは、下記のメッセージが表示されます。ここでは話を簡単にするため、そのまま [Enter] キーを押して、アップデートせずにインストールすることにします(スキップしても、Ubuntu本体はインストールの最後にアップデートされるので問題ありません)。

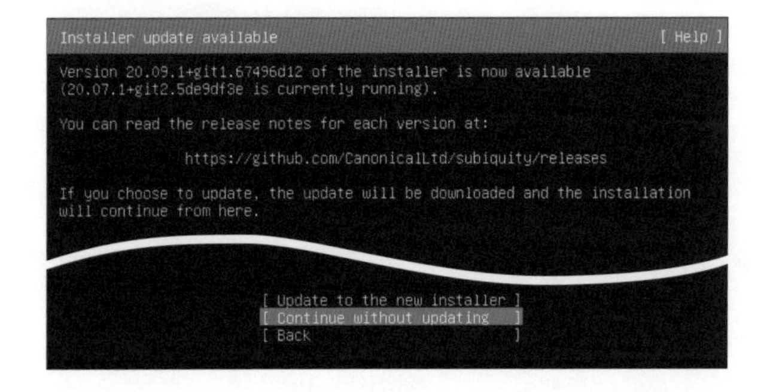

STEP 4 キーボードレイアウトを決める

キーボードレイアウトを決めます。ほとんどの場合、日本語キーボードを使っていると思うので、[Layout] と [Variant] の両方を [Japanese] にしてから [Done] をクリックしてください。

※上下キーを使って項目を移動し、[Enter] キーを押すと選択肢が現れるので、上下キーで選んで [Enter] キーで確定します。

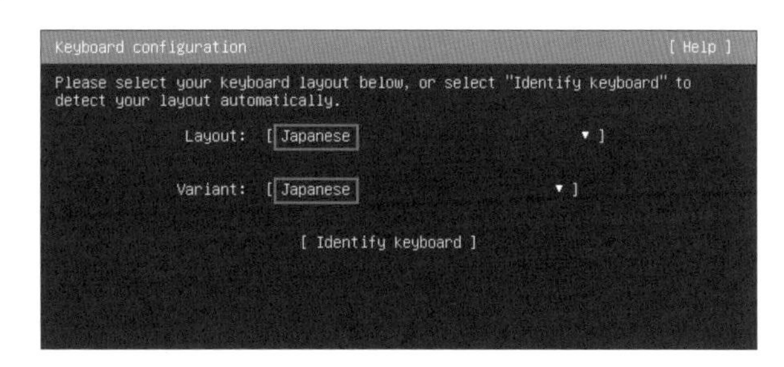

STEP 5 インストールタイプの設定

どのようにインストールするかを決めます。ここでは標準的な構成である [Ubuntu Server] を選択します。

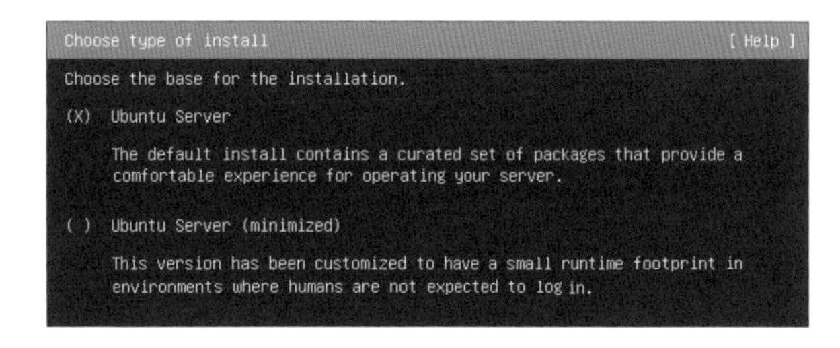

STEP 6 IP アドレスの設定

IPアドレスを設定します。DHCPを経由して自動でIPアドレスが割り当てられますから、そのまま [Enter] キーを押してください。

```
Configure at least one interface this server can use to talk to other machines,
and which preferably provides sufficient access for updates.

  NAME    TYPE  NOTES
[ enp0s3  eth   -                    ▸ ]
  DHCPv4  10.0.2.15/24
  08:00:27:f5:6a:19 / Intel Corporation / 82540EM Gigabit Ethernet Controller
(PRO/1000 MT Desktop Adapter)

[ Create bond ▸ ]
```

STEP 7 プロキシの設定

インターネットに接続するためにプロキシを経由する必要があれば、プロキシサーバのIPアドレスを入力します。これは社内LANなどセキュリティが強化された環境で使うものです。ほとんどの環境では設定する必要がありません。そのまま [Enter] キーを押してください。

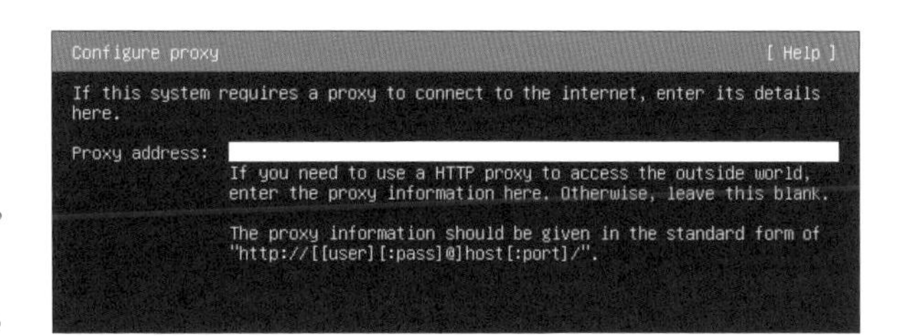

STEP 8 ミラーサイトの選択

インターネットから必要なファイルをダウンロードする際、どこからダウンロードするかを指定します。最寄りのサイトが設定されているはずなので、そのまま [Enter] キーを押します。

```
Configure Ubuntu archive mirror                                    [ Help ]

If you use an alternative mirror for Ubuntu, enter its details here.

Mirror address: http://jp.archive.ubuntu.com/ubuntu
                You may provide an archive mirror that will be used instead of
                the default.
```

STEP 9 インストール先のディスクの選択

インストール先を選択します。接続されている全ディスクを使ってよいのなら（新規に構築したコンピューターであれば、それでよいはずです）、そのまま［Enter］キーを押します。

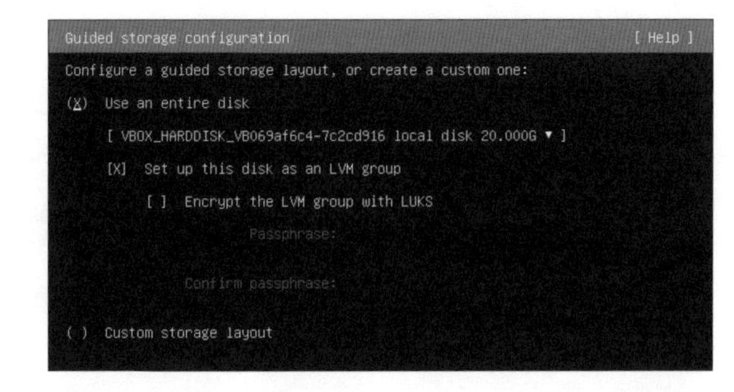

STEP 10 ディスクレイアウトの選択

ディスクをどのように割り当てるかを設定します。デフォルトで適切な割り当てが設定されるので、そのまま［Enter］キーを押します。

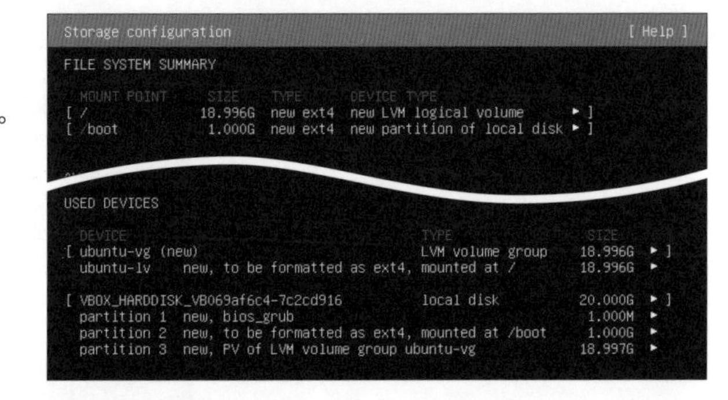

STEP 11 確認

設定するとディスクが削除されてしまうので、念のため、本当によいかの再確認画面が表示されます。カーソルキーの上下で［Continue］を選択し、それから［Enter］キーを押してください。

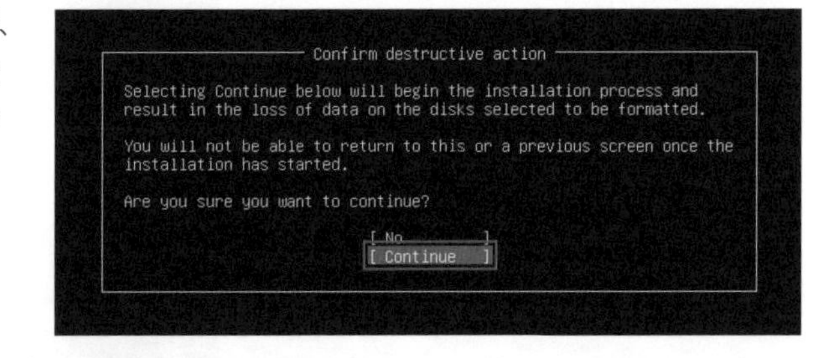

STEP 12 ユーザー名、サーバ名、パスワードの設定

ユーザー名やサーバ名、パスワードを設定します。カーソルキーの上下で項目を選択し、キー入力できます。すべてを入力したら［Done］に移動してから［Enter］キーを押します。

各項目の意味は、次の通りです。

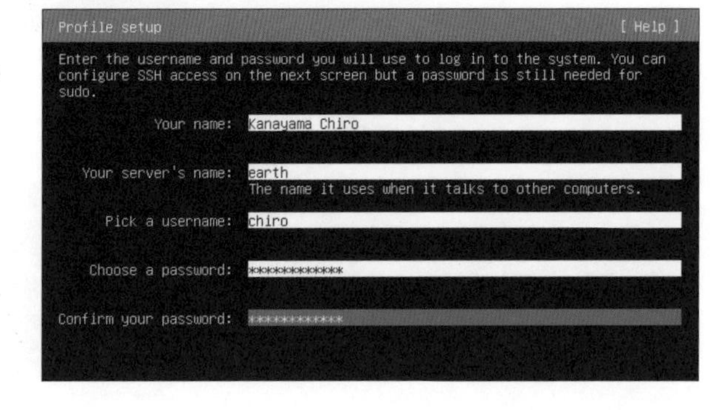

項目	意味	ここでの設定値の例
Your name	フルネーム	Kanayama Chiro
Your server's name	サーバ名	earth
Pick a username	ログインするときの名前	chiro
Choose a password	パスワード	任意。たとえば12345678pass
Confirm your password	上記と同じもの	上記と同じもの

STEP 13 SSHを有効にするかの設定

SSHと呼ばれる、リモートから操作する機能をオンにするかの設定です。どちらでもよいですが、オンにしておくと、ネットワークを経由してTera Termなどのソフトで操作できるようになるので、ここでは［Install Open SSH server］の項目に移動して［Enter］キーを押して［X］マークを付けることでオンにしておきます。オンにしたら、［Done］に移動して［Enter］キーを押します。

※この操作によって、STEP 12 で入力したユーザー名とパスワードを使ってログインできるようになります。インターネットから接続できるサーバの場合は、セキュリティに注意してください。

STEP 14 インストールするソフトウェアの選択

インストールするソフトウェアを選択します。あとから追加できるので、この段階では何も選択せず、そのまま［Enter］キーを押します。

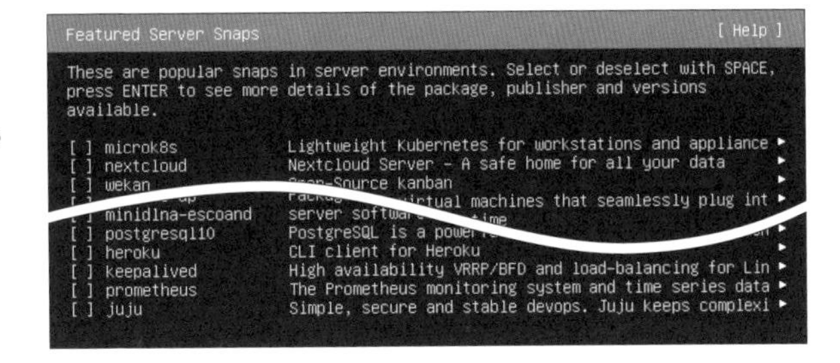

STEP 15 インストールが始まる

インストールが始まります。完了までしばらく待ちましょう。インターネットに最新版があるときは、その更新ダウンロードもされ、最新版が適用されます。

STEP 16 再起動する

すべてのインストールが完了すると、一番下に［Reboot Now］という項目が表示されます。この項目を選択して再起動してください。

これでインストールは完了です。挿入したDVDは抜いてください。コンピューターにDVDが挿入されていると、もう一度インストーラが起動してしまうことがありますが、その場合は、DVDを抜いてから、コンピューターの電源ボタンを押すことで再起動してください。

Ubuntuの基本操作

再起動すると、Ubuntuが使えるようになります。画面にズラズラとメッセージが表示されたあと「login」と表示されたら、利用できます（loginと表示されないときは、［Enter］キーを何度か押してみてください）。

以下にLinuxの基本的な操作方法を載せておきますが、簡易的なものなので、しっかりと学びたくなったら、専門書などを参照すると良いでしょう。

ログイン

ここにインストール時に設定した「ログイン名」と「パスワード」を入力します。

正しいログイン名、パスワードを入力すると、メッセージが表示されたのち、

```
ユーザー名@サーバ名:~$
```

というメッセージが出たら、ここにLinuxのシェルのコマンドを入力して実行できます。

```
The programs included with the Ubuntu system are free software;
the exact distribution terms for each program are described in the
individual files in /usr/share/doc/*/copyright.

Ubuntu comes with ABSOLUTELY NO WARRANTY, to the extent permitted by
applicable law.

To run a command as administrator (user "root"), use "sudo <command>".
See "man sudo_root" for details.

chiro@earth:~$
```

プロンプトと一般ユーザー、rootユーザー

このようなコマンド受付状態のことを「プロンプト（prompt）」と言います。

詳しく説明しませんが、ユーザーには、「rootユーザー」という全部の権限を持つユーザー（管理者）と、権限の制限された「一般ユーザー」とがあります。

rootユーザーのときは「#」、一般ユーザーのときは「$」のプロンプトに変わります。つまり、現在「$」になっているので、一般ユーザーということです。

rootユーザーとして操作するのは、もし間違いがあった場合に危険なので、普段は一般ユーザーで操作し、必要なときだけrootユーザーになったり、root権限を使うのが一般的です。

ただし、学習の場合は面倒なので、rootユーザーで行うこともあります。

Ubuntuの場合は、最初に一般ユーザーを作り「sudo（root権限で実行するコマンド）」を使ってインストールなどを行う方法が一般的です。本書でもそのように進めます。

カレントディレクトリと階層の移動

Ubuntuをインストールすると、「etc」「home」「root」など、いくつかのディレクトリが自動的に作成されます。ディレクトリとは、いわゆる「フォルダ」のことです。ファイルや別のフォルダを格納するなどの役割は、WindowsやMacと同じです。

Ubuntuのディレクトリは、「/（ルート）」ディレクトリを親とし、その中に複数の子や孫がある形式を取ります。

WindowsやMacでは、ログインすると最初にデスクトップの画面が表示されますが、サーバでは、「どこかのディレクトリ」がグラフィカルに表示されるわけではありません。自分がどこに居るのか、プロンプトなどで確認しながら、操作していきます。

現在操作中のディレクトリを「カレントディレクトリ」と言います。

ディレクトリからディレクトリへの移動も、一覧からショートカットをクリックするわけではなく、「/etcディレクトリに移動する」のように、ディレクトリ名を指定して移動していきます。

カレントディレクトリを変える（別のディレクトリに移動する）には、「cd」コマンドを使用します。

カレントディレクトリの変更

```
cd [移動先ディレクトリ名]
```

現在居るディレクトリがどこなのかを調べるには「pwd」コマンドを使用します。

現在居るディレクトリを調べる

```
pwd
```

ディレクトリの中身を見る場合は、「ls」コマンドを使用します。

現在居るディレクトリの中身を調べる

```
ls [中身を見たいディレクトリ名]
```

ログアウト

操作をやめるときは、プロンプトで「exit」と入力します。すると、ふたたびログイン名が尋ねられるようになります。

もちろんふたたび正しいログイン名とパスワードを入力すれば、再度、使えるようになります。

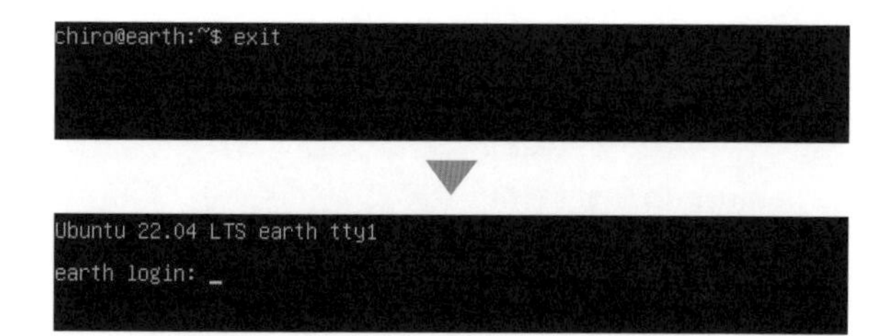

コンピューターの電源を切る

コンピューターを終了して電源を切りたいときは、プロンプトに続けて

シャットダウンする

```
sudo shutdown -h now
```

と入力します。「sudo」とは管理者コマンドを実行するという意味です。shutdownは電源を切るためのコマンドです。

入力するとパスワードが尋ねられるので、自分のパスワードを入力します。すると画面にいくつかのメッセージが表示されたあと、コンピューターの電源が切れます。

```
14 updates can be applied immediately.
To see these additional updates run: apt list --upgradable

Last login: Fri May 13 14:47:07 UTC 2022 on tty1
To run a command as administrator (user "root"), use "sudo <command>"
See "man sudo_root" for details.

chiro@earth:~$ sudo shutdown -h now
[sudo] password for chiro:
```

※sudoを指定したコマンドは、実行したときにパスワードを要求されます。コマンドを実行したときに、「Do you want to continue? [Y/n]」と表示されたときは、「Y」[Enter] を押してください。

[手順] Dockerのインストール

DockerをLinuxにインストールするには、プロンプトから、次のように、順に入力します。

本書では、Ubuntuを使うので、他のOSの場合は、Docker公式ページを参照してください。また、本書の情報が最新でない場合もあるので、最新版を使用したい方は、同じく公式ページを参照してください（2022年5月時点、インストール方法が変わっています）。

- **インストールに関するDocker公式ページ**
  https://docs.docker.com/engine/install/

- **Ubuntuのインストール**
  https://docs.docker.com/engine/install/ubuntu/

STEP 1 パッケージの更新

次のコマンドを入力して、パッケージを更新します。

入力する内容

```
sudo apt-get update
```

STEP 2 必要なソフトウェアのインストール

必要なソフトウェアをインストールします。「apt-get install」に続いて4つのソフトウェアを指定します。\マークの前にスペースを忘れないようにしましょう。

入力する内容

```
sudo apt-get install \
    ca-certificates \
    curl \
    gnupg \
    lsb-release
```

指定しているソフトウェア

項目	内容
ca-certificates	証明書関連のモジュール
curl	HTTPなどでファイルをダウンロードしたりする
gnupg	デジタル署名を使うためのツール
lsb-release	Linuxディストリビューションの情報を取得するツール

STEP 3 PGPキーの追加

署名のキーであるPGPキーを追加します。エラーが表示されなければ、成功しています。

入力する内容

```
curl -fsSL https://download.docker.com/linux/ubuntu/gpg | sudo gpg --dearmor -o /
usr/share/keyrings/docker-archive-keyring.gpg
```

STEP 4 リポジトリに追加

Dockerのリポジトリを追加します。

入力する内容

```
echo \
  "deb [arch=$(dpkg --print-architecture) signed-by=/usr/share/keyrings/docker-
archive-keyring.gpg] https://download.docker.com/linux/ubuntu \
  $(lsb_release -cs) stable" | sudo tee /etc/apt/sources.list.d/docker.list > /
dev/null
```

STEP 5 リポジトリの更新

リポジトリを更新します。

入力する内容

```
sudo apt-get update
```

表示される結果

```
Hit:1 http://jp.archive.ubuntu.com/ubuntu jammy InRelease
…略…
```

※途中で404 Not Fountというエラーが発生することがありますが問題ありません

STEP 6 Docker本体のインストール

Docker本体をインストールします。

入力する内容

```
sudo apt-get install -y docker-ce docker-ce-cli containerd.io docker-compose-
plugin
```

表示される結果

```
Reading package lists... Done
…略…
```

STEP 7 管理者以外も利用できるようにする

管理者以外も、Dockerを使えるように設定します。

✎入力する内容

```
sudo usermod -aG docker $USER
```

上記の設定は、ログインし直したあとに有効になるので、一度「exit」と入力してログアウトし、ふたたび、ユーザー名とパスワードを入力してログインし直してください。

STEP 8 インストールの確認

下記のコマンドを入力し、バージョン番号が表示されればインストールされています。なおバージョンはインストール時点のものですから、皆さんが実行するときは、下記よりも新しくなっていることでしょう。

✎入力する内容

```
docker --version
```

表示される結果

```
Docker version 20.10.16, build aa7e414
```

COLUMN Linuxマシンに SSHで接続する

Linuxマシンの端末（もしくはVirtualBoxのウィンドウ）ではコピー＆ペーストができないため、操作しにくいです。そこでSSHを使う方法も考えられます。

Tera TermなどのSSHソフトを用意して、マシンのIPアドレスを入力して接続すれば、SSHで接続できます（Tera Termの使い方は本書サポートサイトから配布するPDFのP.11で説明しています）。

ユーザー名とパスワードは、インストール時に設定したもの（本書の例であれば「chiro」）を使います。

IPアドレスは、「ip addr」と入力することで確認できます（「lo」ではない方です）。

✎入力する内容

```
ip addr
```

表示される結果

```
1: lo: <LOOPBACK,UP,LOWER_UP> mtu 65536 qdisc noqueue state UNKNOWN group
default qlen 1000
        (省略)
2: enp0s3: <BROADCAST,MULTICAST,UP,LOWER_UP> mtu 1500 qdisc fq_codel state
UP group default qlen 1000
    link/ether 08:00:27:f5:6a:19 brd ff:ff:ff:ff:ff:ff
    inet 10.0.2.15/24 brd 10.0.2.255 scope global dynamic enp0s3
        (省略)
```

ただしVirtualBoxで動かす場合は、このIPアドレスに接続できません。VirtualBoxの場合はポートフォワードの設定でポート22を転送する設定を追加します（P.311参照）。そのうえで、接続先を「localhost」とします。

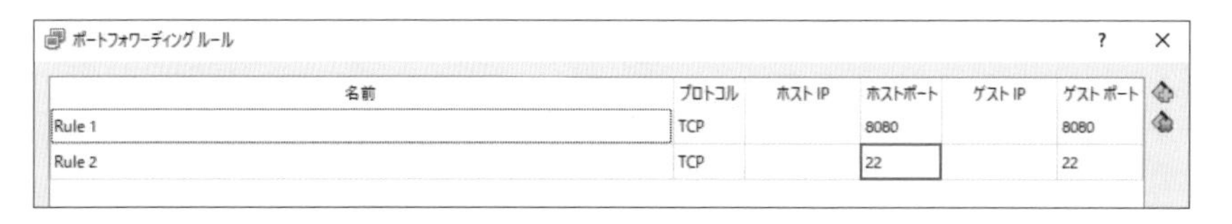

04　VirtualBoxでポートフォワードの設定をする

VirtualBoxのインストールと仮想マシンの作成・起動については、本書サポートサイトより配布しているPDFで説明しています。

本書では、Dockerを起動したとき、そのテストをするためにブラウザで「http://localhost:8080/」などに接続して動作確認しますが、VirtualBoxのデフォルトの状態では、こうしたことができません。

このようにlocalhostで接続できるようにするには、必要なポート（この例であればポート8080）をポートフォワード設定します。ポートフォワードの設定は、仮想マシン起動中であっても、いつでも設定変更できます。

STEP 1 ポートフォワーディングの設定画面を開く

VirtualBoxを起動して画面左側で仮想マシンを選び、［設定］ボタンをクリックして設定画面を開きます。［ネットワーク］の項目を開き、［高度］をクリックして展開し、［ポートフォワーディング］ボタンをクリックします。

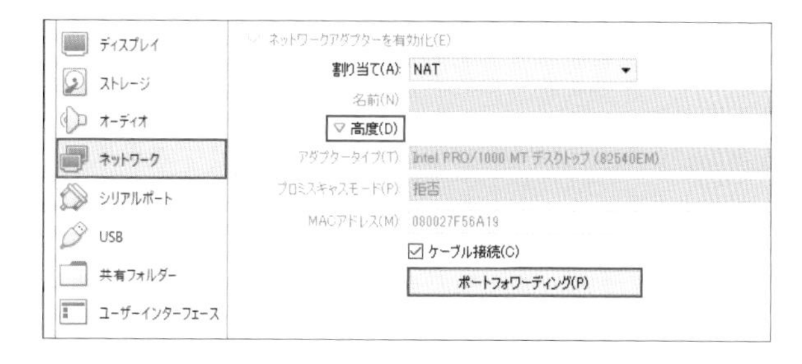

STEP 2 ポートの設定を追加する

ポートの設定画面が表示されます。［+］ボタンをクリックします。

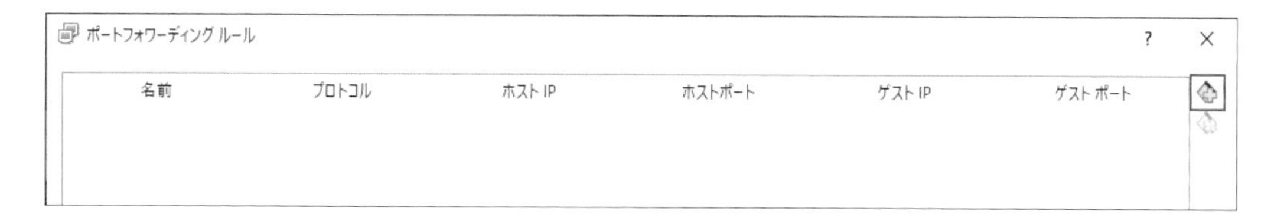

STEP 3 ポートを設定する

dockerで利用するポート番号を設定します。たとえば-pオプションで8080を指定するのであれば、次のように「ホストポート」と「ゲストポート」のそれぞれに8080を追加し、［OK］ボタンをクリックします。

※必要に応じて、必要な分だけポートを設定してください

ポートフォワーディング ルール

名前	プロトコル	ホスト IP	ホストポート	ゲスト IP	ゲスト ポート
Rule 1	TCP		8080		8080

05 [Linux向け] nanoエディタの使い方

Linuxでファイルを編集するには、エディタを使用するか、リモートでアクセスしてコピーします。

Linux上のエディタを起動して、ファイルを作成、編集、保存する方法を解説しておきます。

Linuxには、有名な「viエディタ」というものがあるのですが、少し難しいので、今回は、Ubuntuに付属している、nanoエディタというテキストエディタを使用します。

STEP 1 nanoエディタを起動する

カレントディレクトリにある「index.html」ファイルをnanoエディタで開くコマンドを入力します。ファイルが無い場合は、作成されるので、実質ファイルの新規作成コマンドです。

入力する内容

```
nano index.html
```

STEP 2 HTMLファイルの内容を入力する

HTMLファイルの内容を入力します。本書Chapter 6で使用するindex.htmlの内容です。

index.html

```
<html>
<meta charset="utf-8"/>
<body>
<div>メザシおいしい! </div>
</body>
</html>
```

STEP 3 保存する

編集が終わったら保存します。[Ctrl] + [X] キーを押すと、保存するかどうか尋ねられるので、[Y] キーを押します。さらに、ファイル名が尋ねられるので、そのまま [Enter] キーを押すと、保存して終了します。

06 [Linux向け] Kubernetesのインストール

[手順] kubectlをインストールする

Kubernetesのインストールをする前に、Kubernetesの初期設定をしたり調整したりするツールであるkubectlをインストールします。

下記の手順は、Kubernetesの「kubectlのインストールおよびセットアップ」ページ（https://kubernetes.io/ja/docs/tasks/tools/install-kubectl/）に基づいています。最新版のインストール方法については、このドキュメントを参照してください。

STEP 1 必要なパッケージをインストールする

kubectlの実行に必要なパッケージをインストールします。Ubuntu環境では、下記のコマンドを実行して、「apt-transport-https」と「gnupg2」をインストールしておきます。

入力する内容

```
sudo apt update && sudo apt install -y apt-transport-https gnupg2
```

STEP 2 kubectlパッケージを追加する

次のコマンドを入力して、kubectlのパッケージを追加します。

入力する内容

```
curl -s https://packages.cloud.google.com/apt/doc/apt-key.gpg | sudo apt-key add -
echo "deb https://apt.kubernetes.io/ kubernetes-xenial main" | sudo tee -a /etc/apt/sources.list.d/kubernetes.list
```

※「Warning: apt-key is deprecated.」という警告が表示されますが、問題ありません

STEP 3 kubectlをインストールする

kubectlをインストールします。

入力する内容

```
sudo apt update
sudo apt install -y kubectl
```

STEP 4 インストールされたことを確認する

インストールされたかどうかを確認します。次のように入力し、バージョン番号が表示されればインストールできています（表示されるバージョン番号は、ここに示したものと異なることがあります）。

入力する内容

```
kubectl version --client --output=json
```

表示される結果

```
{
  "clientVersion": {
    "major": "1",
    "minor": "24",
    "gitVersion": "v1.24.0",
    "gitCommit": "4ce5a8954017644c5420bae81d72b09b735c21f0",
    "gitTreeState": "clean",
    "buildDate": "2022-05-03T13:46:05Z",
    "goVersion": "go1.18.1",
    "compiler": "gc",
    "platform": "linux/amd64"
  },
  "kustomizeVersion": "v4.5.4"
}
```

［手順］Minikubeをインストールする

Linux環境で学習している場合は、簡易的なKubernetesとして、Minikubeをインストールします。本書の内容は、最新でない場合があります。最新の情報を知りたい場合は、公式ページを確認しましょう。

- **Minikube公式ページ**
  https://minikube.sigs.k8s.io/docs/start/

STEP 1 conntrackのインストール

Minikubeのインストールには、conntrackが必要です。次のコマンドでインストールします。

✐入力する内容

```
sudo apt update
sudo apt install -y conntrack
```

STEP 2 Minikube のバイナリファイルをダウンロード

Minikubeのバイナリファイルをダウンロードします。

✐入力する内容

```
curl -LO https://storage.googleapis.com/minikube/releases/latest/minikube-linux-
amd64
```

STEP 3 minikube をインストールする

次のコマンドを入力し、minikubをインストールします。

✐入力する内容

```
sudo install minikube-linux-amd64 /usr/local/bin/minikube
```

STEP 4 インストールを確認する

インストールされたかどうかを確認します。次のように入力し、バージョン番号が表示されればインストールできています（バージョン番号は、ここに示したものと異なることがあります）。

✐入力する内容

```
minikube version
```

表示される結果

```
minikube version: v1.25.2
commit: 362d5fdc0a3dbee389b3d3f1034e8023e72bd3a7
```

STEP 5 Minikube を起動して Kubernetes クラスターを構成する

インストールしたら、Minikubeを起動します。

✎入力する内容

```
sudo minikube start --vm-driver=none
```

初回起動時は、必要なファイルをダウンロードしたり、各種初期化が実行されたりするため、起動完了までに、しばらく時間がかかります。次のように表示され、コマンドプロンプトが起動すれば、Minikubeは起動し、Kubernetesクラスターが作られた状態となります。

表示される結果

```
・・・略・・・
* This can also be done automatically by setting the env var CHANGE_MINIKUBE_NONE_
USER=true
* Verifying Kubernetes components...
  - Using image gcr.io/k8s-minikube/storage-provisioner:v5
* Enabled addons: storage-provisioner, default-storageclass
* Done! kubectl is now configured to use "minikube" cluster and "default"
namespace by default
```

STEP 6 環境設定ファイルを調整する

Minikubeを実行すると、kubectlコマンドを使ってMinikubeに接続するための設定ファイルが作られます。このファイルの所有者はrootユーザーであるため、次のようにして自分のホームディレクトリに設定ファイルを移動し、かつ、自分の所有にしておきます。

そのためにまずは、自分のホームディレクトリ（.kubeディレクトリ）に設定ファイルを移動します。実行したユーザーによっては「・・・ are the same file」と表示されることがありますが、気にしないで大丈夫です。

✎入力する内容

```
sudo mv /root/.kube /root/.minikube $HOME
sudo cp -i /etc/kubernetes/admin.conf $HOME/.kube/config
```

STEP 7 所有者を変更する

次のように入力して、所有者を自分に変更します。

✎入力する内容

```
sudo chown -R $USER $HOME/.kube $HOME/.minikube
```

07 デスクトップ版コンソール画面の使い方

デスクトップ版を使用している場合、コンソール画面に、存在するコンテナ一覧やイメージ一覧が表示されます。いちいちコマンドを打たなくても、グラフィカルな画面で確認できますし、起動、停止、削除くらいのことはできるので使ってみると良いでしょう。

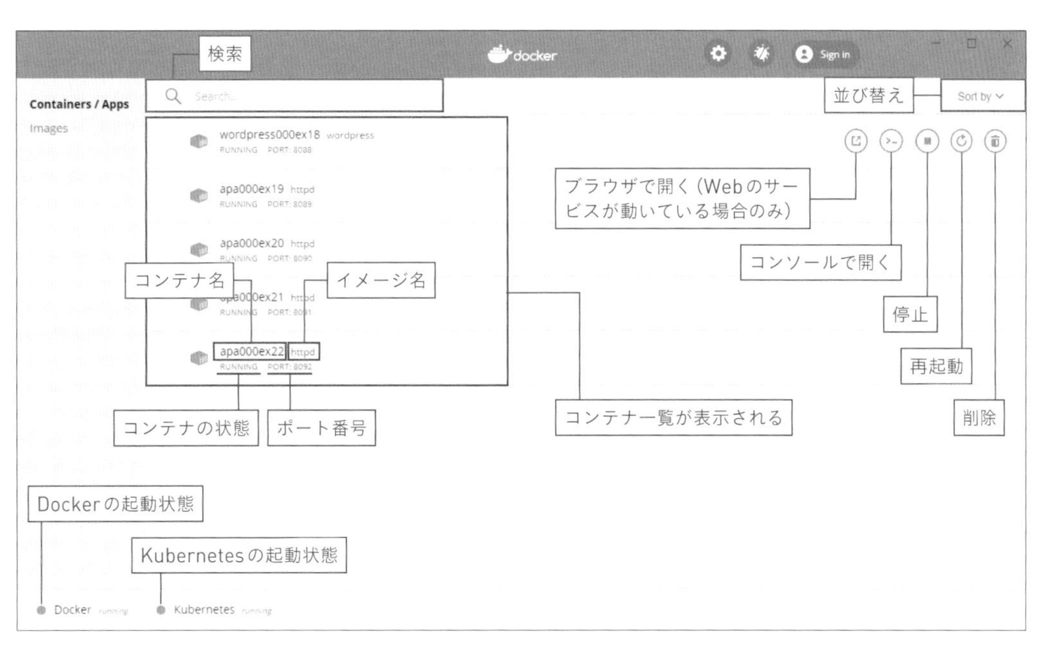

[Containers / Apps]画面(コンテナ一覧)

また、コンソール画面を左の項目で切り替えると、次ページの図のようにイメージの一覧も見ることができます。イメージの一覧では、イメージ名だけでなく、そのイメージから生成されたコンテナが動いているかどうかや、イメージのバージョン、ID、サイズなども確認できます。

また、docker runを実行したり、イメージのダウンロード(pull)、削除(remove)などができることも魅力でしょう。

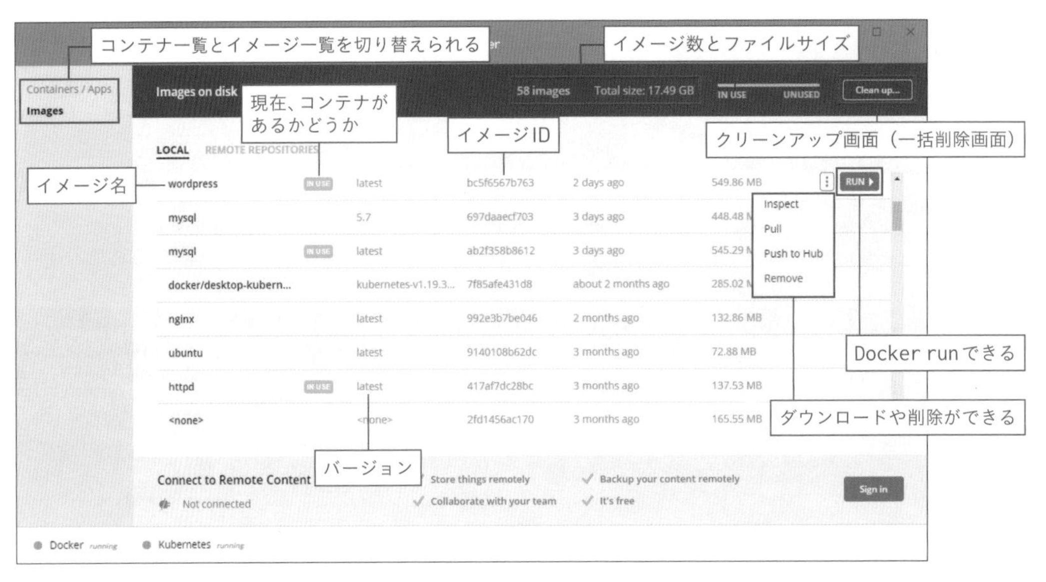

[Images]画面（イメージ一覧）

COLUMN イメージの一括削除

イメージは、削除しないままだと、どんどんたまってしまいます。しかし、運用していると、いつの間にかどんなイメージがあったのか忘れてしまうこともありますね。

こうしたときに便利なのが、イメージの一括削除です。コンソール画面のイメージ一覧右上にある「Clean up」から一括削除の画面へ移動すると、手軽に削除できます。

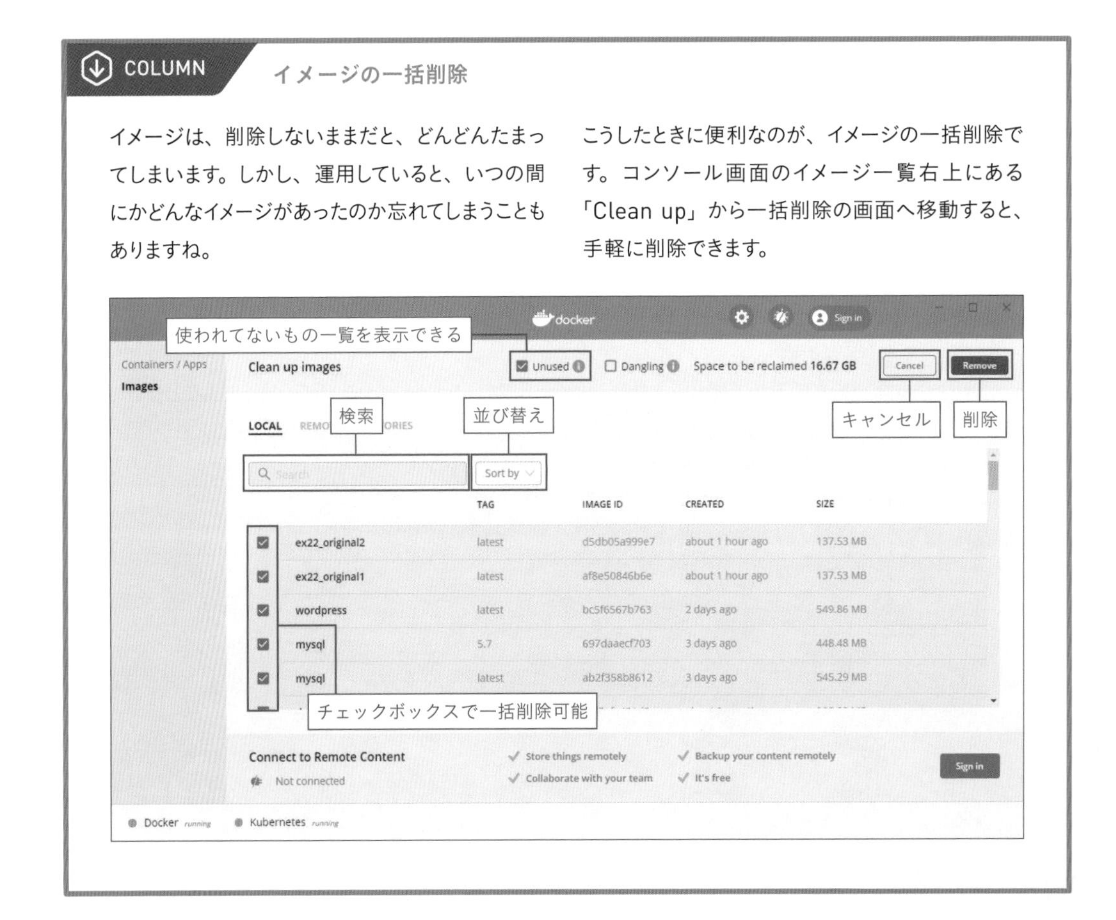

08 Dockerのコマンド

Dockerのバージョン1.12以前と、1.13以降では、コマンドが整理されて追加・変更が行われました。対応表を載せておくので、参考にしてください。

旧コマンド	新コマンド	概要
attach	container attach	バックグラウンドで動作中のコンテナをフォアグラウンドにし、入出力操作を行えるようにするコマンド
commit	container commit	動作中のコンテナからイメージを作成するコマンド
cp	container cp	ホスト側とコンテナ間でファイルやフォルダのコピーを行うコマンド
create	container create	イメージからコンテナを作成するコマンド
diff	container diff	コンテナ稼働後から変更のあったファイルやフォルダを表示するコマンド
exec	container exec	動作中のコンテナに入り、操作ができるコマンド
export	container export	指定したDockerコンテナを他のDockerで取り込めるようにするためのtarファイルを作成するコマンド。ファイルシステムベース（ディレクトリツリー構造ベース）で作成される。ディレクトリとファイルのみtarでまとめられ、メタ情報（イメージの履歴やレイヤー情報など）は失われる
inspect	container inspect	コンテナの詳細情報を表示するコマンド
kill	container kill	コンテナを強制終了させるコマンド
logs	container logs	コンテナのログを表示するコマンド
ps	container ls	Docker内で動作しているコンテナを表示するコマンド。docker container ls -a で停止中も含めたすべてのコンテナを表示する
pause	container pause	指定した1つ（もしくは複数）のコンテナのプロセスを一時的にすべて停止する
port	container port	Dockerのホスト側で受信するポート番号とコンテナが受信するポート番号の対応リストを表示する
-	container prune	停止状態のコンテナを一斉に削除するコマンド
rename	container rename	コンテナの名前を変更するコマンド
restart	container restart	1つもしくは複数のコンテナを再起動するコマンド
rm	container rm	1つもしくは複数のコンテナを削除するコマンド
run	container run	container createで作成したコンテナを実行するコマンド。createされていなければcreateした上で実行する
start	container start	終了（Exit）状態のコンテナを再スタートする
stats	container stats	指定したコンテナのCPU使用率やネットワーク通信量などをリアルタイムで表示するコマンド
stop	container stop	動作中のコンテナを終了（Exit）させるコマンド
top	container top	指定したコンテナの中で実行されているプロセスを表示するコマンド
unpause	container unpause	一時停止されているコンテナについて、指定したコンテナの一時停止を解除するコマンド
update	container update	指定したコンテナの設定を更新するコマンド。主にメモリ使用量の上限、使用するCPUの制限などを新規に設定したり設定を変更する際に使用
wait	container wait	コンテナ終了時に終了をせず終了コードを表示させるコマンド

▶次ページに続く

旧コマンド	新コマンド	概要
-	network connect	動作しているコンテナを、network createで作成したネットワークに接続するコマンド
-	network create	Docker内でコンテナ同士がやり取りするためのネットワークを作成するコマンド
-	network disconnect	指定したコンテナをネットワークから切断するコマンド
-	network inspect	指定したネットワークの詳細を表示するコマンド。そのネットワークに割り振られているネットワークアドレスやIPアドレス、接続しているコンテナ情報などが表示される
-	network ls	Dockerに作成されているネットワークの一覧を表示する
-	network prune	使用されていないネットワークを一斉に削除する
-	network rm	指定したネットワークを削除する
build	image build	Dockerfileからイメージを作成する
history	image history	指定したイメージの作成履歴を表示する
import	image import	container exportコマンドで作成されたtarファイルをイメージとして取り込むコマンド
-	image inspect	指定したイメージの詳細情報を表示するコマンド
load	image load	image saveで作成されたtarファイルをイメージとして取り込むコマンド
images	image ls	Dockerが持っているイメージの一覧を表示するコマンド
-	image prune	使用していないイメージを一斉に削除するコマンド
pull	image pull	登録されたリポジトリ（Docker Hubなど）からホストにイメージをダウンロードするコマンド
push	image push	ホストから登録されたリポジトリ（Docker Hubなど）にイメージをアップロードするコマンド
rmi	image rm	指定したイメージを削除するコマンド
save	image save	指定したイメージを他のDockerで取り込めるようにするためのtarファイルを作成するコマンド。イメージやメタ情報を保持したまま他のDockerにイメージを移すことができる
tag	image tag	指定したイメージに対して別のタグをつける場合に使用する
-	volume create	データボリュームという、Dockerのコンテナが使用するデータ領域を作成するコマンド。コンテナ内に出力されたデータはコンテナの消滅とともに消えるのに対し、コンテナからこのデータボリュームに出力されたデータはコンテナが消滅しても消えることなく永続して残る
-	volume inspect	指定したデータボリュームの詳細情報を表示するコマンド
-	volume ls	Docker内にあるデータボリュームを表示するコマンド
-	volume prune	使用していないデータボリュームを一斉に削除するコマンド
-	volume rm	指定したデータボリュームを削除するコマンド
events	system events	Docker内のシステムイベントをリアルタイムで表示するコマンド
info	system info	DockerエンジンやホストのOS情報、カーネルなどのシステム構成情報を表示するコマンド
login	login	Dockerレジストリにログインする
logout	logout	Dockerレジストリからログアウトする
search	search	Docker レジストリで検索する
version	version	Docker Engineおよびコマンドのバージョンを表示する

【一般】

●A～D

●E～L

●M～R

●S～Y

●あ行

●か行

●さ行

●た行

●な行～ま行

●ら行～わ行

【Docker のコマンド・DockerFile の定義】

●記号

●A～D

●E～P

【Docker Compose の定義とコマンド】

【Kubernetes の定義とコマンド】

小笠原種高（おがさわら しげたか）

愛称はニャゴロー陛下。テクニカルライター、イラストレーター。
システム開発のかたわら、雑誌や書籍などで、データベースやサーバ、マネジメントについて執筆。図を多く用いた易しい解説に定評がある。綿入れ半纏愛好家。
最近気になる動物は黒豹とホウボウ。

[Twitter] @shigetaka256
[Website] モウフカブール　http://www.mofukabur.com

主な著書・Web記事

『図解即戦力AWSのしくみと技術がこれ1冊でわかる教科書』（技術評論社）
『Automation Anywhere A2019シリーズではじめるRPA超入門』（日経BP）
『なぜ？がわかるデータベース』（翔泳社）
『256（ニャゴロー）将軍と学ぶWebサーバ』『MariaDBガイドブック』（工学社）
『ミニプロジェクトこそ管理せよ！』（日経 xTECH Active他）
『RPAツールで業務改善！UiPath入門 基本編・アプリ操作編』（秀和システム）
他多数。

■ **STAFF**
技術監修：大澤文孝・浅居尚
執筆協力：高橋秀一郎・いものいもこ
調査協力：今田寛
イラスト作成：小笠原種高
ソフト類のマーク／デーモン君：モウフカブール
ブックデザイン：霜崎 綾子
DTP：AP_Planning
編集：伊佐 知子

■ **SPECIAL THANKS**
柴田次一氏、Open Source Summit Japan参加者の皆さん、
The Linux Foundationスタッフの皆さん

仕組みと使い方がわかる
Docker&Kubernetesのきほんのきほん

2021年 1月29日 初版第1刷発行
2024年 3月15日 第12刷発行

著者 小笠原種高
発行者 角竹 輝紀
発行所 株式会社 マイナビ出版
〒101-0003 東京都千代田区一ツ橋2-6-3 一ツ橋ビル2F
TEL：0480-38-6872（注文専用ダイヤル）
TEL：03-3556-2731（販売）
TEL：03-3556-2736（編集）
E-Mail：pc-books@mynavi.jp
URL：https://book.mynavi.jp
印刷・製本 シナノ印刷株式会社

ISBN 978-4-8399-7274-5